MICHAEL PETRAK

Lebensraum Jagdrevier

ERKENNEN – ERHALTEN – ARTGERECHT GESTALTEN

KOSMOS

Inhalt

KOSMOS PLUS

DAS KOSTENLOSE EXTRA: DIE APP „KOSMOS PLUS"

Dieses Buch bietet Ihnen ausgewählte Lektionen als Video, die durch dieses Symbol 001 gekennzeichnet sind.

Und so geht's:

1. Besuchen Sie den App Store oder Google Play
2. Laden Sie die kostenlose App „KOSMOS Plus" auf Ihr Mobilgerät
3. Öffnen Sie die App und laden die Inhalte für das Buch „Michael Petrak: Lebensraum Jagdrevier" herunter
4. Auf den Buchseiten mit dem Symbol 001 können Sie sich die Videos ansehen. Dazu geben Sie den dort genannten Zahlen-Code, z. B. 655, in die App ein.

Mehr Informationen finden Sie unter plus.kosmos.de

LEBENSRÄUME ERHALTEN UND GESTALTEN

Die Entwicklung der Wildbestände, ihrer Lebensräume und auch der Jagd waren und sind eng mit der politisch sozialen und wirtschaftlichen Entwicklung des Menschen verknüpft. Seit er sesshaft wurde, wirkte der Mensch in immer stärkerem Maße auf seinen Lebensraum ein und drängte den Wald zurück. Bei der Besiedlung neuer Landschaften war er zunächst zur Anpassung an deren Relief, die Grundwasserverhältnisse, die Bodenbeschaffenheit und die Gewässergliederung gezwungen. Deshalb blieb der Wasserhaushalt der Landschaft noch weitgehend unbeeinflusst – neben Wiesen und Äckern konnten sich auf den nicht bewirtschafteten Standorten Schilf und Seggenriede, Buschgruppen, Heckenzüge, Feldgehölze, bachbegleitende Baum- und Buschreihen halten oder neu entwickeln. Mit der zunehmenden Technisierung aber wurden die Eingriffe in den Lebensraum immer stärker.

Für die Tierwelt waren die Auswirkungen zunächst nicht negativ: Die Auflichtung ursprünglicher Waldlandschaften durch Rodung im unmittelbaren Siedlungsbereich und zur Brennholzgewinnung bewirkte über Jahrhunderte hinweg eine Erhöhung der Lebensraumvielfalt. Die Industrialisierung und die Übertragung ihrer Methoden auf die Landbewirtschaftung führten dann in den letzten Jahrzehnten zu Lebensraumverlusten und Artenrückgängen in einem bis dahin nicht gekannten Ausmaß. Diese Entwicklung dauert bis in die Gegenwart an.

Zahlreiche menschliche Eingriffe in den Lebensraum sind geplant und ihre Folgen beabsichtigt. Hinzu kamen aber immer auch noch ungewollte Auswirkungen: So ist die Zerschneidung der Lebensräume der Preis unserer motorisierten „Freiheit“, ohne in dieser Weise beabsichtigt gewesen zu sein. Die Vergrößerung der Feldschläge in der Landwirtschaft sollte nur die Produktionsbedingungen verbessern, hat darüber hinaus jedoch auch ganz dramatisch die Lebensmöglichkeiten für Feldhase und Rebhuhn beschnitten. Vielfalt ist Folge der Bewirtschaftung im Offenland. Bis in die 1950er-Jahre war der Artenschutz – dank einer Vielzahl von Landwirten und kleiner Flächen – quasi gratis. Heute erfordert Lebensraumqualität besonderen Einsatz.

Die Reviergestaltung durch den Jäger übernimmt wichtige Aufgaben, wenn es darum geht, die Balance in der Kulturlandschaft auch für die „Verlierer“ der Modernisierung zu halten. Unmittelbares Erleben der Natur, der Einsatz der eigenen Sinne und Fähigkeiten im Revier, aber auch die Erfahrungen aus Land- und Forstwirtschaft, Jagd, Naturschutz und Ökologie weisen den Weg dorthin.

Der Mensch hat die Lebensräume in der Landschaft seit Beginn seiner Geschichte nach Formationen eingeteilt, die von bestimmten pflanzlichen Wuchsformen geprägt sind: Begriffe wie Wald, Weide und Heide sind jedem geläufig. Sie bieten deshalb auch den Einstieg in ein vertieftes Verständnis der Reviersituation.

Durch den Menschen geprägte Landschaften und Wildlebensräume müssen kein Gegensatz sein.

Das vorliegende Buch knüpft an umfangreiche Erfahrungen aus der Aus- und Fortbildung für Berufsjäger und Jagdaufseher, Jäger und Forstleute, Naturschützer und Planer an. Es berücksichtigt außerdem die Ergebnisse neuerer Wildforschung: Hierzu zählen etwa Pilotprojekte zum Ausgleich von Wald, Wild und Erholung, Untersuchungen über Rebhuhn und Feldhase und zur Entwicklung der Agrarlandschaft. Eingeflossen sind auch die Erfahrungen mit länderüberschreitenden praktischen Kooperationen und der Arbeit in den Hegegemeinschaften.

Das Buch stellt die Grundsätze der Lebensraumgestaltung in Feld, Wald und Wasser vor und führt in die entsprechenden bewährten Methoden ein. Es ist jedoch nicht seine Absicht, der Fülle von Publikationen über die gesamte Bandbreite möglicher Gestaltungsmaßnahmen und ihrer verfahrenstechnischen Details lediglich eine weitere hinzuzufügen. Im Unterschied zu den in den meisten Abhandlungen über Reviergestaltung und Jagdbetrieb üblichen Konzeptionen wählt dieses Buch einen stärker „beobachtenden", ganzheitlichen Ansatz. Es will zu einer intensiven Auseinandersetzung mit dem eigenen Revier ermutigen und vor allem zu entsprechenden Schlussfolgerungen anregen.

Ziel einer jeder Reviergestaltung muss es sein, im Rahmen der gesellschaftlich bedingten allgemeinen Entwicklung unserer Landschaft möglichst wildtier- und lebensraumverträgliche Lösungen zu finden und zu erreichen.

Auch wenn es mancher nicht wahrhaben will: Jagd und Naturschutz haben mehr Gemeinsamkeiten als alle anderen gesellschaftlichen Gruppen.

Angesichts zunehmend kleinerer Reviere wird die Bedeutung von Hegegemeinschaften bei einer an Naturräumen orientierten Lebensraumgestaltung für unsere Wildtiere immer größer. Gemeinsames Beobachten und Analysieren sind die Grundlage für sinnvolle Planungen, ihre Umsetzung und die revierüberschreitende Kooperation.

„Lebensraum Jagdrevier" will auf diesem Wechsel begleiten. Jagen dürfen heißt heute immer auch hegen müssen. Der Schlüssel hierzu liegt in der Reviergestaltung, d. h. der Bewahrung und Förderung der Lebensräume für unser Wild.

REVIERGESTALTUNG IN DER KULTURLANDSCHAFT

NATÜRLICHE GRUNDLAGEN

Kein Lebewesen lebt im Freiland allein – kein Individuum, keine Population und keine Pflanzen- oder Tierart einschließlich des Menschen ist ohne Beziehungen zu anderen Lebewesen auf Dauer lebensfähig. Entsprechend treffen wir im Jagdrevier auch keine Reinkulturen einzelner Arten an, sondern nur so genannte Biozönosen, d. h. Lebensgemeinschaften.

Der Begriff *Ökologie* steht für die Lehre von den Beziehungen der Lebewesen zueinander und zu ihrer Umwelt. Letztere ist die Gesamtheit der äußeren Lebensbedingungen, die auf ein Lebewesen oder eine Gemeinschaft von Lebewesen *(Biozönose)* in ihrer Lebensstätte, dem *Biotop,* einwirken. Denn nur Lebewesen haben eine Umwelt!

Die Ökologie steht dem Naturschutz genauso nahe wie der Jagd. Sie bietet gleichzeitig die Basis zu einer effektiven Reviergestaltung.

PFLANZEN – BASIS DES LEBENS

Nur die grünen Pflanzen und einige Bakterien sind durch ihr Blattgrün *(Chlorophyll)* in der Lage, mit Hilfe des Sonnenlichtes aus dem Kohlendioxyd der Luft und den Mineralstoffen des Bodens auf chemischem Wege organische Substanz aufzubauen *(Assimilation)*. Sie fangen gleichsam für alle Lebewesen die Energie des Sonnenlichtes ein, was einer kosmischen Verflechtung des Lebens auf der Erde gleichkommt. Die grünen Pflanzen stellen die Lebensgrundlage für die gesamte Tierwelt dar. Regenwürmer zersetzen sie, Bakterien und Pilze bauen im Boden die organische Substanz wieder zu den anorganischen Ausgangsprodukten ab.

Über die Äsung hinaus bieten Pflanzen und Pflanzengemeinschaften dem Wild Schutz

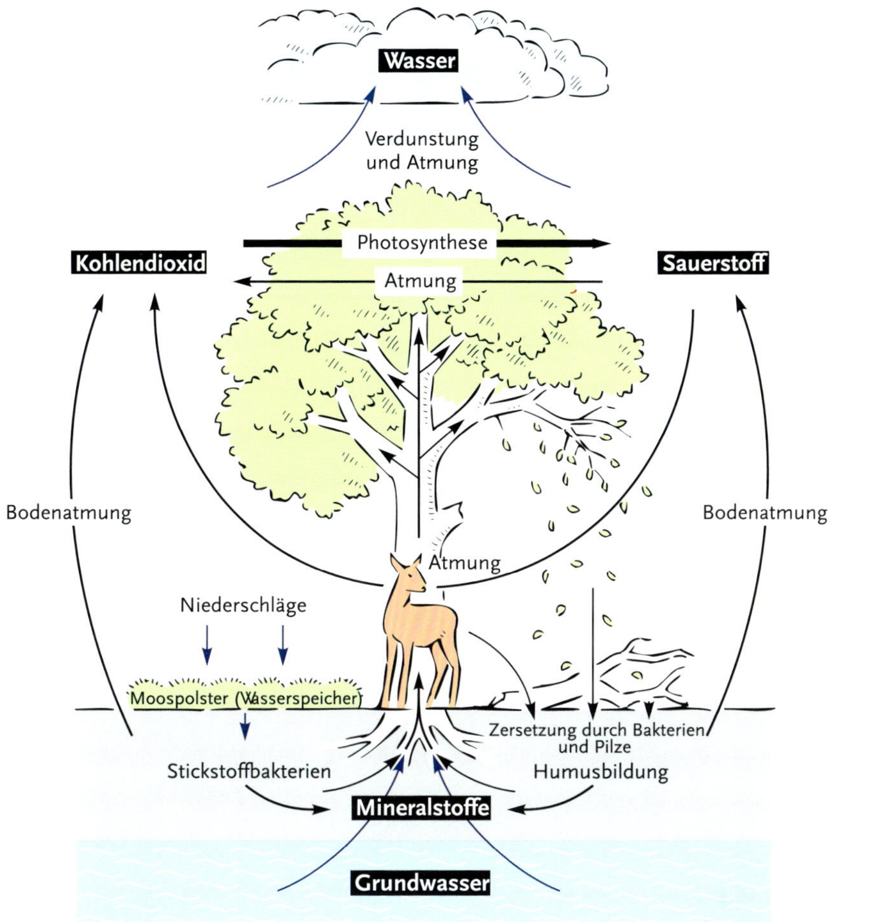

Ökosystem Wald: Die grünen Pflanzen stehen als Sauerstofflieferanten und Nahrungsgrundlage im Zentrum des Lebenskreislaufes.

und Deckung vor Witterungsunbilden und Feinden. Die räumlichen Strukturen von Pflanzengemeinschaften bestimmen die Wahl bestimmter Wechsel durch das Wild. Altgrasstreifen, Feld- und Wegraine bieten dem Rebhuhn die notwendige Brutpaardeckung.
Darüber hinaus haben Pflanzen noch weitere Funktionen für das Wild: Den Hirschen dienen sie z. B. sowohl als elastisches Widerlager beim Fegen als auch zu späterer Zeit als „Sparringspartner" beim Schlagen.
Die Rolle bestimmter Pflanzenarten bei der Körperpflege ist von den Malbäumen, an denen sich die Wildschweine nach dem Schlammbad in der Suhle ausgiebig reiben und scheuern, hinlänglich bekannt.
Beim Stirnlocke-Reiben und Schlagen des Rehbocks zur Markierung seines Territoriums übernehmen Pflanzen quasi die Funktion eines Briefkastens, der wichtige Informationen für Rivalen und Artgenossen enthält.

PFLANZENGEMEINSCHAFTEN UND IHRE CHARAKTERISTIK

Pflanzengemeinschaften lassen sich nicht nur nach der Kombination der vorhandenen Arten – also nach ihrer floristischen Zusammensetzung – kennzeichnen, sondern auch nach den dominierenden Gestalttypen bzw. Lebensformen. So gehören die Laubwälder Eurasiens und Nordamerikas trotz verschiedener Artenzusammensetzung zur Formation der sommergrünen Laubwälder. Aufbau und Erscheinungsbild der Formationen spiegeln deutlich die Anpassung an bestimmte Klimabedingungen wider. Wald, Weide, Wüste, Steppe und Heide sind die Begriffe, die die Menschen bereits frühzeitig für verschiedene Formationen gefunden haben. Innerhalb der gleichen Formation zeigen also verschiedene Pflanzenarten gleiche Anpassungsmuster. Bei der Reviergestaltung wollen wir uns an der Einteilung in Lebensräume und Formationen orientieren. Sie ist nicht nur die historisch älteste, sondern auch heute noch jedem naturverbundenen Menschen geläufig und erlaubt darüber hinaus Rückschlüsse auf die Funktion der jeweiligen Pflanzengemeinschaften für das Wild. Ein grundsätzliches Verständnis für den Sinn der Reviergestaltung vermittelt ein kurzer Blick in die Geschichte.

Beispiel für eine Pflanzengemeinschaft: Fichtenwald auf dem Standort des Hainsimsen-Buchenwaldes als potenziell natürliche Vegetation. Die Heidelbeere bietet Äsung auch im Winter.

AUS DER GESCHICHTE LERNEN

In vorgeschichtlicher Zeit war der Einfluss der Sammler und Jäger auf die Naturlandschaft gering. Diese Menschen waren in den Naturhaushalt integriert.
Mit der Jungsteinzeit vor etwa 7 000 Jahren begannen die unmittelbaren Eingriffe des Menschen in die Landschaft durch Brandrodung und Beweidung. Ackerbau und Viehzucht bedingten neue Formen des Zusammenlebens, der Mensch wurde sesshaft. Bevorzugte Ansiedelungsgebiete waren trockene, warme Eichenmischwälder.
Für die Bronzezeit wurden erste Heiden in Nordwestdeutschland nachgewiesen (Lüneburger Heide).
Seit etwa 1100 v. Chr. (Eisenzeit) vergrößerten sich die Kulturflächen durch den Einsatz des Hakenpfluges, der Holzbedarf stieg mit der voranschreitenden Eisenerzeugung.

DREIFELDERWIRTSCHAFT – ELDORADO DES NIEDERWILDS

Vor 800 n. Chr. war im Ackerbau die düngerlose Feld-Gras-Wirtschaft üblich, d. h. der Wechsel zwischen Ackerfrucht und Brache. Um 800 entwickelte sich dann in Franken ein dreijähriger Zyklus mit einem Wechsel aus Wintergetreide, Sommergetreide und Brache – die Dreifelderwirtschaft. Diese Wirtschaftsform bestimmte das Bild der bäuerlichen Kulturlandschaft beinahe bis zu Beginn des 20. Jahrhunderts. Sie bot optimale Lebensbedingungen für zahlreiche Arten der Steppe und Feldflur, wie Rebhuhn, Feldlerche und Hase. Die Häufigkeit der Feldergrenzen und des Wechsels der Anbauarten (Grenzliniendichte) wurde zusätzlich durch Erbteilungen erhöht. Das Leitbild der Dreifelderwirtschaft – optimal für das Rebhuhn – findet sich auch in den Maßnahmen aktueller Rebhuhnprogramme wieder. Zahlreiche und unregelmäßige Grenzlinien bieten nicht nur Nahrung und Deckung, sondern auch Schutz vor den Prädatoren.
In der naturnahen Kulturlandschaft entstanden so neben den Wäldern neue, vom Menschen beeinflusste Ökosysteme wie Äcker, Weiden, Heiden, Magerrasen und Streuwiesen. Wenn bei steigendem Bevölkerungsdruck die landwirtschaftliche Produktion nicht erhöht werden konnte, versuchte man, die landwirtschaftliche Nutzfläche durch neue Rodungen zu vergrößern. Seit dem 17. und 18. Jahrhundert begann man dann auch, Moore großflächig zu entwässern, abzutorfen und zu kultivieren.

INDUSTRIALISIERUNG DER LANDWIRTSCHAFT

Mit der industriellen Revolution, in Mitteleuropa seit etwa 1800 n. Chr., nahmen Intensität und Ausmaß der Eingriffe erheblich zu. Neue Erfindungen brachten eine Fülle von Veränderungen, die auf Mensch, Gesellschaft und Landschaft einwirkten. Mechanisierung und Technisierung der Landwirtschaft veränderten die Betriebsstrukturen und der Produktionswert der Industrie überstieg den der Landwirtschaft. Starkes Bevölkerungswachstum führte zur Abwanderung in die Städte – die naturnahe Kulturlandschaft wurde mehr und mehr zur naturfernen „Kultursteppe". In

Kleine Felder – viele Grenzlinien in der Feldflur: Für das Wild war die Erbteilung ideal.

den letzten Jahrzehnten entwickelte die konventionelle Landwirtschaft hochrationalisierte und kapitalintensive, aber arbeitsextensive Betriebe.
Steigende Schlaggrößen, abnehmende Vielfalt in der Fruchtfolge und die Zurückdrängung naturnaher Restflächen haben die Lebensbedingungen für zahlreiche Arten seither dramatisch verschlechtert.

WALDVERNICHTUNG

In enger Abhängigkeit von den Ansprüchen des Menschen änderte sich auch der Wald. Zur Römerzeit war Mitteleuropa noch ein Waldland. Mit den Römern setzten die ersten großen Rodungen ein, die nach der Zeit der Völkerwanderung während der Karolingerzeit in erhöhtem Maße fortgesetzt wurden. Die ältesten Ortschaften aus dieser Zeit sind an den Endsilben „-ingen", „-ing", „-ungen", „-heim", „-hausen", „-bad", „-born", „-brunn", „-büll" usw. zu erkennen.
Die eigentliche große Rodungsperiode, in der der Wald drastisch zurückgedrängt wurde, fiel in das 8. bis 12./13. Jahrhundert. Bereits vor rund 500 Jahren stellte sich ein Verhältnis zwischen Wald und landwirtschaftlicher Nutzfläche ein, das bis in die jüngste Zeit annähernd erhalten blieb. Ein akuter Holzmangel führte schon im 14. Jahrhundert zu den ersten Aufforstungen. Die Gesamtsituation des Waldes wurde dadurch allerdings kaum gebessert.
Zu den ursprünglichen Formen der Holz-, Weide- und Mastnutzung trat mit der im 18. Jahrhundert verstärkt einsetzenden Stallhal-

Im Luftbild gut zu erkennen: Rechte Winkel und einheitliche Flächen – Merkmale der „geregelten" Landnutzung.

tung noch die Streunutzung – die Entnahme der für den natürlichen Stoffkreislauf unentbehrlichen Waldbodenstreu und ihre Nutzung im Stall – hinzu. Am Ende der jahrhundertelangen Übernutzung des Waldes stand dessen weitgehende Vernichtung. Mitteleuropa war gegen Ende des 18. und zu Beginn des 19. Jahrhunderts nahezu waldfrei, wie wir noch heute auf den Bildern der Romantiker sehen können.

DIE GEREGELTE FORSTWIRTSCHAFT

Mit dem Aufkommen der planmäßigen Forstwirtschaft änderten sich Artenspektrum und Bestandsaufbau der Wälder. Dies geschah in Abhängigkeit von den Möglichkeiten der teilweise stark verarmten Böden und den herrschenden wirtschaftlichen Zielen. Die geringen Standortansprüche der Nadelhölzer und die Marktsituation führten zu einer Bevorzugung der Holzarten Kiefer und Fichte in der Forstwirtschaft. Vor allem zugunsten der Fichte wurde deshalb im Laufe des letzten Jahrhunderts das Laubholz stark zurückgedrängt; unerwünschte Laubhölzer und die als Wildäsung besonders wichtigen Weichhölzer wurden gebietsweise bis in die 1970er-Jahre bekämpft. Dies hatte auch für das Verhältnis von Wald und Wild nachhaltige Folgen. Erst in den letzten Jahrzehnten hat sich im Waldbau eine Orientierung am naturnahen Wald auf großer Fläche etabliert.
Die hier skizzierte Geschichte der Lebensräume Mitteleuropas, auf Seite 15 beispielhaft für einen Landstrich in der Norddeutschen Tief-

In den letzten Jahrzehnten orientiert sich die Waldwirtschaft am Dreiklang Naturnähe, Klimastabilität und Produktivität.

ebene illustriert, ist letzten Endes eine Geschichte der permanenten Wachstumsbestrebungen des Menschen. Eine Balance zwischen den Ansprüchen des Menschen und seiner Umwelt wurde bis heute nicht erreicht.

GRUNDREGELN DER REVIERGESTALTUNG

Die Eingriffe des Menschen bestimmen in Mitteleuropa die Qualität der Wildtierlebensräume. Dies unterstreicht zugleich die Notwendigkeit von Hege und Reviergestaltung als Ausgleich zur intensiven Nutzung der Landschaft.

Der kleine Exkurs in die Ökologie und die Geschichte führt bereits zu den ersten Regeln für die Reviergestaltung:

1. Am Anfang jeder Einflussnahme auf die Wildlebensräume muss das genaue Kennenlernen des Revieres und des Wildes stehen. Allgemeingültige Ratschläge können das Gesetz des Örtlichen nicht ersetzen.
2. Reviergestaltung muss sich am Leitbild der Naturnähe orientieren: Erhalten hat Vorrang vor Gestalten!
3. Es gilt, Vielfalt zu schaffen und natürliche Prozesse zu unterstützen – beispielsweise Bachverbauungen zu beseitigen –, aber auch ganze Lebensräume wie den Wald in ihrer natürlichen Dynamik zu fördern. Bei vielen Lebensraumtypen geht es nicht darum, in ungerichteten Aktivismus zu verfallen. Anstöße müssen gegeben, dann jedoch die Entwicklung sich selbst überlassen werden: Ein Beispiel hierfür sind Kleingewässer.
4. Auch die bäuerliche Kulturlandschaft liefert ein Leitbild für die Reviergestaltung. Deren Ziel darf keine Museumslandschaft sein, sondern muss sich auf die Schaffung der wesentlichen Lebensraumstrukturen konzentrieren. Dies ist für das Niederwild in der Agrarlandschaft entscheidend.
5. Den Teufelskreis negativer Entwicklungen gilt es zu durchbrechen: Die Vergrößerung der Feldflächen und der Verlust von Grenzlinien ist den Produktionszwängen der Landwirtschaft geschuldet. Reviergestaltung kann sicher nicht die Felder wieder kleiner machen, aber Verfahren zur Erhöhung der Grenzliniendichte, wie z. B. die Anlage von Stilllegungsstreifen, entwi-

ckeln. Stilllegungsstreifen müssen zur Verminderung des Prädationsdrucks mindestens 20, besser 30 Meter breit sein – bei 60 Metern Breite ist der Schutz optimal.

6. Reviergestaltung verlangt klare Zielvorstellungen: So bedeuten Feldgehölze und hohe Bäume für ein Rebhuhnrevier keine Aufwertung, sondern als Ansitzwarten für den Habicht eher eine Verschlechterung des Rebhuhnlebensraums. In Rehwildrevieren tragen sie hingegen wesentlich zur Entlastung des Waldes bei.
7. Zeitaufwand, Kosten und Ergebnis müssen im richtigen Verhältnis zueinander stehen. Das Anpachten kleiner Feldstücke, die dann nicht geerntet werden, kann die Anlage eigener Wildäcker oft ersetzen, mindert Wildschäden und reduziert den Arbeitsaufwand.
8. Äsungsflächen machen nur Sinn, wenn das Wild darauf auch äsen kann: Als Dauerjagdflächen erhöhen sie nur den Wildschaden im benachbarten sichtdichten Einstand.

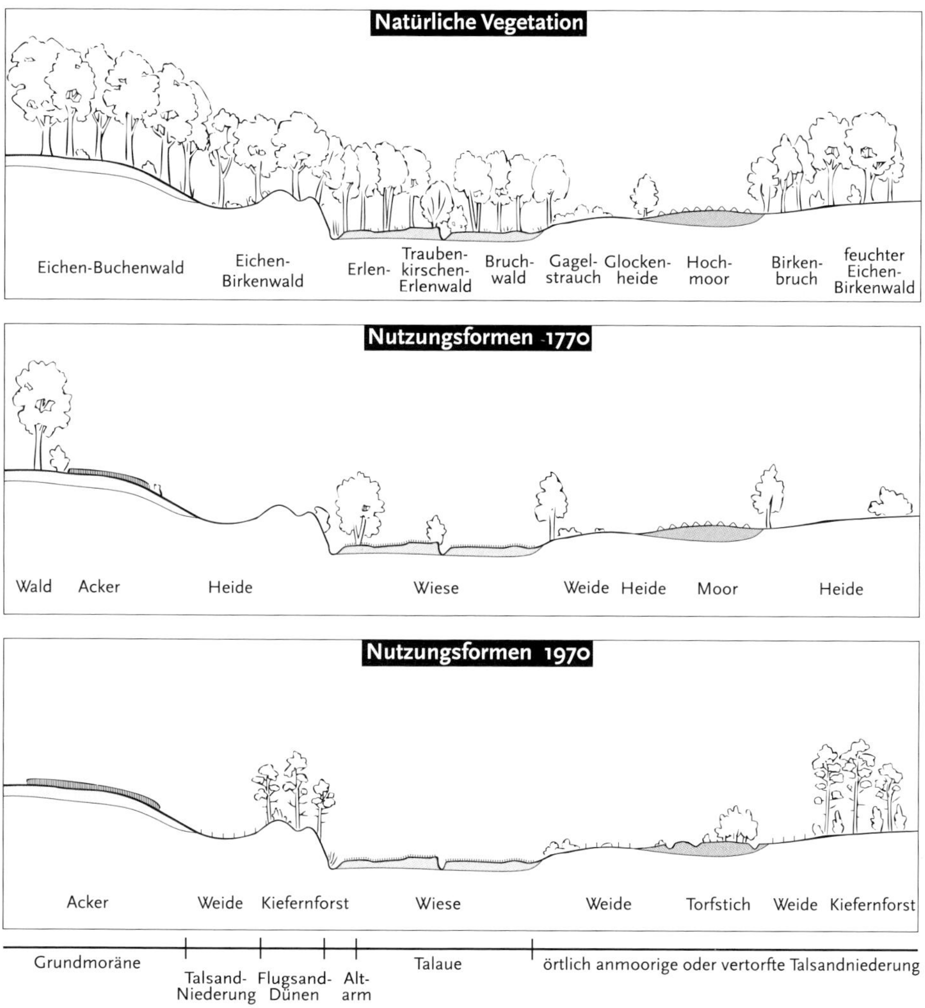

Vegetationsentwicklung unter dem Einfluss land- und forstwirtschaftlicher Nutzung am Beispiel des Damwildrings Rotenburg-Verden: Heute ist ein Großteil des Grünlandes durch Maisäcker ersetzt.

REVIERBESCHREIBUNG – SCHLÜSSEL ZUR PLANUNG

WOZU REVIER-BESCHREIBUNG?

Es gibt kein heilbringendes Standardprogramm der Reviergestaltung, dessen Anwendung in allen Revieren gleichermaßen sinnvoll ist und Besserung verspricht. Wer planen und gestalten will, muss sich über die örtlichen Voraussetzungen Klarheit verschaffen. Er muss die naturräumlichen Rahmenbedingungen und Grenzen kennen, die bestehenden, entwicklungsfähigen Lebensraumpotenziale in Wald und Feld, die Art und Intensität der vorhandenen Flächennutzungen – kurz, den Ist-Zustand seines Revieres. Wo extrem hohe Frühjahrsniederschläge die Regel sind, nützt es wenig, das Feldrevier mit niedrigen Hecken und anderen Deckungsstrukturen für Feldhase und Rebhuhn „zuzupflastern"; wo dicht geschlossene Nadelholzbestände den Wald bestimmen, reicht die Winterfütterung zur Beseitigung von Äsungsengpässen des Rotwildes nicht aus.

VIELFACHER NUTZEN

Erst die genaue Beschäftigung mit der Reviersituation lässt Lebensraumdefizite und entsprechende Verbesserungsmöglichkeiten überhaupt erkennen!

Die ICE-Trasse Köln-Frankfurt, hier im Bereich des Westerwaldes: Ausgleichsmaßnahmen für solche Eingriffe lassen sich nur revierübergreifend umsetzen.

Früh einschalten! Nur dann haben die Belange des Wildes, z. B. in der Verkehrsplanung, eine Chance!

DIE BASIS: ANALSYE UND DOKUMENTATION

Die Dokumentation der Verhältnisse hat eine wichtige Schlüsselrolle für die gezielte Planung und wirkungsvolle Umsetzung lebensraumverbessernder Maßnahmen im eigenen Revier. Mehr noch: Auch für die revierüberschreitende Kooperation z. B. im Rahmen von Hegegemeinschaften, Hegeringen und vergleichbaren Zusammenschlüssen ist die Analyse und Dokumentation des Status quo in den einzelnen Revieren unverzichtbare Voraussetzung. Nur so lässt sich der Bedarf an revierübergreifenden Maßnahmen zur Lebensraumverbesserung ableiten.

Alle Lebensraumfaktoren wirken aber stets gemeinsam auf das Wild ein und der jeweils ungünstigste, d. h. der im Minimum vorhandene Faktor, begrenzt die Lebensraumqualität. So bietet die Revierbeschreibung vor allem auch Entscheidungshilfen zur Wahl des Schwerpunkts bei der Reviergestaltung, der je nachdem z. B. auf der vorrangigen Förderung von Wildäckern oder aber der Anlage von Feldgehölzen liegen kann.

VERGLEICH OFT AUFSCHLUSSREICH

Die verschiedenen Kennwerte der Situationsanalyse erlauben nicht nur als absolute Werte eine Einschätzung der Reviersituation, sondern lassen vor allem im Vergleich der Reviere einer Region, z. B. innerhalb einer Hegegemeinschaft, interessante Rückschlüsse zu. So können beispielsweise auffallend geringe Rehwildgewichte in einem Waldrevier trotz gleicher Hegebemühungen wie im Nachbarrevier ihre Ursache in deutlich ungünstiger strukturierten und damit äsungsärmeren Waldbeständen haben.

Darüber hinaus ist die Revierbeschreibung bei periodischer Wiederholung auch ein wichtiges Instrument zur Dokumentation zeitbezogener Entwicklungen. Negativtendenzen können damit erkannt und beschrieben und ihnen entsprechend gegengesteuert werden.

MIT FAKTEN ARGUMENTIEREN

Nicht zuletzt ist die Revierbeschreibung eine wertvolle Hilfe bei der Durchsetzung wildbiologischer und jagdbetrieblicher Interessen im Zusammenhang mit raumbezogenen Planungen wie z. B. dem Straßen- oder Siedlungsbau. Bei Eingriffen in Natur und Landschaft ist heute vielfach ein Ausgleich vorgesehen, der im selben Naturraum erfolgen muss, aber naturgemäß nicht unbedingt am Eingriffsort vorgenommen werden kann. Eine Dokumentation der Situation im eigenen und auch den angrenzenden Revieren kann hier einen entscheidenden Beitrag zur Umsetzung wirkungsvoller Ausgleichsmaßnahmen leisten, wenn die betroffenen Revierinhaber vor geplanten Eingriffen frühzeitig mit den zuständigen Behörden Kontakt aufnehmen. Auf der Basis umfassender Revierbeschreibungen lassen sich konkrete Absprachen über eine Mitarbeit der Jäger bei landschaftspflegerischen Begleitmaßnahmen zur Sicherung oder Wiederherstellung von Deckungs-, Äsungs- und Ruhezonen treffen. Außerdem können Lage, Eigentum sowie die spätere Nutzung und Pflege wildbiologisch bedeutsamer Grundstücke verbindlich festgelegt werden.

Wichtige Voraussetzung für die Berücksichtigung der Umweltansprüche der Wildtiere ist schließlich die Kontaktpflege zu den Grundstückseigentümern des Reviers, den Jagdgenossen. Auch hier lässt sich mit handfesten Dokumentationsunterlagen leichter Verständnis für die Ansprüche der frei lebenden Tier- und die Pflanzenwelt wecken, als mit allgemeinen Appellen an das „Herz für Tiere“. Allein wegen des Jagdwertes wird man bei den Jagdgenossen mit vernünftigen Argumenten Gehör finden.

DATENERHEBUNG UND BEWERTUNG

In den nachfolgenden Kapiteln werden die wichtigsten naturräumlichen und strukturellen Eckdaten der Revierbeschreibung beschrieben. Sie haben sich zur Darstellung der ökologischen Situation des Revieres bewährt und geben den Rahmen für die Planung und Umsetzung von Maßnahmen vor.

Die Daten werden sinnvollerweise in einer Art Checkliste für das Revier zusammengestellt. Hilfreich sind dabei schematisierte Formblätter, die sowohl die Erhebung der Daten vereinfachen als auch die wichtigsten Informationen schnell zugänglich machen. Eine Auswahl an Formblättern für die Revierbeschreibung enthält der Serviceteil des Buches(S. 217–227). Sie können bei Bedarf kopiert und vergrößert werden oder als Anregung für die Erstellung eigener revierspezifischer Erhebungsbögen dienen. Je nach Erhebungsgenauigkeit ist es auch sinnvoll, die Formblätter um zusätzliche Erhebungskriterien zu ergänzen.

Die Zusammenhänge und Wechselwirkungen zwischen Wildtieren und ihrem Lebensraum sind vielfältig und von Revier zu Revier unterschiedlich. Es soll und darf hier deshalb nicht der Eindruck entstehen, dass die erhobenen Daten mit mathematischer Genauigkeit den Bedarf an lebensraumverbessernden Maßnahmen erkennen lassen und formelhaft in eine leicht lesbare „Gebrauchsanleitung Reviergestaltung“ münden. Dies wäre eine unzulässige Vereinfachung komplexer ökologischer Zusammenhänge.

Soweit für die verschiedenen Merkmale der Revierbeschreibung Grenz- und Schwellenwerte angegeben werden, sind sie deshalb nur als allgemeine Hinweise zu verstehen. Sie können aber Anhaltspunkte zur Erkennung ökologischer Grenzen und Defizite im eigenen Revier bieten und Hinweise auf mögliche Verbesserungsmaßnahmen liefern. Ungünstige Kennwerte unterstreichen die Bedeutung einer gezielten Reviergestaltung zur Lebensraumverbesserung.

Zur näheren Interpretation der erhobenen Daten wird sinnvollerweise der Rat von Fachleuten aus Wildbiologie, Land- und Forstwirtschaft gesucht. Vor allem sind auch die Wildforschungsstellen der Länder geeignete Ansprechpartner.

ALLGEMEINE REVIER-MERKMALE

Hierunter werden zunächst die wichtigsten Eckdaten des Reviers, wie Größe und Gliederung, Revierart, Besitzverhältnisse etc. erfasst. Die allgemeine Standortbeschreibung enthält dann Angaben zu den geografischen Verhältnissen des Reviers – seine naturräumliche Gliederung und Lage, eine kurze Charakterisierung seiner Oberflächengestalt und, sofern Waldflächen vorhanden sind, Hinweise auf Wuchsgebiet und Wuchsbezirk. Außerdem sollten schon hier die Lage zu Verdichtungsräumen, Industriegebieten, Siedlungen und Verkehrswegen sowie die evtl. vorhandene

KARTENMATERIAL

Oft fehlen brauchbare Revierkarten: Möglichst alle verfügbaren topografische Karten werden beschafft – von Katasterämtern, Verwaltungen und Landesvermessungsämtern. Bei digitalen topografischen Karten kann der Maßstab auf dem Bildschirm oder Display nur der Orientierung dienen, da der tatsächliche Maßstab je nach Anzeigegerät unterschiedlich ausfällt. Unabhängig davon empfiehlt sich für die Gesamtrevierkarte ein definierter Maßstab von 1 : 10 000 (DTK10) oder1 : 25 000 (DTK25).

Jeder Jagdbezirk hat seine Besonderheiten. Die Revierbeschreibung beginnt mit der Erfassung der allgemeinen Standortcharakteristika.

☞ BODENARTEN UND WÄRMEKAPAZITÄT

BODENART	RANGSTUFE DER WÄRMEKAPAZITÄT
Sand (S)	10
Toniger Sand (tS)	9
Lehmiger Sand (lS)	8
Sandiger Lehm (sL)	7
Feinsandiger Lehm (fsL)	6
Schluff (U)	5
Schluffiger Lehm und Lehm (uL und L)	4
Toniger Lehm (tL)	3
lehmiger Ton (lT)	2
Moor (M)	1

touristische Infrastruktur beschrieben werden. Die topografischen Karten 1 : 25 000, auf denen das Revier liegt, werden gleichfalls notiert und bei Verwendung digitaler Karten die entsprechenden Links.

GEOLOGIE UND BODEN

Diese Beschreibung umfasst Angaben zur Geologie (Formation, Abteilung, Stufe), zur erdgeschichtlichen Entwicklung, zu Bodentypen und -arten und ihrer Abfolge im Gelände, und gegebenenfalls besondere Merkmale wie z. B. erhöhte Erosionsgefährdung. Erste Informationen zu Geologie und Boden bieten die forstliche Wirtschaftsplanung (Forstamt fragen!) und die Landwirtschaft (Kontakt zum Ortslandwirt, zum Landwirtschaftsamt oder zur Landwirtschaftskammer aufnehmen!).

Bei der Beurteilung der Nährstoffversorgung ist der Faktor Düngung einzurechnen, wenn der Boden von Landwirtschafts- oder Forstverwaltungen zur Ermittlung zulässiger Wilddichten herangezogen werden soll.
Eine wildbiologische Bodenbeurteilung muss auch die Temperatur der unterschiedlichen Bodenarten berücksichtigen. Mit zunehmender Feldkapazität des Bodens, d. h. der von ihm maximal aufnehmbaren Wassermenge, nimmt im Allgemeinen seine Eignung als Ruheplatz ab. Stauwasserbeeinflusste Böden sind als ausschließlicher Aufenthaltsort für viele Arten nicht geeignet, da die hohe spezifische Wärme und die hohe Verdunstungswärme des Wassers den Energiehaushalt der Tiere zu sehr belasten. Die Bodenarten sind jedem Praktiker bekannt und lassen sich nach ihrer Wärmekapazität ordnen. Die relativ wärmste Bodenart erhält die Ziffer 10, die kälteste die

Bodenaufschlüsse und -abgrabungen gewähren Einblicke in die Erdgeschichte und die aktuelle Bodensituation.

1. Die Wärmekapazität beeinflusst sowohl die Wilddichte der Niederwildarten als auch die Verteilung der großen Wildarten.

KLIMA

Die klimatischen Verhältnisse des Reviers sind für seine Eignung als Lebensraum der verschiedenen Wildarten ein ganz wesentlicher Faktor. Natürlich lässt sich das Wetter im Rahmen der Reviergestaltung nicht ändern, seine Auswirkungen können aber abgemildert werden: Treffen ungünstige Niederschlags- und Temperaturverhältnisse zusammen, ist dies beispielsweise ein Hinweis auf die Notwendigkeit geeigneter Besonnungs- und Abtrocknungsstreifen in Stilllegungsstreifen und Wildäckern durch entsprechend lichte Einsaat. Oder aber darauf, dass die Voraussetzungen für das jagdlich nutzbare Vorkommen einer Wildart einfach nicht gegeben sind.

MAKROKLIMA

Das Klima wird wesentlich von der Höhenlage des Revieres über NN geprägt. Festgehalten werden zunächst also die niedrigste und höchste Geländeerhebung des Jagdbezirkes. Sofern in der Nähe eine Station des amtlichen Wetterdienstes liegt, empfiehlt es sich, für weitere Angaben auf die Daten dieser Station zurückzugreifen. Ist dies nicht möglich, können sie auch einem Klimaatlas oder anderen Unterlagen entnommen werden. Als wichtige Charakteristika sind folgende Daten (30-jährige Mittelwerte) zu berücksichtigen:

- Jahresmittel der Lufttemperatur
- Mittlere Temperatur während der Vegetationszeit
- Jahresniederschlag
- Niederschlag in der Vegetationszeit
- Anzahl der jährlichen Sonnentage
- Durchschnittliche Anzahl der jährlichen Regentage
- Durchschnittliche Anzahl der Tage mit geschlossener Schneedecke
- Anzahl der Frosttage (Temperaturminimum unter 0° C)

RÜCKZUGSRÄUME UND BÖDEN

Rückzugsräume für Wildtiere in der Feldflur dürfen nicht auf physiologisch ungünstige Böden beschränkt werden, nur weil diese wirtschaftlich schwieriger zu nutzen sind! Wenn ertragreiche Bereiche landwirtschaftlich genutzt werden und nur die Moorbereiche einen leichten Waldschleier aufweisen, ist es höchste Zeit, Feldgehölze auch auf den trockeneren und damit wärmeren Standorten anzulegen. Bewaldete Moore sind wegen ihrer wärmezehrenden Wirkung für Wildarten kein Waldersatz.

Das Verhältnis zwischen Temperatur und Niederschlag bestimmt entscheidend die Zuwachsrate des Rebhuhns.

Wer an entsprechendes Datenmaterial gelangt und die Mühe nicht scheut, kann noch stärker differenzieren und darüber hinaus aufschlussreiche Zusatzinformationen festhalten:

- Durchschnittliche Monatsniederschläge
- Monatsmitteltemperaturen und ihre mittlere Jahresschwankung (Differenz zwischen dem wärmsten und kältesten Monatsmittel)
- Jahres- und Monatsmittel der Temperatur-Maxima

KLIMADATEN

Bestimmte Daten stellt der Deutsche Wetterdienst online auch kostenfrei zur Verfügung. Reichen sie nicht aus, kann man weitere Daten anfordern. Die wesentlichen Angaben finden sich meist auch in einschlägigen regionalen Veröffentlichungen zur jeweiligen Region, auf dem Forstamt, in ökologischen Planungsgutachten und bei den Institutionen der Landwirtschaft.

- Jahres- und Monatsmittel der Temperatur-Minima
- Anzahl der Eistage (Temperaturmaximum unter 0° C)
- Anzahl der Sommertage (Temperaturmaximum ≥ 25° C)
- Mittleres Datum des letzten und ersten Frostes
- Temperaturschwellenwerte (Eintritt und Ende des Tagesmittels der Lufttemperatur von 5° C und 10° C)
- Anzahl der Tage mit 0,1, 1,0, 2,5 und 10,0 mm Niederschlag
- Anzahl der Tage mit Schneefall oder Gewitter
- Mittlere und extreme Daten der Schneehöhe
- Monatliche und jährliche Häufigkeiten der Windrichtungen
- Anzahl der Sturmtage für die einzelnen Monate und für das ganze Jahr

Die einmal erhobenen Grunddaten sind für viele spätere Planungen nützlich: So führen hohe Niederschläge und niedrige Temperaturen im Frühjahr, d. h. zur Brut, Setz- und

Aufzuchtzeit, zu einer niedrigen Überlebensrate von Jungtieren sowohl bei Rebhuhn und Fasan als auch beim Rehwild. Im Winter erhöhen vor allem lange Frostperioden und hohe Schneelagen (je nach Tierart sind bereits Schneehöhen zwischen 20 und 50 cm als hoch einzustufen) die Sterblichkeit von Wildtieren und reduzieren z. B. die Zuwachsrate beim Schwarzwild.

GELÄNDEKLIMA

Die Lebensraumnutzung von Wildtieren und, insbesondere bei kleineren Arten, auch die Bestandsentwicklung kann wesentlich durch das Geländeklima beeinflusst werden. Amtliche Daten stehen hierfür nicht zur Verfügung. Die Charakterisierung des Geländeklimas ist aber durch genaue eigene Beobachtung möglich. Hinweise auf Kaltluftlagen und ihre Grenzen geben

— Nebel- und Raureifgrenzen,
— Wolkengrenzen im Gebirge,
— Eis- und Schneebruch an den Bäumen,
— Nebelbildung in Frostmulden, der erste Schnee und der Zeitpunkt der Schneeschmelze.

Dem Geländeklima kommt eine Schlüsselrolle im Rahmen der Reviergestaltung zu: In Mulden staut sich die Kaltluft, da sie nicht abfließen kann, sodass bei Pflanzmaßnahmen spätfrostempfindliche Bäume und Sträucher keinesfalls dorthin gehören. Ebenso dürfen Fütterungsstandorte und Äsungsflächen nicht in Kaltluftsenken oder an schattigen, kalten Nordosthängen angelegt werden.

KLIMA UND NIEDERWILD

Frühjahrsniederschlag:
Hohe Niederschläge im (April) Mai: geringer Zuwachs beim Fasan
Hohe Niederschläge im (Mai) Juni: geringer Zuwachs beim Rebhuhn

Bei den Niederschlägen ist die Verteilung wichtig: Ein kräftiger Regenguss bei einem Gewitter in einer Schönwetterphase ist günstiger als ständige Niederschläge von 10 mm am Tag bei gleichzeitig kühlen Temperaturen.

Frühjahrstemperatur:
Juni-Temperaturen (Tagesmittel)
< 15° C: geringe Überlebensrate von Rebhuhnküken
bis 17° C: mittlere Überlebensrate von Rebhuhnküken
> 17° C: günstig für die Überlebensrate der Rebhuhnküken

In ähnlicher Weise wirkt sich das Zusammenspiel von Temperatur und Niederschlag auf die Aufzuchtrate anderer Wildarten aus. Nasskalte Frühjahrsphasen führen beispielsweise auch beim Rehwild zu hohen Kitzverlusten.

Jahresmitteltemperatur:
< 8° C: ungünstig (Feldhase!)
bis 9° C: mittlerer Bereich
> 9° C: optimaler Bereich

Mittlerer Jahresniederschlag:
< 550 mm: optimal
bis 700 mm: mittlerer Bereich
> 700 mm: ungünstig

In Frostlagen bieten bereits kleine Baumgruppen einen spürbaren Strahlungsschutz.

VEGETATION UND BODENNUTZUNG

210 Zeigerpflanzen Lichtbedarf

211 Zeigerpflanzen Feuchte

212 Zeigerpflanzen Kalkgehalt

213 Stickstoff-Zeigerpflanzen

Die natürlichen und aus Bewirtschaftung entstandenen Vegetationsformen des Revieres sind wichtige Weiser und Maßstab für seine Eignung als Wildhabitat. Sie gehören daher ebenfalls in die Revierbeschreibung. Zu unterscheiden ist dabei zwischen naturräumlich möglicher und aktueller Vegetation.

DIE HEUTIGE POTENZIELLE NATÜRLICHE VEGETATION

Neben der Erfassung der aktuellen Bodennutzungen in der Revierbeschreibung ist es aufschlussreich, die heutige potenzielle natürliche Vegetation (=hpnv) des Naturraums zu betrachten. Die *hpnv* ist definiert als die Vegetation, die sich bei einem Ende aller menschlichen Einflüsse unter den gegebenen Standortverhältnissen schlagartig einstellen würde. Sie charakterisiert die biologischen Möglichkeiten des Standortes und die grundsätzlichen ökologischen Rahmenbedingungen eines Revieres als Lebensraum für Wildtiere. Auskunft hierüber geben einschlägige Vegetationskarten. Ergänzende Unterlagen hierzu enthalten vielfach auch Empfehlungen zu bestimmten, standörtlich besonders geeigneten Gehölzarten für die Pflanzung in den jeweiligen Regionen.

In Mitteleuropa stellt normalerweise der Wald die potenziell natürliche Vegetation: Auwälder und Eichenwälder sind in der Regel struktur- und äsungsreich, ärmere Buchenwälder weisen eine nur gering entfaltete Strauchschicht aus, Eichen-Buchen-Wälder bieten je nach den Standortverhältnissen ein hohes Maß an Äsung und Deckung. Eichen-Kiefern-Wälder zeigen ärmere Standorte an, lassen jedoch in der Regel viel Licht auf den Boden, sodass das Angebot an Äsung und Deckung gut ist. Fichten-Tannen-Buchen-Wälder können auf geeigneten Standorten Äsung und Deckung bieten. Meist sind sie jedoch recht dunkel, sodass Kraut- und Strauchschicht als bodennahes Äsungsangebot nur schwach entwickelt sind.

ZEIGERPFLANZEN

Pflanzen spiegeln die natürlichen Umweltbedingungen, d.h. die Klima- und Bodenverhältnisse unter den natürlichen Konkurrenzverhältnissen zwischen den Pflanzen im Lebensraum wider. Die Pflanzen, die die Extreme anzeigen, so Tiefschattenpflanzen und Lichtpflanzen, Trockniszeiger und Nässezeiger, Säurezeiger und Basen- bzw. Kalkzeiger, Stickstoffzeiger oder stickstoffarme Standorte anzeigende Pflanzen sind gewissermaßen Weiser für die Extreme. Solche Zeigerpflanzen geben wertvolle Hinweise auf die standörtlichen Verhältnisse und damit geeignete Gehölz- und Saatmischungen für etwaige Anpflanzungen, die Anlage von Grünäsungsflächen etc.

Die Abbildungen wichtiger Zeigerpflanzen können über die KOSMOS-PLUS-App heruntergeladen werden. Sie sind nach nachstehenden Kriterien ausgewählt.

- **Lichtbedarf/Schattentoleranz**
- **Feuchtigkeitsbedarf**
- **Bodenreaktion (sauer/kalkarm – gute Kalkversorgung)**
- **Stickstoffversorgung**

Einige Pflanzen liefern auch Hinweise auf die Raumnutzung des Wildes, die Wärmeversorgung sowie (vormalige) Aktivitäten des Menschen.

214 Zeigerpflanzen Raumnutzung und Verteilung des Wildes

Pflanzen laufen nicht weg: Wer sich mit ihnen auskennt, kann wesentliche Faktoren auch erkennen, wenn man diese im Moment nicht sieht.

HISTORISCHE LANDNUTZUNGSFORMEN

Die derzeitige Situation eines Revieres wird nur verständlich vor dem Hintergrund der geschichtlichen Entwicklung. Angaben über früher angebaute Feldfrüchte bei besonderen Bewirtschaftungsformen im Grünland, zum Streuobstanbau, zu alten Obstsorten etc. geben Anregungen auch für die aktuelle Planung.
Meist lohnt es sich, die Relikte früherer Nutzungen, z. B. Hute- oder Niederwälder, aktiv zu erhalten.

AKTUELLE BODENNUTZUNG

Die tatsächlich bestehenden Nutzungsarten, die in unseren Kulturlandschaften Ergebnis einer meist über Jahrzehnte gewachsenen land- und forstwirtschaftlicher Bewirtschaftung sind, bestimmen letztlich das Äsungs- und Deckungsangebot als wichtigste Qualitätskriterien des Revieres für das Wild.
Von Interesse ist zunächst die Einteilung des Revieres nach Nutzungstypen (Feld-, Waldanteil, Siedlungsflächen, Verkehrswege etc.) und darüber hinaus die Unterscheidung der verschiedenen Nutzungsarten in Land- und Forstwirtschaft.

Streuobstwiesen dokumentieren historische Landnutzungsformen: Hochwertige Lebensräume finden sich vor allem bei extensiver Grünlandnutzung.

WILD UND INDIKATORARTEN

HAUPTWILDARTEN

Zunächst werden alle Angaben zu den Frühjahrsbeständen und den Jagdstrecken der Hauptwildarten, für die ein Abschussplan erstellt wird, aber auch der anderen Wildarten zusammengestellt. Eine ergänzende Kurzcharakterisierung der Wildarten hinsichtlich ihrer Umweltansprüche und ihres Verhaltens ist sinnvoll.

Darüber hinaus muss gegebenenfalls die überregionale Bedeutung des Jagdreviers bzw. der Region für die Bestandssituation der Arten, wie z. B. die Lage in einem Rotwildkern- oder Randgebiet, festgehalten werden. Hieraus lassen sich für den Fall von Eingriffen in die Landschaft bereits konkrete Forderungen zur Lebensraumvernetzung ableiten und entsprechend fundiert begründen.

Birkwild ist ein Hinweis auf großräumig intakte Naturlandschaften: Indikatorarten sind unbedingt zu erfassen!

LEBENSRAUMMERKMALE

Zusätzlich sollten alle Daten zur Lebensraumnutzung (Wildwechsel, Nist-, Brut- und Aufzuchtstätten, Nahrungsflächen) und Populationsentwicklung unter Berücksichtigung der artspezifischen Besonderheiten erhoben und in einer Revierkarte (s. u.) zusammengestellt werden.

Außer diesen Angaben empfiehlt sich die Erfassung wertvoller Kleinbiotope, Hegeeinrichtungen, der Schwerpunkte des Erholungsdruckes, aber auch der Gefährdungen durch den Straßenverkehr auf der Karte. Jeder Revierinhaber muss an einer mittelfristigen Planung interessiert sein. Nicht hinsichtlich größerer Eingriffe, sondern auch der vielfach zu beobachtenden schleichenden Zerstörung von Verbindungsbrücken: Das auch heute noch oft zu beobachtende Aufeinanderwachsen von Ortschaften entlang der Verbindungsstraßen, an denen ja normalerweise auch die Versorgungsleitungen verlaufen, trennt Wildtierlebensräume unwiderruflich.

ÖKOLOGISCHE WEISERARTEN

Darüber hinaus sind im Hinblick auf die Naturnähe des Reviers Angaben zu jagdbaren und nichtjagdbaren Säugetierarten, Vögeln, Amphibien, Reptilien, Fischen, Insekten und Weichtieren wertvoll, wenn sie sich an Arten orientieren, die in ihrem ökologischen Verhalten bekannt (Indikatorarten) oder gefährdet sind. Vogelarten wie z. B. Birkhuhn, Rebhuhn oder Eisvogel sind Indikatoren für großräumig intakte Kulturlandschaften bzw. Gewässer. Auf diese Weise erhält der Revierinhaber weitere indirekte Hinweise auf die Bedeutung des Revieres als Lebensraum für das Wild. Konkrete Hinweise auf besonders sensible Arten sind zu deren Schutz unerlässlich.

LANDSCHAFTSSTRUKTUR

Die Qualität der Landschaft als Lebensraum für die frei lebende Tierwelt wird nicht nur durch die angebauten Frucht- oder Baumarten, sondern vor allem auch durch die vorhandenen Strukturen bestimmt. Merkmale wie kleinflächig wechselnde Altersklassen im Wald oder Feldergröße und Verteilung einzelner Fruchtarten sowie ungenutzter Flächen im Feld bestimmen, wie weit die Pflanzengemeinschaften voneinander entfernt sind, mit denen der Lebensraum einer Tierart ausgestattet sein muss.

FELDFLUR

Gliedernde linienförmige Strukturen mit naturnaher Vegetation wie Hecken, Feldraine oder Wegraine haben eine wichtige Funktion als Brutstätte und Nahrungsquelle. Sie sind darüber hinaus wichtige verbindende Elemente und permanente Rückzugsgebiete innerhalb der wirtschaftlichen Nutzfläche, die ja einem starken jährlichen und jahreszeitlichen Wechsel unterworfen ist. Die Stabilität der gesamten Acker- und Landlebensgemeinschaft *(Agrobiozönose)* und insbesondere auch der Fortbestand bedrohter Arten sind in hohem Maße von der Vielzahl und Verteilung dieser Strukturen abhängig, die bei wirtschaftlicher Intensivnutzung allzu leicht verschwinden.

KARTIERUNG

Um diese Landschaftsmerkmale in der Feldflur zu erfassen, werden auf der Basis der Revierkarte (s. Seite 41 ff.) im Maßstab 1 : 5 000 sämtliche flächigen, linearen und punktuellen Strukturen kartiert (vgl. Seite 45) und natürlich auch Hegeeinrichtungen wie Feldholzinseln, Wildäcker und Wildwiesen erfasst. Solche Angaben zur Realnutzung sind bei den Behörden in der Regel nicht vorhanden. Aneinandergrenzende Flurstücke, die mit derselben Fruchtart bestockt sind, zählen bei der Erfassung als ein Feld, wenn sie nicht durch Grenzlinien wie Gräben, Wege, Straßen, Hecken, Feldraine, Wälle, Grasstreifen, wildkrautbewachsene Ackerflächen, fest aufgestellte Weidezäune oder andere Zäune unterteilt sind.

Diese Kartierung ist die Grundlage zur Ableitung der durchschnittlichen Feldergröße („Service" S. 223) und zur Ermittlung des Grenzlinienindexes (Grenzlinienlänge bezogen auf die Flächeneinheit) für die gliedernden Linearstrukturen ohne Wegenetz und für das Wegenetz. Letzteres wird in Asphalt-, Schotter- und Graswege und nach Verkehrsintensität unterschieden. Schließlich wird auch die Häufigkeit punktueller Strukturelemente bestimmt (Anzahl pro 100 ha; „Service" S. 224). Ein grober Überblick über die Strukturmerkmale lässt sich meist schon ohne Kartierung gewinnen, indem man sie beim Reviergang oder der Revierfahrt direkt in die Formulare überträgt.

Zur langfristigen Dokumentation und späteren Analyse von Details ist die Kartierung jedoch ebenso sinnvoll wie zur Bestimmung der genauen Nutzungsartenanteile. Die Daten zur Flächennutzung (absolute und relative Anteile der Nutzungsarten) liegen zwar bei den Ämtern für Landwirtschaft und Landentwicklung vor, allerdings meist nicht für die Gebietseinheit des Jagdreviers. Wer über dessen genaue Aufteilung Aufschluss haben möchte, muss die Nutzungsarten auf der Revierkarte mittels eines Rasters auszählen oder eines Flächenplanimeters bestimmen.

Die Feldergröße bestimmt das Angebot an Grenzlinien. Ackern bis an den Rand führt zum völligen Verlust naturnaher Strukturen.

ERSTE ERKENNTNISSE

Aus den festgestellten Strukturdaten lassen sich häufig notwendige Maßnahmen unmittelbar ablesen:

— Liegt der Grünlandanteil des Revieres unter 30 %, müssen kraut- und grasbewachsene Waldwege aus Sicht des Feldhasen zumindest einen Anteil von 40 % am gesamten Wegenetz haben.

— Bei der Beurteilung des Grünlandes ist die Ansprache am Boden dem Luftbild überlegen: Nur so lässt sich ein Eindruck von der Artenvielfalt gewinnen. Der Transport von Gülle mit Tankschiffen, ihre Verladung auf Lkw und ihr Ausbringen in weit abgelegenen Mittelgebirgsregionen hat zu einem dramatischen Artenrückgang im Grünland und damit zu einem Lebensraumverlust für das Wild selbst in abgeschiedenen Gebieten geführt.

— Feldergrößen über zwei Hektar erfordern für das Rebhuhn gliedernde Stilllegungsstreifen, für den Feldhasen liegt die Grenze bei etwa fünf Hektar.

— Große Felder mit nur wenigen Kulturfrüchten erfordern Maßnahmen zur Wildschadensverhütung: So kann der Verbiss der Zuckerrübe durch Feldhasen, der häufig in Verbindung mit Wassermangel im Sommer auftritt, durch die Einsaat des Vorgewendes mit einem Kleegemisch deutlich reduziert werden.

DROHNENFLÜGE

Während die Anbauflächen für die Kreise vielfach bei den Landwirtschaftsbehörden vorliegen, fehlen Strukturdaten weitgehend: Wer selbst nicht kartieren will, kann hierzu auf eine Befliegung mit einer Drohne zurückgreifen oder auch auf eine hochauflösende Luftbildkarte. In vielen Bundesländern werden die Befliegungen mittlerweile im Dreijahresrhythmus durchgeführt.

STRUKTUREN IN DER FELDFLUR

Für die Bewertung ausgewählter Kenngrößen lassen sich nach detaillierten Untersuchungen der Wildforschungsstelle Nordrhein-Westfalen die folgenden Grenzwerte angeben:

FELDERGRÖSSE:

< 2 ha: sehr gut
bis 5 ha: gut
bis 10 ha: befriedigend
10 bis 50 ha: Unterteilung der Felder notwendig
> 50 ha: für Niederwildarten extrem ungünstig

Bei durchschnittlichen Feldergrößen über 50 ha empfehlen sich besondere Regelungen zur Wildschadenserstattung, da Felder dieser Größe eine regelmäßige Kontrolle nicht mehr erlauben.

ANZAHL VEGETATIONSTYPEN (FELDFRÜCHTE, GRÜNLAND ETC. JE 100 HA):

< 12: schlecht
13 bis 20: mittel
> 20: gut

GRENZLINIENREICHTUM (JE 100 HA):

< 30 km: schlecht
bis 50 km: gut
> 50 km: sehr gut

WEGE MIT BEWUCHS (JE 100 HA):

< 2 km: schlecht
bis 6 km: mittel
> 6 km: gut

WEGBEGLEITENDE ALTGRASSTREIFEN (JE 100 HA):

< 2 km: schlecht
bis 5 km: gut
5 bis 8 km: sehr gut
> 8 km: optimal

WEGEDICHTE UND WEGEABSTÄNDE IM WALD (PRO HA):

< 10 m: optimal
bis 20 m: günstig
bis 40 m: deutliche Lebensraumeinschränkung
> 40 m: für Wildtiere verbleiben nur noch Restlebensräume, die Wildschadensanfälligkeit nimmt zu

Entscheidend ist die tatsächlich von Besuchern genutzte Wegedichte. Hohe Dichten erfordern Rückbauplanung.

FELDHOLZINSELN UND GROSSE HECKEN (JE 100 HA):

< 2 Stück: schlecht
bis 5 Stück: gut
> 5 Stück: sehr gut

Die Bewertung des Gehölzangebotes hängt stark von den Wildarten ab: Der Rehwildlebensraum wird hierdurch deutlich aufgewertet und der Wald entlastet. In typischen Feldlebensräumen mit Rebhuhn und Feldhase als Leitarten sind diese Strukturen nachteilig, da sie mittelbar den Räuberdruck deutlich erhöhen.

EXTENSIV-/UNGENUTZTE FLÄCHEN (JE 100 HA):

< 16 Stück: schlecht
bis 24: gut
> 25: sehr gut

Die Anhaltswerte gehen von kleinen Flächen aus. Mehrere Hektar umfassende „Stilllegungswüsten" sind ungünstiger zu bewerten.

WILDWIESEN UND WILDÄCKER (VON CA. 0,3 HA GRÖSSE JE 100 HA):

< 3: schlecht
bis 6: mittel
> 6: gut

Kleine Schläge bieten der Tierwelt in der Landwirtschaft mehr Lebensraum.

20- bis 60-jährige Waldbestände (Alterklassen II und III) halten den Boden dunkel und sind deshalb äsungsarm.

— Große Felder mit geringer Übersicht, wie z. B. Maisschläge, sind besonders anfällig für Schwarzwildschäden. Sie müssen durch Schneisen jagdlich erschlossen werden. Die Eigentümer sollten dies auf eigene Kosten in Abstimmung mit den Jagdausübungsberechtigten vornehmen.

WALD

In Waldrevieren ist zunächst die Erfassung des Anteils bestockter Waldflächen und unbestockter Grünäsungsflächen wichtig. Hieraus lassen sich fallweise bereits vordringliche Hegemaßnahmen ableiten: So unterstreichen Waldanteile unter 15 % die Bedeutung von Prossholzflächen und kleinen Gehölzinseln in der offenen Feldflur.

Ferner sind die Baumartenanteile nach jeweils 20 Jahre umspannenden Altersklassen zu erfassen (siehe Tabelle unten). Denn das Angebot an Äsung und Deckung wird wesentlich durch die waldbestimmenden Bäume und deren Alter bestimmt. Diese Angaben erhält man vom Waldeigentümer bzw. vom zuständigen Forstamt.

Hieraus lassen sich Rückschlüsse auf die Eignung der Waldflächen für das Wild ziehen. Die II. und III. Altersklasse lassen kaum Licht an den Boden, sodass dort wenig bis nichts wächst. Sie stellen daher meist äsungslose „Hungerflächen“ dar, haben aber ihre Bedeutung als deckungsreiche Einstandsbereiche.

☞ **BAUMARTEN** NACH ALTERSKLASSEN (BEISPIEL)

ALTERSKLASSE	I 0–20 J.	II 21–40 J.	III 41–60 J.	IV 61–80 J.	V 81–100 J.	VI 101–120 J.	VII 121–140 J.	VIII 140 J.
Eiche	–	0,1	1,0	3,7	1,7	3,3	1,0	2,4
Kiefer	–	0,3	2,3	1,7	(+)	0,9	–	–
Erle/Esche	0,1	0,1	2,1	–	0,2	–	–	–
Moor- und Buchenwälder	–	–	(+)	1,8	0,9	–	–	–
Buche	5,2	7,8	19,6	30,8	10,2	12,6	1,8	0,5
Fichte	6,3	7,2	4,8	3,6	1,6	0,3	+	+
Lärche	–	5,4	0,1	0,2	0,2	0,2	–	–
Douglasie	12,5	12,2	0,7	1,5	0,3	(+)	–	–
Tanne	5,1	6,3	11,6	21,1	8,3	6,7	(+)	–
Roteiche	–	0,2	–	(+)	0,2	(+)	–	–

DAS PHÄNOLOGISCHE JAHR

Pflanzen wachsen fast überall. Wenn der Jäger sie aufmerksam beobachtet, erfährt er viel über den Jahresgang der Natur. Die Vegetationsentwicklung liefert die entscheidenden Voraussetzungen für das jahreszeitlich wechselnde Angebot an Nahrung und Deckung für das Wild.

KRITERIUM PFLANZENENTWICKLUNG

Anstelle der vier Jahreszeiten des Kalenders unterscheidet man in der Natur besser zehn phänologische Jahreszeiten, deren Beginn nicht durch ein starres Datum, sondern durch

ERHEBUNGSBOGEN PHÄNOLOGISCHE JAHRESZEITEN

Jagdbezirk: ____________________ **Aufnahmejahr: 20** ________

	PFLANZE	b	BO	ab	f	BEMERKUNGEN
VORFRÜHLING	Hasel					
	Schneeglöckchen					
	Huflattich					
	Salweide					
	Narzisse					
ERSTFRÜHLING	Buschwindröschen					
	Stieleiche					
	Schlehdorn					
	Rotbuche					
	Löwenzahn					
VOLLFRÜHLING	Apfel					
	Besenginster					
	Margerite					
	Heidelbeere					
	Himbeere					
FRÜHSOMMER	Schneebeere					
	Robinie					
	Erdbeere					
	Frühkirsche					
	Wiesenfuchschwanz					
HOCHSOMMER	Kornblume					
	Spätkirsche					
	Heidelbeere					
	Stachelbeere					
SPÄTSOMMER	Heidekraut					
	Eberesche					
	Schneebeere					
	Frühpflaume					

Erhebungsbogen Phänologischen Jahreszeiten (Ausschnitt): Der revierspezifische Jahresgang der Natur wird durch aufmerksame Beobachtung ermittelt.

bestimmte Entwicklungsphasen der Pflanzen bestimmt wird. Hierdurch wird den regionalen Unterschieden in der Entwicklung der Natur, aber auch den jahrweisen Differenzen in der gleichen Region Rechnung getragen. Es ist also ganz normal, wenn ein bestimmtes Ereignis, wie z. B. der Blühbeginn der Kornblume, jedes Jahr zu einem anderen Zeitpunkt auftritt.

Mit Hilfe eines Arbeitsblattes („Service“ S. 225) lässt sich für jedes Revier nach der Pflanzenentwicklung ein phänologischer Jahreskalender aufstellen. Anhand dessen können dann sowohl Engpässe im Lebensraum jahreszeitlich sicherer eingestuft, als auch der geeignete Zeitpunkt für Revierarbeiten und Hegemaßnahmen bestimmt werden. So zeigt z. B. die Vollblüte des Buschwindröschens die Mitte des Erstfrühlings und damit den richtigen Zeitpunkt an, die Winterfütterungen aufzulassen. Die folgenden Regeln müssen bei der phänologischen Beobachtung beachtet werden:

1. Die Beobachtungen werden möglichst während des ganzen Jahres am selben Ort durchgeführt, damit standörtliche Unterschiede z. B. zwischen Nord- und Südhang ausgeschlossen werden. Die Abweichung zwischen verschiedenen Beobachtungspunkten sollte nicht mehr als 50 Höhenmeter betragen. Der gewählte Beobachtungsort muss repräsentativ für das Revier sein. Pflanzen in unmittelbarer Umgebung des Jagdhauses beginnen z. B. wegen der Wärmeabstrahlung des Hauses deutlich früher mit dem Laubaustrieb.
2. Für die einzelnen phänologischen Daten wird stets ein Datum angegeben, z. B. Blühbeginn des Schneeglöckchens „5. Februar“, jedoch nicht Blühbeginn „zwischen dem 5. und 15. Februar“.
3. Alle Beobachtungen werden an typischen Pflanzen durchgeführt.
4. Es gilt, möglichst alle in der Tabelle angegebenen phänologischen Phasen zu erfassen.

Die Apfelblüte als Weiser für den Vollfrühling wird auch in den Nachrichten gemeldet.

Der Beginn der Buschwindröschenblüte zeigt den Beginn des Erstfrühlings an, die Vollblüte das Ende der Notzeit.

5. Ständige Beobachtung ist wichtig, um kein phänologisches Ereignis zu verpassen. Am besten ist es, stets eine Kopie des Arbeitsblattes mit sich zu führen. Gemeinsames Beobachten und gegenseitige Unterstützung helfen, Urlaubszeiten zu überbrücken.
6. Wichtige landwirtschaftliche Arbeiten wie Heuernte, Aussaat und Ernte der Feldfrüchte werden unter Bemerkungen notiert. Hierhin gehören auch besondere Vorkommnisse wie Hagelsturm oder Schnee- und Windwurf.

DIE PHÄNOLOGISCHEN JAHRESZEITEN IN STICHWORTEN

Vor- und Erstfrühling: Phase mit den größten Entwicklungsunterschieden hinsichtlich Äsung und Deckung im Revier, die in Mittelgebirgen drei bis vier Wochen zwischen Nord- und Südhang betragen können

Vorfrühling: Äsungsknappe Phase – Beginn des Gräserwachstums auf Wirtschaftsgrünland – für das Rebhuhn ist die Brutpaardeckung entscheidend – erste Junghasen

Erstfrühling: Auf den Feldern liefern Winterroggen und Raps wichtige Äsung – verstärktes Graswachstum – Ende der Notzeit und ggf. der Winterfütterungsperiode bei Vollblüte des Buschwindröschens

Vollfrühling: Beurteilung der Äsungssituation im Revier – Beginn der Setzzeit

Frühsommer: Beginn der ersten Wiesenschnitte zur Heuernte – Planung der Kitzsuche

Hochsommer: Hafer in der Milchreife – Ernte Winterraps – Rispenschieben beim Mais – Schalenwild sucht Felder auf – Ausweichäsung in der Feldflur wichtig

Spätsommer: Halerernte – Mais in der Milchreife – Ausfallgetreide liefert wertvolle Äsung

Frühherbst: Fruchtreife der Rosskastanien gegen Ende der Phase

Vollherbst: Eichen- und Buchenmast bestimmen Äsungskapazität der Folgezeit – Rübenernte

Spätherbst: Einlagerung der Futtermittel für die Winterfütterung bis zum Kranichzug

Winteranfang: Landwirtschaftliche Bodenbearbeitung nicht mehr möglich – Abschluss des Laubfalls – Beginn der Ansitzdrückjagden im Laubwaldrevier – Wintergerste liefert im Feld wichtige Äsung bis in den Vorfrühling –natürliches Äsungsangebot wird durch Mast und Bodenvegetation bestimmt – bei aktueller Notwendigkeit Beginn der Winterfütterung des Wildes

7. Die pflanzenphänologischen Daten werden nach Möglichkeit durch Beobachtungen zu Wild und Wildtieren ergänzt: Beispiele hierfür sind der Beginn der Erdkrötenwanderung, der erste Kuckucksruf, der erste Mückenstich, der erste Frischling, der erste verfegte Bork, das erste Kitz, das Verlassen der Winterfütterungen durch das Wild und derlei markante Stichpunkte mehr.

PHÄNOLOGIE UND WILD

In die einzelnen phänologischen Jahreszeiten fallen typische Vorgänge und Merkmale in den Lebensräumen und in der Biologie des Wildes. Sie lassen sich zusammen mit den notwendigen Hegemaßnahmen und Revierarbeiten in einem Monatsrevierkalender darstellen („Service" S. 212–215).

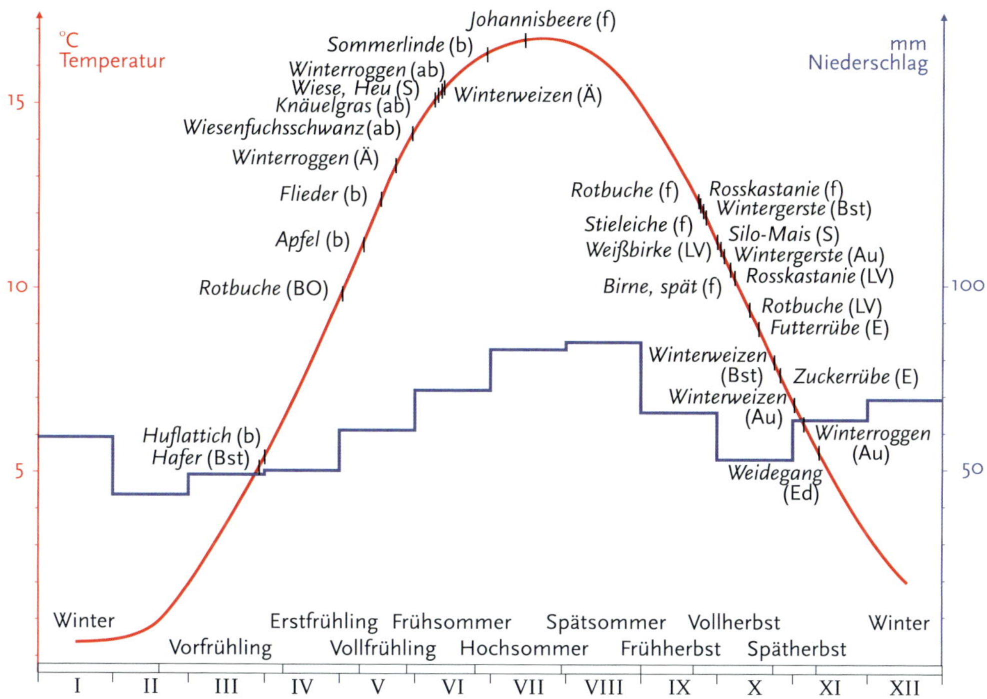

Legende

b	Beginn der Blüte: erste Blüten vollständig geöffnet, Staubgefäße geben Pollen ab
Bst	Beginn der Bestellung: Saat- oder Pflanzgut kommt in den Boden (bei Zuckerrüben: Drillen)
BO	Blattoberfläche sichtbar: Blätter sind vollständig entfaltet
Au	Aufgang: Pflänzchen sind etwa 1 cm groß, Felder haben grünen Schimmer
ab	Vollblüte: die Hälfte der Pflanzen blüht
S	Beginn des Schnitts
Ä	Ährenschieben: Ährenspindeln und Rispen sind bei etwa 75 % des Bestandes herausgewachsen
f	Fruchtreife: erstes Durchpflücken lohnt
E	Beginn der Ernte: Gemüseernte, Hackfruchtrodung, Getreideschnitt
LV	Laubverfärbung: mehr als 50 % aller Blätter sind herbstlich verfärbt und tw. bereits abgefallen
Ed	Ende des Weidegangs: Milchvieh wird von den Weiden abgetrieben und aufgestallt

Das phänologische Jahr: In der ersten Jahreshälfte bestimmen Temperaturschwellen die Entwicklung, in der zweiten die Wärmesummen, d. h. die Anzahl warmer Tage.

WÜNSCHE UND EMPFEHLUNGEN

Anhand der umfassenden Revierbeschreibung und der anschließenden Analyse können nun gegenüber Grundstückseigentümern und anderen Nutzern, aber auch übergeordneten Planungsträgern, Wünsche und Empfehlungen formuliert und Gestaltungsmaßnahmen auf fundierter Datenbasis geplant werden.

LAND- UND FORSTWIRTSCHAFT

Hinsichtlich der Forderungen an die Land- und Forstwirtschaft ist vielfach eine Unterstützung durch den Naturschutz möglich. Neben der Erhebung und Neuanlage schutzwürdiger Lebensräume wie Hecken, Feldrainen, Waldsäumen, Bachsäumen, Trockenmauern, Auwiesen, Trockenrasen,

Die Schaffung riesiger Schläge durch die Flurbereinigung ist in ökologischer Hinsicht verheerend.

AUF STAND BLEIBEN!

Jeder Revierinhaber oder sein Beauftragter sollte zumindest einmal im Jahr die zuständige Kreisverwaltung besuchen, um sich nach neuen Planungen zu erkundigen und zu bestehenden Verfahren auf dem Laufenden zu halten. Nur so kann der Jäger aktiv an Ausgleichsmaßnahmen mitwirken. Steht der Bagger erst im Revier, sind die meisten Chancen vergeben und der Jammer groß.

Quellgebieten, Nasswiesen, Tümpeln und Einzelbäumen muss vor allem auf das System der land- und forstwirtschaftlichen Nutzung geachtet werden.
Die Tendenz mancher Behörden, Nutzungsarten wie z. B. Ackerbau und Grünland ausschließlich aufgrund der Bodenverhältnisse großflächig voneinander zu trennen und entsprechend großflächig wieder zusammenzulegen, ist aus wildtierökologischer Sicht fatal. Eine derart einseitige Ausrichtung am Boden wird auch den übergeordneten landschaftsökologischen Erfordernissen nicht gerecht. Großflächige Strukturzerstörungen in der freien Landschaft führen immer zu Funktionsstörungen und können nicht durch Alibi-Biotope, wie die vielerorts schon obligatorischen kleinen Baumgruppen, behoben werden. Gerade die Konzentration auf optisch besonders auffällige Biotoptypen – in der Regel Bäume und Hecken –, hat in herkömmlichen Flurbereinigungsverfahren z. B. die für das Rebhuhn wichtigen Grasraine weitgehend vernichtet. Bei zu schmalen Wegeparzellen, z. B. von vier Metern Breite bei einer Wegbreite von drei Metern, fehlen diese wichtigen Randstrukturen ebenfalls. Die Wahrung der Lebensansprüche von Wildtieren bedeutet auch, kleinflächig ungenutzte Strukturen in der Landschaft wie Altgrasstreifen und Sukzessionsflächen zu erhalten. Erhaltung geht vor Neuanlage!

ÜBERGEORDNETE PLANUNG

Darüber hinaus sollte versucht werden, für die lokale und regionale Raumplanung zusammenfassende umweltverträgliche Empfehlungen hinsichtlich

— Natur-, Wildtier- und Landschaftsschutz,
— Entwicklung der Land- und Forstwirtschaft,
— Siedlungsrandbereichen,
— Übergangszonen (Waldränder, Ortsrand u. a.),
— Verkehrs- und Wegeplanung,
— Abbaumaßnahmen,
— Wasserwirtschaft,
— Freizeit und Erholung,
— Ver- und Entsorgungsflächen

zu entwickeln.

Über Rad- und Wanderwege muss der Revierinhaber früh informiert sein.

Auf Basis einer geeigneten Revierbeschreibung und deren Analyse lassen sich Konzepte zur Lebensraumverbesserung für gefährdete Arten entwickeln.

LEBENSRAUMGESTALTUNG

Auf Basis der erhobenen Revierdaten können nun auch Konzepte zur Lebensraumverbesserung erstellt werden.

Hier geht es zunächst um die Maßnahmen, die vor allem revierübergreifend umgesetzt werden müssen (siehe auch Kapitel „Revierübergreifende Zusammenarbeit", S. 180 ff.). Handlungsfelder für solche großräumiger anzulegenden Gestaltungs- und Sicherungskonzepte sind:

— Flächenbereitstellung (Ankauf, Pacht, Pflegeverträge ...),
— Schutzgebiete,
— Wildruhezonen,
— Lebensräume bedrohter Tierarten,
— gefährdete Pflanzenarten und Pflanzengesellschaften,
— Biotopvernetzung,
— Strukturvielfalt der Landschaftselemente und landschaftliche Besonderheiten der Kulturlandschaft,
— in ökologischer und wildbiologischer Hinsicht standortschonende Bewirtschaftungsweise land- und forstwirtschaftlicher Flächen.

Natürlich werden dann auch die Maßnahmen festgelegt, die im eigenen Revier Priorität haben. Dies sind

— im Waldrevier die Schaffung von Äsungs- und Deckungsangeboten,
— im Feldrevier die Förderung von Struktur, Feldgehölzen, Hecken und
— an Gewässern die Förderung einer naturnahen Dynamik.

DIE REVIERKARTE

In die Revierkarte werden alle für die Revierbeobachtung und den Jagdbetrieb wesentlichen Informationen eingetragen. Sie wird auf der Grundlage einer topografischen Karte erstellt und bildet die Basiskarte für das Revier. Topografische Karten sind ortsbeschreibende Karten, die Siedlungen, Verkehrswege, Geländeformen, Vegetation und weitere markante Erscheinungsformen der Erdoberfläche möglichst genau und vollständig im Grundriss wiedergeben. Topografische Objekte werden in der Karte durch Kartenzeichen (Signaturen) dargestellt und durch Namen oder Schriftzusätze näher erläutert. Ein Auszug aus der Zeichenerklärung ist meist auf dem Rand des Kartenblattes abgedruckt.
Der Kartenmaßstab gibt das Verhältnis an, in dem eine Strecke auf der Karte zu ihrer wirklichen Länge in der Natur steht. Ein Maßstab von 1 : 25 000 bedeutet, dass ein Zentimeter auf der Karte 25 000 cm (250 m) in der Natur entspricht. Vier Zentimeter auf der Karte entsprechen somit einem Kilometer im Gelände. Der Flächeninhalt wird als Produkt aus Länge und Breite einer Fläche berechnet. Aus der Definition des Kartenmaßstabes folgt, dass eine Verkleinerung des (Längen-)Maßstabes um den Faktor 2 eine Verkleinerung des Flächenmaßstabes um den Faktor 2 x 2 = 4 zur Folge hat: Die auf einem Messtischblatt (1 : 25 000) dargestellte Fläche nimmt bei gleicher Blattgröße auf einer Karte im Maßstab 1 : 50 000 nur ein Viertel des Blattes ein. Je nach Verwendungszweck und Reviergröße eignen sich für die Revierkarten die Maßstäbe 1 : 5 000, 1 : 10 000 und 1:15 000.

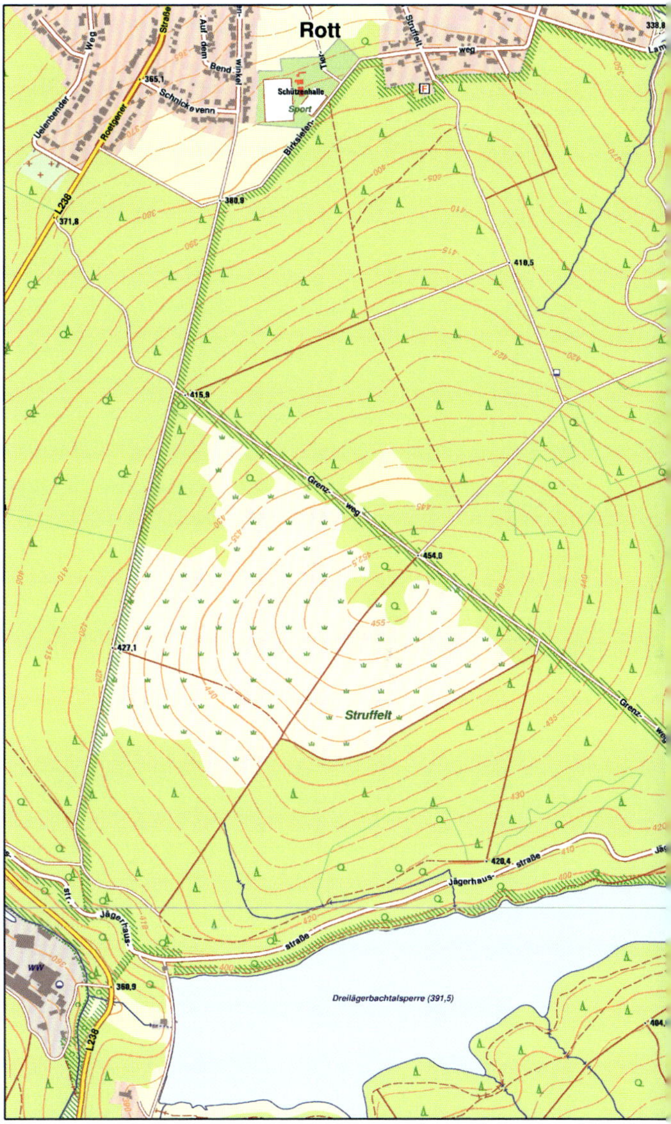

Für die die Gesamtrevierkarte eignen sich topografische Karten im Maßstab 1:10 000 (DTK 10).

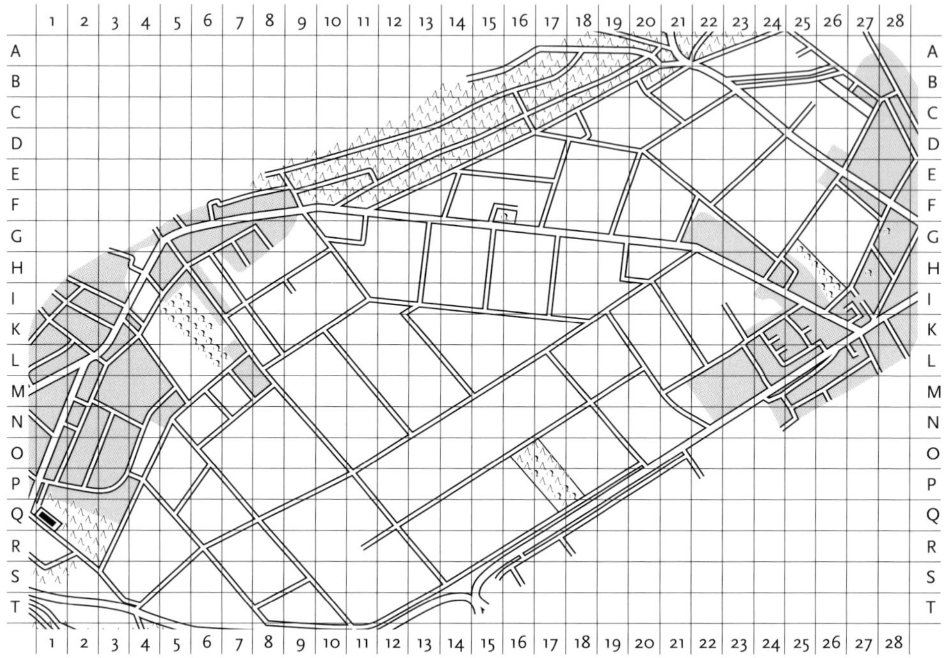

Ein selbst angelegtes Koordinatennetz erleichtert die schnelle Orientierung auf der Revierkarte.

Topografische Karten 1 : 50 000 sind als Orientierungsgrundlage für die Arbeit in Hegegemeinschaften empfehlenswert. Revierkarten im Maßstab 1 : 10 000 sind besonders leicht lesbar, da sich die Entfernungen nach dem Dezimalsystem am schnellsten und ohne komplizierte Rechnerei erfassen lassen: Zehn Zentimeter auf der Karte entsprechen einem Kilometer im Gelände, ein Zentimeter entspricht 100 m in der Natur und ein Millimeter entspricht genau zehn Metern.

Topografische Karten enthalten in der Regel die Netzlinien mindestens eines, oft sogar zweier Koordinatensysteme, die die Orientierung auf der Erdoberfläche erleichtern. Häufig sind nur die Knotenpunkte des Koordinatennetzes eingetragen. Diese können durch Einzeichnen von Linien zu einem Netz verbunden werden.

Als Beispiele für Koordinatensysteme seien das geodätische Gaus-Krüger-System (Rechtswert/Hochwert) und die geographischen Koordinaten (geographische Länge/geographische Breite) genannt. Die Anwendung der Koordinatensysteme ist in der Regel jeweils auf dem Blattrand beschrieben.

Praktischer zur raschen Orientierung im Revier ist ein Koordinatennetz, das man in Anlehnung an die in Stadtplänen verwendete Einteilung selbst in die Karte einzeichnet.

Am Beispiel einer Karte 1 : 25 000 sei das Verfahren erläutert: Sowohl in Längs- als auch in Querrichtung werden im Abstand von zwei Zentimetern (= 500 m im Gelände) Linien gezogen, sodass die Karte von einem Gitter aus Quadraten der Seitenlänge zwei Zentimeter bedeckt ist. Das eigene Koordinatensystem wird in das bereits durch Knotenpunkte angedeutete Gitternetz der Karte eingehängt. Die senkrechten Spalten werden nun von links nach rechts (von Westen nach Osten) auf der Karte durchnummeriert, die waagerechten Zeilen analog von Norden nach Süden durch Buchstaben gekennzeichnet.

Ähnlich wie bei vielen Stadtplänen und Autokarten kann man nun die einzelnen Quadrate durch einen Großbuchstaben und eine Zahl eindeutig kennzeichnen, z. B. Feld B 4.

KARTIEROBJEKTE

JAGDLICHE INFORMATIONEN

In die Karte aufgenommen werden jagdliche Einrichtungen wie Pirschpfade, Hochsitze, Schirme, Fütterungen und Fallen sowie Prossholzflächen, Wildwiesen und Wildäcker.

Stets notwendig ist die möglichst genaue Erfassung der Wildeinstände und -wechsel, der Nist-, Brut- und Aufzuchtstätten sowie der natürlichen Äsungsflächen. Die zusätzliche Kartierung von Fährten, Spuren und Geläufen, Bauen und Burgen, Horsten und Nestern, Betten, Kesseln, Rissen, Rupfungen und weiteren Pirschzeichen sowie von Fallwildfunden liefert Hinweise auf die Lebensraumnutzung der vorhandenen Wildarten und damit auch eine gute Grundlage für die Reviergestaltung. Diese Eintragungen werden nach eigenen Beobachtungen fortlaufend vervollständigt, sodass man im Laufe der Zeit eine aussagekräftige Dokumentation erhält. Saisonale Aspekte wie z. B. der jahreszeitliche Wechsel von Einständen und Äsungsflächen müssen besonders berücksichtigt werden.

THEMENKARTEN

Alle weiteren, planungswichtigen Informationen lassen sich kaum auf einem Kartenblatt dokumentieren. Am besten kopiert man daher die topografische Karte oder die Revierbasiskarte und erstellt auf dieser Grundlage sogenannte Themenblätter, auf denen spezielle Informationen erfasst werden. Ein Beispiel hierfür ist die Strukturkartierung. Die wesentlichen land- und forstwirtschaftlichen Nutzungen müssen aber immer erfasst werden. Für Waldgebiete lassen sich diese Angaben der Forstbetriebskarte entnehmen.

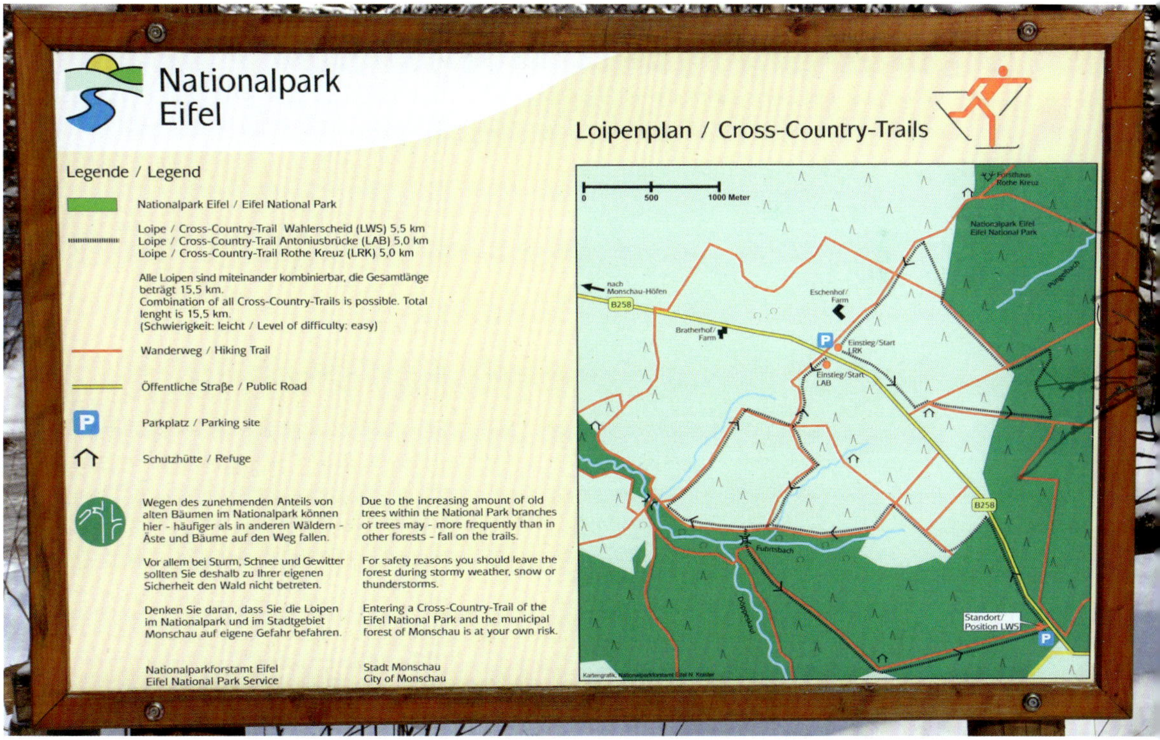

Infotafel am Loipeneinstieg im Nationalpark Eifel. Loipen im Revier werden am besten auf einem separaten Themenblatt erfasst.

FOTOS
In hügeligen Revieren sind Fotos ideale Ergänzungsmittel zur Dokumentation markanter Merkmale und Beobachtungen. Revierteile vom Gegenhang aufnehmen, Foto auf DIN A4 vergrößern lassen und kopieren: So lässt sich eine Ansichtskartensammlung zusammenstellen, in der Beobachtungen jeweils exakt eingetragen werden können.

Störgrößen werden ermittelt, in dem potenzielle Störquellen wie z. B. Wanderwege, Park- und Grillplätze sowie Langlaufloipen systematisch festgehalten werden. In Wintersportgebieten empfiehlt es sich, die Belastung des Wildlebensraumes durch den Skibetrieb über eine vollständige Kartierung der Skispuren zu erfassen. Diese Karte ist gegebenenfalls auch als eigenes Themenblatt „Störungspotenzial" anzulegen.
Kartenkopien empfehlen sich auch für die Mitnahme ins Revier. Zum einen lassen sich neu entdeckte Wechsel usw. sofort vor Ort lagerichtig einzeichnen, zum anderen besteht so nicht die Gefahr, dass die einzige Originalkarte beschädigt wird oder gar verlorengeht.

Fotos erlauben mit wenige Aufwand eine ortsgenaue Eintragung der Wildbeobachtungen.

Die Kopien für das Gelände werden stets vom Original der topographischen Karte – ohne eigene Eintragungen – angefertigt, damit bei einem Verlust dem oft unbekannten Finder nicht sofort alle wichtigen Informationen zum Revier in die Hände fallen.

PERIODISCHE NEUKARTIERUNG

Revier- und Themenkarten können ihre Funktion zur Dokumentation von längerfristigen Änderungen im Lebensraum des Wildes nur erfüllen, wenn sie selbst nicht fortlaufend verändert werden. Anstelle einer möglicherweise jahrzehntelangen Fortschreibung einer einmal angelegten Revierkarte ist es wesentlich sinnvoller, je nach örtlicher Situation alle fünf bis zehn Jahre eine Neuauflage der topografischen Karte zu erwerben und in diese dann alle aktuellen Angaben zum Revier einzutragen. Die „alte" Karte wird jeweils als wertvolles Dokument über die frühere Situation des Revieres sorgfältig verwahrt.
Sofern zwischen diesen fünf- oder zehnjährigen „Stichtagen" Änderungen in die aktuelle Revierkarte eingetragen werden, sollte dies stets unter Angabe des Datums geschehen. Korrekturen dürfen nur so vorgenommen werden, dass der vorherige Zustand eindeutig erkennbar bleibt.
Kurzfristige und schnelle Veränderungen im Lebensraum durch einen Wechsel der Anbauten im Feld werden am einfachsten durch jährliche, getrennt geführte Kartierungen der flächengenauen Nutzungsarten im Frühsommer erfasst. Sie können die Qualität des Äsungs- und Deckungsangebotes im Revier schlagartig verändern. So führen z. B. ausgedehnte Weidelgras-Reinsaaten unter anderem wegen des frühen Schnittzeitpunktes zu einer hohen Sterblichkeit beim Niederwild, während sie dagegen in einem Damwildrevier als Äsungsflächen durchaus ihren Wert haben.

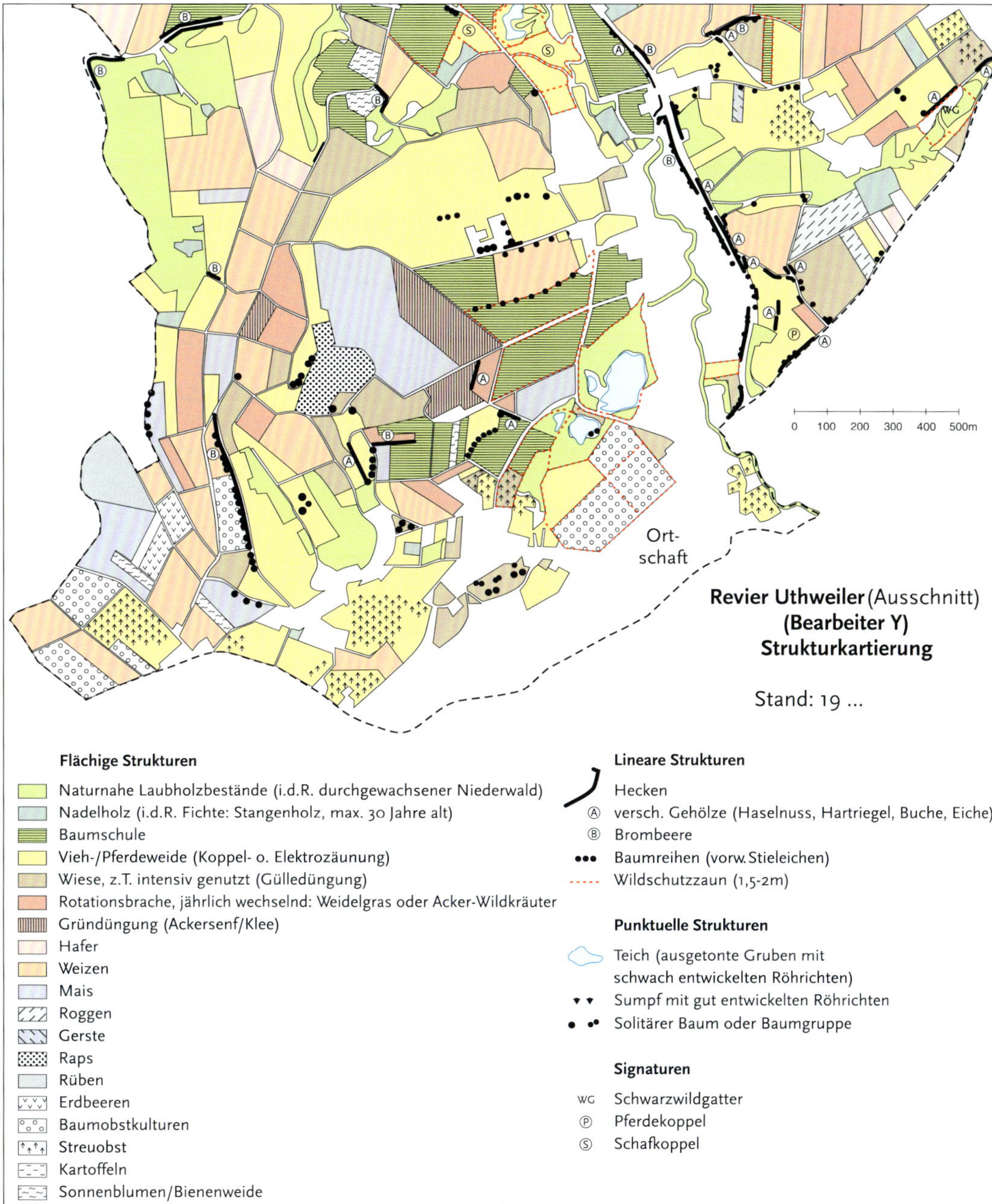

Themenblatt „Strukturmerkmale": Flächige, lineare und punktuelle Strukturen, Nutzungsarten und Sonderflächen wurden erfasst.

WILDLEBENSRAUM WALD

WÄLDER UND WILD

Deutschland ist eines der waldreichsten Länder der EU. Von 356 947 km² Gesamtfläche sind rund 107 000 km², d. h. knapp ein Drittel, waldbedeckt. Regional schwankt der Bewaldungsanteil sehr stark, z. B. zwischen drei Prozent im Landkreis Dithmarschen in Schleswig-Holstein und 62 % im Landkreis Regen (Bayern). Der Wald bestimmt entscheidend die Qualität der Wildlebensräume und damit auch die potenziell vorkommenden Wildarten. Von der Gesamtfläche Deutschlands entfallen rund 55 % auf die Landwirtschaft, 15 % auf Siedlungen und Verkehrsflächen und 30 % auf den Wald. Mitteleuropa ist von Natur aus ein fast lückenloses Waldland. Das Endstadium der natürlichen Vegetationsentwicklung wird wesentlich durch die Klima- und Bodenentwicklung bestimmt. Der Wald wäre nicht nur die natürliche Vegetation, wenn er nicht nach Rodungen dem Kulturland, Wohn- und Industrieraum hätte weichen müssen. Er würde sich langfristig auch wieder einstellen, wenn jegliche menschliche Aktivität in der Landschaft zukünftig unterbliebe. Als Formation entspricht der Wald generell einer mehrschichtigen Vegetationsform, die eine optimale Ausnutzung der Sonnenenergie ermöglicht. Naturnahe Wälder besitzen eine Moos-, Kraut-, Strauch- und Baumschicht. Diese Schichten fehlen in bestimmten Verjüngungsphasen und bestimmten Bestandestypen, wie z. B. in dichtgeschlossenen Fichtenreinbeständen.

ALTERSKLASSENWALD

Schlagweise genutzte Wälder unterscheiden sich in der Bewirtschaftungsform und ihrer daraus resultierenden Struktur. Heute dominiert bei uns der Hochwald. Im früheren sogenannten Mittelwaldbetrieb wurden Buchen auf natürliche Weise verjüngt, indem man bei der Abholzung der Buchenstangen als Brennholz Samen produzierende Überhälter stehen ließ. Fichten und Kiefern wurden über viele Jahrzehnte nach ausgedehnten Kahlschlägen auf großer Fläche künstlich angebaut.

VERKÜRZTER LEBENSZYKLUS

Auf Kahlschlägen entwickeln sich Sukzessionsstadien, die dem Wild in einer eng begrenzten Phase Äsung und im fortgeschrittenen Alter auch Deckung bieten. Im Wirtschaftswald durchläuft die Pflanzengemeinschaft aber einen im Vergleich zum Naturwald stark verkürzten Lebenszyklus. Charakteristisch für den schlagweisen Hochwald, den klassischen Altersklassenwald also, ist das Nebeneinander von Pflanzengemeinschaften, die entweder nur Äsung oder nur Deckung bieten. Dieses Nebeneinander führt dazu, dass territoriale Arten wie das Reh, die sich an Grenzlinien orientieren, einerseits zwar relativ hohe Dichten erreichen (viel Wohnraum), dann aber die erforderliche Äsung nicht finden (Wohnraum ohne Nahrung), sodass diese Waldstrukturen für Wildschäden anfällig sind.

DAUERWALD

Bei der Nutzungsform des Dauerwaldes werden die Bäume einzeln (Plenterung), in Gruppen (Femelschlag), in Säumen (Saumschlag) oder durch eine Kombination dieser Verfahren aus einem sich ständig verjüngenden Bestand herausgeschlagen. Je vielfältiger der Wald horizontal und vertikal gegliedert ist, und je reicher Kraut- und Strauchschicht entwickelt sind, desto besser eignet er sich als Lebensraum für Wildtiere und Pflanzen. Gleichzeitig nimmt wegen des ausgewogenen Nebeneinanders von Äsung und Deckung die Wildschadensanfälligkeit ab.

„NATURNAH" IST NICHT GANZ NATURNAH

Die modernen Waldbauprogramme der Gegenwart orientieren sich überwiegend am Leitbild der naturnahen Waldentwicklung. Allerdings wird auch hier die Phase des natürlichen Zusammenbruchs der Bestände im Interesse der Nutzung ausgeschaltet. Die kleinflächige Waldverjüngung natürlicher Wälder, die sich an die Zusammenbruchphase anschließt und die zunächst durch Pionierbaumarten wie Birken und Vogelbeeren geprägt wird, in deren Schutz dann Arten wie Buche und Eiche aufwachsen, fehlt auch hier. Hinzu kommt, dass bei diesen Waldbauformen ein hoher Anteil der Sonnenenergie in den Bäumen gebunden wird, sodass er für größere Wildarten nicht erreichbar ist.

VERBISSGEFÄHRDUNG GERINGER

Das Nebeneinander von Äsung und Deckung und die Strukturvielfalt bieten im naturnah bewirtschafteten Wald jedoch Lebensmöglichkeiten für zahlreiche Tier- und Pflanzenarten. Da in Naturverjüngungen weitaus größere Pflanzenzahlen auftreten als in Pflanzungen – in Buchennaturverjüngungen stehen 10- bis 30-mal so viele Jungpflanzen wie in angelegten Kulturen –, sind sie auch deutlich weniger durch Wildverbiss gefähr-

Heute dominieren in unseren Breiten Hochwälder zur Produktion starken Stammholzes.

In üppigen Naturverjüngungen kann Verbiss oft unter „normaler Wildäsung" verbucht werden.

In pflanzenarmen Kulturen verursacht Verbiss schnell wirtschaftlichen Schaden.

det. Je vielfältiger der Wald gegliedert ist und je reicher Kraut- und Strauchschicht entwickelt sind, desto besser sind Äsungs- und Deckungsverhältnisse für das Wild.

DIE WÄLDER MITTELEUROPAS

In den Waldtypen Mitteleuropas spiegeln sich auch heute noch die Standort- und Klimaeinflüsse wider. Die wichtigsten Wälder sollen hier kurz charakterisiert werden:

Buchen- und Buchenmischwälder Diese Wälder sind geprägt von den Baumarten Rotbuche, Hainbuche, Stiel- und Traubeneiche sowie einzeln beigemischten Eschen, Ulmen, Bergahornen und Linden. Sie nehmen in Mitteleuropa die größte Fläche ein.

Eichen- und Eichenmischwälder Sie finden sich auf sehr trockenen oder feuchten Standorten und flachgründigen Böden. Bodensaure Eichenwälder sind oft Degradationsstadien auf armen, sauren Böden. Bei besserer Nährstoffversorgung (Lufteintrag) entwickeln sie sich an vielen Standorten wieder zu Buchenwäldern.

Buchengeprägte Wälder sind der vorherrschende Waldtyp in Mitteleuropa.

Eichen-Hainbuchen-Wälder Dieser Waldtyp stockt dort, wo die Konkurrenzfähigkeit der Rotbuche durch stark wechselnde oder anhaltende Bodenfeuchtigkeit deutlich nachlässt, oder dort, wo die Bilanz aus sommerlichen Niederschlägen und Verdunstung für die Rotbuche ungünstig ist. Feuchte Eichen-Hainbuchen-Wälder stocken auf dauerhaft grund- oder stauwasserbeeinflussten Böden.

Eichen-Birken-Wälder Diese trockenen (ehemaligen) Wälder sind in Mitteleuropa auf weiten Flächen zu Heiden degradiert.

Ahorn-, Eschen- und Linden-Mischwälder Sie gedeihen dort, wo sie der Buche überlegen sind, wie z. B. in den Überschwemmungsgebieten der Flüsse und auf Spezialstandorten.

Nadelwälder und nadelholzbeherrschte Mischwälder Von Natur aus sind Nadelholzreiche Wälder in Mitteleuropa auf die hochmontane und subalpine Stufe der Alpen, der Karpaten, der dinarischen Gebirge und einiger Mittelgebirge (Sudeten, Harz, Frankenwald, Schwarzwald) beschränkt. Die montanen und subalpinen Fichtenwälder weisen eine relativ artenreiche, anspruchsvolle Bodenvegetation auf, die sowohl Äsung als auch Deckung bietet.

Kiefernwälder Von allen europäischen Waldbaumarten hat die Waldkiefer das weiträumigste Areal und zugleich die größte Vertikalverbreitung. Der Kiefer beigemischt sind meist Birke, Aspe, Vogelbeere und Eiche. Als Lichtholzart ermöglicht sie eine reiche Entfaltung von Kraut- und Strauchschicht, sodass Kiefernbestände oft geeignete Wintereinstände sind.

Aue- und Bruchwälder Diese Wälder waren früher wichtige Überwinterungsgebiete, z. B. für den Rothirsch. Alle Auwälder werden episodisch durch Hochwasser überschwemmt.

Bruchwälder zeichnen sich durch einen ständig hohen, aber nur verhältnismäßig wenig schwankenden Grundwasserstand aus. Schwarzerle, Sand- und Moorbirke sind ihre charakteristischen Baumarten.

Die Beziehungen zwischen Waldgesellschaft und Standort sind umso enger, je naturnäher die Baumartenzusammensetzung und -struktur ist. Wesentlich sind für die Wildtiere Strukturvielfalt und der Grenzlinienreichtum des Waldes, das Vorkommen von Alt- und Totholz und die Entfaltung der Kraut- und Strauchschicht. Naturnahe, reich strukturierte Wälder werden den Lebensansprüchen der Tiere in der Regel eher gerecht als einschichtige Kunstforste.
Doch auch der Anbau von Lichtbaumarten wie der Kiefer, häufig im Anschluss an Phasen landwirtschaftlicher Übernutzung und entsprechender Verwüstungen des Waldes, schuf in der Vergangenheit strukturreiche Lebensräume, die z. B. im Spessart („Spessartkiefer") auf großer Fläche geeignete Auerhuhnbiotope darstellten. Der Abschied von der Kiefer als „nicht natürlich" hat hier auch die Auerhuhnbiotope schwinden lassen. Dies unterstreicht, dass aus Sicht der Wildtiere die Entscheidung „natürlich – künstlich" zu einer Beurteilung der Lebensraumqualität nicht ausreicht.

BAUMARTEN

Die dominanten, bestandesprägenden Baumarten in den Forst- und Waldgesellschaften bestimmen die Rahmenbedingungen für die Ausprägung einer Kraut- und Strauchschicht, und damit auch das Nahrungs- und Deckungsangebot für die Wildtiere. Lichtholzbaumarten, die einerseits selbst viel Licht benötigen, andererseits auch viel Licht durch ihr Kronendach hindurchlassen, begünstigen die Entfaltung einer reichen Kraut- und Strauchschicht. Beispiele hierfür sind Eiche und Kiefer.

Der Unterbau von Lichtholzarten mit Schatt- und Halbschattholzarten, z. B. Buche und Fichte, führt in der Konsequenz dazu, dass die Lichtholzart verdrängt und der überwiegende Anteil der Sonnenenergie in den Bäumen gebunden wird. Das Angebot an Äsung und Deckung nimmt dann deutlich ab. Laubbäume sind übrigens für die Tierwelt nicht grundsätzlich günstiger als Nadelbäume: Dies gilt für die Raufußhühner, wie das Beispiel der Kiefernwälder im Spessart zeigt, als auch für das Schalenwild, das in dunklen Buchenwäldern mit spärlicher Kraut- und Strauchschicht trotz der Mastjahre wenig Äsung findet.

VERTEILUNG, ÄSUNGS- UND DECKUNGSANGEBOT

Die Baumartenverteilung in Deutschland spiegelt auch die zunehmende Ausrichtung auf den naturnahen Waldbau wider. 56 % der Waldflächen sind von Laub- und Mischwäldern bestockt. 1987 hatten Kiefer und Lärche an den Baumarten einen Anteil von 31 %, Fichte und übrige Nadelhölzer 35 %, Buche und vergleichbare Laubhölzer 25 % und die Eiche 9 %. Nur 25 Jahre zuvor hatten die Nadelhölzer, vor allem Fichte, noch einen Anteil von zusammen 70 %.

Nadelwälder sind nicht grundsätzlich schlecht: Das Auerhuhn findet dort die notwendige Äsung..

Das Schmalblättrige Weidenröschen zählt zur Schlagflora, die sich auf Sturmwurfflächen bald einstellt.

Die Hauptbaumarten der Wirtschaftswälder lassen sich nach abnehmendem Äsungs- und Deckungsangebot reihen:
Eiche > Kiefer > Erle, Esche > Moorwald, Bruchwald, Fichte > Lärche > Douglasie > Buche > Tanne > Strobe.
Der tatsächliche Stellenwert einer Forstgesellschaft wird durch die Standortfaktoren für die Strauch- und Krautschicht bestimmt. Für empfindliche Wildarten wie die Raufußhühner ist Strukturvielfalt auf kleiner Fläche die entscheidende Voraussetzung für ihr langfristiges Überleben.

BEURTEILUNG IM REVIER

Zur Beurteilung eines konkreten Revieres empfiehlt es sich, zunächst einen Überblick über die Baumartenanteile in den verschiedenen Altersklassen zu gewinnen (siehe Kapitel „Revierbeschreibung – Schlüssel zur Planung") und auf dieser Grundlage das Angebot an Äsung und Deckung gutachtlich zu beurteilen. Die Altersklassen II (21–40-jährig) und III (41–60-jährig) sind in der Regel äsungslos, bieten vielfach jedoch zumindest nach außen Deckung. Waldbestände, in denen die Krautschicht weniger als zehn Prozent des Bodens deckt, werden als struktur- und äsungsarm eingestuft.
Bei dieser Grobeinteilung ist es also wichtig, einen Blick auf die Bodenvegetation zu werfen: Auch wer die einzelnen Pflanzen nicht genau kennt, kann zumindest erkennen, ob sie beäst sind oder nicht. Unter Umständen kann auch ein Buchenbestand mit nahezu 100 %iger Ausdehnung der Krautschicht, die jedoch zu 80 % aus dem nicht beästen und für das Wild also nicht nutzbaren Wolligen Reitgras besteht, de facto äsungslos sein.

STURMFLÄCHEN, WALD UND WILD

Dort, wo Wälder großflächig geworfen werden, setzt eine vom Sturm ausgelöste, dann aber spontan ablaufende Sukzession ein, die allmählich zur erneuten Bewaldung führt. Die Samen der Schlagflurarten ruhen zum großen Teil bereits im Boden, nur so ist nach Stürmen die schlagartige Herdenbildung von Pionieren wie Wald-Greiskraut und Flatterbinse möglich.

SCHLAGFLORA

Abhängig von den standörtlichen Verhältnissen und der Ausgangsbaumart läuft die Entwicklung nach bestimmten Gesetzmäßigkeiten ab, die überall vergleichbar sind. Einblick

in diese Gesetzmäßigkeiten erleichtert die Planung. Die allerersten Initialstadien der Vegetation nach einem Sturm sind zum Teil noch sehr artenarm.
Weidenröschen-Schlaggesellschaften und Fingerhut-Schlaggesellschaften bedecken nach zwei bis drei Jahren die gesamte Fläche. Typische Arten sind Roter Fingerhut, Wald-Greiskraut, Schmalblättriges Weidenröschen, Himbeere, Geschlängelte Schmiele und Kleiner Ampfer. Dazu kommen viele Relikte der vorhergehenden Waldgesellschaft und Pioniere der folgenden Gesellschaft.
Die Waldreitgras-Schlagflur bildet mit den großen Reitgräsern, die im Spätsommer die Schulterhöhe des Rotwildes erreichen, selbst für das Rotwild Deckung. Die Fuchskreuzkraut-Traubenholunder-Gesellschaft leitet bereits zu den Schlaggebüschen über. Fuchskreuzkraut und Weidenröschen prägen die Schlagfluren und bestimmen auch das Bild der Schlaggebüsche.

WALDENTWICKLUNG

Während der weiteren Sukzession zum Wald gewinnen die Hölzer an Raum: Zu den Brom- und Himbeeren kommen zunächst Licht liebende Pioniergehölze wie Salweide, Zitterpappel, Vogelbeere, Birke und Holunder. Die Dominanz von Reitgras oder Brombeere ist ein Verjüngungshindernis, während die anderen Arten den Bäumen gute Startchancen bieten, da sie sowohl als Blitzableiter gegen Wildverbiss wirken als auch die Verjüngung frostgefährdeter Arten wie Buche, Douglasie, Weißtanne und Küstentanne fördern. Die gezielte Förderung des Vorwaldes durch gleichzeitig gepflanzte Mischungen aus Vorwald- und Schlussbaumarten hat eine ähnliche Funktion.
Hat der Vorwald seine Funktion erfüllt, wird er nach und nach forstlich genutzt. Ein kleinflächiges Mosaik in der Fläche an Äsung und Deckung ist eine gute Prophylaxe gegen die sonst in etwa 15 Jahren zu erwartenden Schälschäden.

DIE WALD-WILD-UHR

Die skizzierte Entwicklung der Vegetation bestimmt die Entwicklung der Wildbestände in der Folgezeit. Die Wald-Wild-Uhr nach „Kyrill“ (Abb. S. 54) fasst die Ergebnisse der hierzu durchgeführten Untersuchungen anschaulich zusammen.
Dort, wo kleinflächige Würfe erfolgt sind, genügt in der Regel eine angepasste Bejagung. Gerade bei größeren Würfen ist es notwendig, dass zwei bis drei Prozent der Holzbodenfläche als langfristige Äsungsflächen vorgesehen werden und dass in der Phase der Bestandesbegründung bis zur Dickungsphase weiter etwa acht Prozent der Holzbodenfläche als Ausweichäsungsflächen vorübergehend eingeplant werden.
Mit dem Anlaufen der Vegetation verbessert sich zunächst die Lebensraumsituation für das Rehwild, sodass die Rehwildbestände zunehmen. Äsung und Deckung sind vor allem dann, wenn auch einzelne Gehölze vorhanden sind, deutlich besser als in einem Fichtenaltholz.
Im Laufe der Sukzession gibt es für alle Wildarten Phasen, in denen Äsung und Deckung optimal in der Fläche verteilt sind. Die optimale Balance zwischen Äsung und Deckung ist auch im Umfeld durch eine Abnahme der Verbissbelastung für die Zielbaumarten und einen Rückgang der Schälprozente gekennzeichnet.
Mit dem Eintreten in die Dickungsphase bleibt die Deckung erhalten, während die Äsung schlagartig verknappt. In der Verknappungsphase an der Nahrung nehmen jedoch Verbiss und Schäle zu. Zur Entzerrung der Situation ist es deshalb unbedingt erforderlich, Äsungsflächen so einzuplanen, dass ausreichend Äsung auf großer Fläche und gleichmäßig vorhanden ist. Neben der optimalen Lebensraumgestaltung ist es entscheidend, durch intensive Bejagung dafür zu sorgen, dass die Wildbestände bei Eintritt in die Dickungsphasen nicht höher sind, als es die Äsungskapazität zulässt.

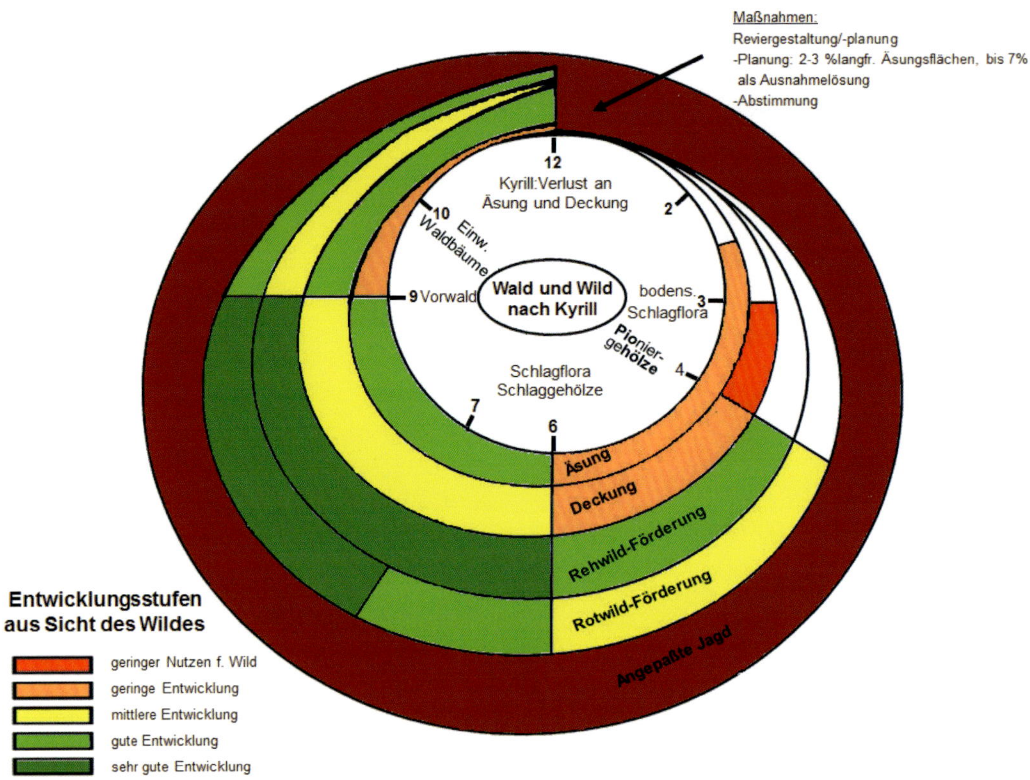

Die Entwicklung nach Sturmwürfen folgt bestimmten Gesetzmäßigkeiten – für die Balance von Wald und Wild sind die ersten zwölf Jahre entscheidend (siehe Text).

BEJAGUNGSMÖGLICHKEITEN EINPLANEN

Von Beginn an müssen Bejagungsmöglichkeiten eingeplant werden. Hierzu können eigens angelegte Schussschneisen, zweckmäßigerweise von Süd bis Südwest nach Nord bis Nordost ausgerichtet, und kleinere Lichtungen genutzt werden. An den Schwerpunktäsungsflächen wird dagegen nicht gejagt. Wird dies nicht beachtet, führt die Bejagung an den Äsungsflächen zu erhöhten Verbiss- und Schälbelastungen. Gleiches gilt, wenn Äsungsflächen in Rotwildgebieten zur Anlage von Schwarzwildkirrungen missbraucht werden. Ganz zu Beginn steht die Rehwildbejagung im Vordergrund.
Bei großen Windwurfflächen und großen Kulturen sind gezielte Schutzmaßnahmen häufig überflüssig, da sich die Verbissschäden so verteilen, dass sie unerheblich sind. Durch große Pflanzen lassen sich aufwändige Verbissschutzmaßnahmen gegen Rehwildverbiss in der Regel vermeiden.
Einzelschutz durch Drahthosen oder Wuchshüllen erlaubt den Verzicht auf Flächenschutz und entzieht damit dem Wild nicht zusätzlich Äsung. Wuchshüllen bieten nicht nur Schutz vor Fegeschäden und Verbiss, sondern beschleunigen auch das Baumwachstum und fördern so das Hinauswachsen der Forstpflanzen aus der Konkurrenzvegetation.

STURMFLÄCHEN UND MASSNAHMEN

Notwendig ist nach größeren Sturmereignissen stets eine revierübergreifende regionale Planung, z. B. auf der Ebene der Hegegemeinschaften oder der Gemeinden. Eigentümer sind gut beraten, die Ansprüche des Wildes von Beginn an zu berücksichtigen. Dies reduziert auch das Wildschadensrisiko. Wichtig ist die Schaffung ausreichender Äsungsmöglichkeiten vor der Dickungsphase mit ihrem Äsungsmangel. Zwei Beispiele zeigen, wie dies in der Praxis umsetzbar ist.

PROSSHOLZ ALS AUSGLEICH

Zeit Stecklingswerbung und Pflanzung erfolgen vom Winter bis Mitte Erstfrühling, also bis zur Buschwindröschenblüte, etwa im März/April und in jedem Fall vor der Kätzchenblüte.

Ort Geeignet für die Prossholzpflanzung sind Wege- und Grabenränder (nicht der Nordrand, da dieser der Sonne ausgesetzt ist) oder auch kleinere Flächen. Wo Prossholz fehlt, ist es sinnvoll, ein Prozent der Revierfläche entsprechend zu gestalten.

Vorgehen Die Flächen werden vor dem Stecken gemulcht und gegrubbert, ggf. erfolgt eine Startdüngung mit einem Volldünger. Daumendicke 30 cm lange Stecklinge von tatsächlich beästen Weiden werden im Revier bzw. in benachbarten Revieren von beästen Weiden mit einer scharfen Gartenschere schräg abgeschnitten und zu 2/3 in den Boden gedrückt. Bei der Anlage größerer Flächen ist ein Pflanzverband von 0,6 x 0,2 m sinnvoll. Kleinere Pflanzungen erfolgen in Form von Weidenkäfigen (s. S. 62).

GRÜNÄSUNGSFLÄCHEN

Wo Wald großflächig geworfen wurde, plant man Äsungsflächen im Umfang von drei Prozent der Holzbodenfläche ein. Zukünftige Einstände sind Dickungen! Wird die Anlage von Äsungsflächen versäumt, führt dies bei großflächigen Wiederaufforstungen zwangsläufig mit dem Dickungsschluss zu erheblicher Wildschadenanfälligkeit. Frühzeitiges Planen dient auch hier der Konfliktminderung.

Zeit und Ort Die Anlage von Grünäsungsflächen erfolgt im Vollfrühling nach der Apfelblüte (Mai/Juni). Wichtig ist, dass der Boden abgetrocknet und warm ist. Äsungsflächen sind zweckmäßigerweise in Nord-Süd-Richtung ausgerichtet.

Wuchshüllen schützen und fördern die Forstpflanze gegenüber der Konkurrenzvegetation.

Vorgehen Vor der Maßnahme empfehlen sich eine Bodenuntersuchung und ein Aufkalken der Fläche auf pH 5. Besonnungs- und Entschattungsstreifen sind vorzusehen, Sichtschutz durch Erdwälle bzw. Haufen, die man versetzt und auf Schneisen abkippt, unterbrechen Sichtkontakte, sind jedoch auch für Lkw gut passierbar. Eine Flächengröße von 0,2 bis 0,3 ha ist günstig. Für die Einsaat bieten sich Mischungen wie die Kräuterweide oder Mischung G II an, die durch einen Rotkleeanteil von vier Kilogramm je Hektar aufgewertet wird.

ABSTIMMUNG UND GEMEINSAMES LERNEN

Gerade dort, wo großflächige Windwürfe erfolgt sind, ist die Kooperation aller Betroffenen und Beteiligten vor Ort wesentlich: Dies gilt für Waldbauern und Jäger gleichermaßen. Die Bereitschaft, sich auf Entwicklungen einzulassen, spielt eine wesentliche Rolle, natürlich auch das Miteinander in den betroffenen Regionen. Gerade in ländlichen Gebieten ist es immer noch oft so, dass die Vorstellungen vom „sauberen, ordentlichen“ Wald das Verständnis der Menschen prägen, während das Anlaufenlassen der natürlichen Sukzession häufig als „unordentlich“ und wenig schön empfunden wird.

Hier gilt es durch Beratung und entsprechende Fortbildung den Blick zu schärfen für die Ordnung in der biologischen Vielfalt und die Chance, die Sukzessionsphasen bieten: für die Entwicklung standortgerechter, stabiler, ökonomischer und ökologisch nachhaltiger Wälder bei einer gleichzeitig hohen Lebensraumqualität auch für das Wild.

Bei der waldbaulichen Behandlung von Sturmflächen müssen die Belange des Wildes berücksichtig werden.

ÄSUNGSVERBESSERUNG

Bei der Verbesserung der Äsungsverhältnisse im Wald lassen sich grundsätzlich zwei Maßnahmenkomplexe unterscheiden:

1. **Verbesserung der Äsungsverhältnisse durch allgemeine forstbetriebliche (waldbauliche) Maßnahmen und**
2. **Anlage und Unterhaltung von Äsungsflächen im Rahmen der Reviergestaltung, also durch jagdbetriebliche Maßnahmen.**

WALDBAULICHE MAßNAHMEN

Großflächige und ganzjährige Verbesserungen der Äsungsmöglichkeiten sind vorrangig durch waldbauliche Maßnahmen zu erreichen. Die konkreten Möglichkeiten werden sowohl durch die waldbaulichen Zielsetzungen des Forstbetriebs als auch durch die jahreszeitliche Steuerung spezieller forstbetrieblicher Maßnahmen bestimmt.
In naturnah bewirtschafteten Forstbetrieben werden sich die Deckungs- und Äsungsverhältnisse durch den Übergang von der schlagweisen Reinbestandswirtschaft zu ungleichaltrigen, stufigen Mischbeständen mittel- bis langfristig verbessern. Aber auch bei großflächiger Reinbestandswirtschaft lässt sich kurzfristig eine Verbesserung der Äsungssituation erreichen. Der Lebenslauf im Naturwald dient als Orientierung für die Praxis.

— In Waldrevieren sollten ein bis zwei Prozent der Fläche aus der Bewirtschaftung genommen und für Äsungsflächen (Wildwiesen, Wildäcker, Prossholzflächen) bereitgestellt werden. Viele kleine, über das Revier verteilte Äsungsflächen (0,2 bis 0,3 ha groß) sind besser als wenige größere.
— Zur Förderung der Artenvielfalt und Erhaltung der Äsungsqualität müssen Wald- und Talwiesen jährlich gemäht werden.
— Durch weite Pflanzverbände wird die Bodenflora begünstigt und die äsungsarme Dickungsphase verkürzt.
— Bei der Anlage von Neukulturen sind ausreichend breite Randstreifen von der Pflanzung auszunehmen. Hierdurch wird auch durch die frühzeitige Ausbildung gestufter Waldinnenränder die künftige Bestandessicherheit erhöht.
— Beim Freischneiden genügt es, wenn lediglich die Kulturpflanzen freigestellt werden. Flächenschnitte entziehen dem Wild wertvolle Äsung.
— Die Zäunung ist auf ein unverzichtbares Minimum zu beschränken. Großpflanzen und Wildlinge können im Einzelfall Zäune ersetzen.
— An den Weg- und Bestandesrändern, aber auch auf der Fläche, müssen Weichhölzer geduldet werden. Sie erhöhen die Artenvielfalt und wirken sich günstig auf das Bodenleben aus.
— Frühzeitige, kräftige Durchforstungen lassen mehr Licht auf den Boden und fördern die Entwicklung der Bodenflora.
— Der Übergang zur naturnahen Waldwirtschaft schafft eine größere Verjüngungsfläche. Der Verbiss konzentriert sich nicht mehr auf wenige Kulturen, sondern verteilt sich im Revier.
— Der Überhalt masttragender Bäume (Buche, Eiche), Baumgruppen und Altholzinseln erhöht ebenfalls das natürliche Äsungsangebot.

An Wegen und Böschungen Weichhölzer zu belassen, ist Gebot eines naturverträglichen Waldbaus.

Weichhölzer im Revier – hier die Aspe – senken die Verbissschäden an Wirtschaftsbaumarten.

- Durch die Pflege von Flächen, die nicht der Holzerzeugung dienen (z. B. Leitungsaufhiebe, Feuerschutzstreifen, Graswege, Wegeböschungen), kann zusätzliche Äsung bereitgestellt werden.
- Der Laubholzeinschlag im Winter liefert durch das verbleibende Kronenreisig wertvolle Knospenäsung.
- Die Anlage von Feldgehölzen bietet Äsung und Deckung in der Feldflur und vermindert vor allem im Winter die Konzentration des Rehwildes im Wald.
- Eine naturnahe Waldrandgestaltung kommt dem Bedürfnis des Rehwildes nach Grenzlinien entgegen und mindert so die Verbissbelastung im Waldinneren.
- Vertikal gestufte Waldträufe bieten Sichtschutz und senken so die Störanfälligkeit des Wildlebensraumes.

Die hier genannten Maßnahmen verlangen eine enge Kooperation zwischen Jäger, Waldbesitzer und dem zuständigen Forstamt. Darüber hinaus gibt es jedoch viele weitere, vor allem jagdbetriebliche Möglichkeiten der Reviergestaltung im Wald.

PROSSHOLZFLÄCHEN

Weichhölzer wie Weiden und Pappeln zählen zu den beliebtesten Äsungspflanzen des Schalenwildes und werden im Winter auch intensiv von Feldhase und Kaninchen angenommen. Ihnen kommt nicht nur eine Schlüsselrolle im Hinblick auf die Wilderernährung, sondern vor allem auch die Wildschadensverhütung zu. Nicht nur in Deutschland fällt auf: Schälschäden und Verbissschäden treten erst dann als Problem für die Forstwirtschaft auf, wenn diese wichtigen Gehölze für das Schalenwild nicht erreichbar sind, da sie durch die geregelte Waldwirtschaft zurückgedrängt wurden.
Verschärfend kommt hinzu, dass gerade die großen Schalenwildarten, beispielhaft sei hier der Rothirsch genannt, ihre ursprünglichen äsungsreichen Wintereinstände in den Tälern verloren haben.
Für die Praxis unterstreicht dies, dass das Prossholzangebot weniger als Äsungsmasse sondern vor allem als Nahrungsausgleich und damit zur effektiven Verminderung von

Schäl- und Verbissschäden an den Hauptbaumarten von großer Bedeutung ist. Im Idealfall übernehmen Baumarten und Sträucher mit hohem Verjüngungs- und/oder Ausschlagvermögen wie Birke, Eberesche, Aspe, Ahorn, Weidenarten und Besenginster natürlicherweise die Prossholzfunktion. Der Waldbauer bestimmt in Waldrevieren entscheidend das Angebot an Weichhölzern, sodass bei einer forstlichen Förderung der genannten Baumarten eigene Prossholzflächen überflüssig sind. Fehlen jedoch diese Weichhölzer, ist ihre gezielte Einbringung angesagt.
Viele der einheimischen Sträucher und Bäume lassen sich leicht im Jagdrevier vermehren. Bei den Pappeln und vor allem den Weiden lohnt sich der Aufwand in jedem Revier. Geeignete Standorte sind Weg- und Grabenränder, Böschungen, Uferbereiche, Brachflächen, Ackerraine und nasse Wiesen. Für den Erfolg sind eine ausreichende Wasserversorgung des Bodens und ein hoher Lichtgenuss entscheidend.

STECKLINGSGEWINNUNG

Die Stecklingspflanzung ist die einfachste und billigste Methode, um schnell und dauerhaft Äsung und Deckung zu schaffen. Die beste Zeit zur Gewinnung der Steckhölzer ist die Phase vom Ende des Winters bis zum Beginn des Erstfrühlings, d. h. dem Beginn der Buschwindröschenblüte. Unter Revierbedingungen ist es am einfachsten, die Steckhölzer am selben Tag zu schneiden und auch zu stecken. Die Steckhölzer werden in jedem Fall vor der Kätzchenblüte von den fraglichen Pflanzen gewonnen.
Zu dieser Jahreszeit lassen sich die in dem jeweiligen Revier tatsächlich als Äsungspflanzen beliebten Weidenarten anhand der deutlich erkennbaren Verbissspuren sicher ansprechen. Die Vermehrung von nicht beästen Weidenbüschen, auch wenn sie sehr groß gewachsen sind, lohnt sich natürlich nicht. Von den ausgewählten Pflanzen werden daumendicke Triebe abgeschnitten und in rd. 30 cm lange Abschnitte unterteilt. Die Bewurzelung der Steckhölzer und auch die Triebbildung wird durch das Wachstumshormon Auxin in der Pflanze gesteuert. Die Konzentration dieses Hormons nimmt von der Spitze zur Basis des Triebes hin ab. Die geschnittenen Steckhölzer müssen deshalb stets mit dem unteren Ende in den Boden gesteckt werden. Damit keine „Dreher" unterlaufen, empfiehlt es sich, alle kurzgeschnittenen Steckhölzer grundsätzlich in der gleichen Ausrichtung in ein kleines Eimerchen zu stellen.
Die Stecklinge werden mit einer scharfen Gartenschere leicht schräg abgeschnitten, sodass Quetschungen und Ausfransungen vermieden werden. Der glatte, leicht schräge Schnitt erleichtert nicht nur das Stecken, sondern vermindert auch die Gefahr von Infektionen in den Leitgefäßen, die dann das Anwachsen verzögern. Die Stecklinge werden zu rund zwei Dritteln leicht schräg in den Boden gedrückt. Empfehlenswert sind Arbeitshandschuhe zum Schutz der Hände.

Die richtige Zeit für die Gewinnung von Weidenstecklingen liegt zwischen Winterausgang und der Kätzchenblüte im Erstfrühling.

Kleine Stecklinge haben den Vorteil, dass sie gerade in der Phase des Anwachsens ein günstiges Spross-Wurzel-Verhältnis aufweisen. Zudem sind sie windstabil und werden auch vom Wild nicht so leicht bezupft, sodass die für das Anwachsen förderliche Ruhe im Wurzelraum am ehesten gewährleistet ist.
Bei Pflanzungen an Gewässerrändern und an feuchten Standorten können aber auch ein bis zwei Meter lange, armdicke und möglichst gerade Knüppel verwendet werden. Diese werden unten angespitzt bzw. schräg angeschnitten und mit einem Vorschlaghammer einen halben bis einen Meter, d. h. bis etwa zur Hälfte, in den Boden gerammt. Das durch die Schläge zersplitterte obere Stück wird anschließend leicht schräg und möglichst glatt, ohne Fransen also, abgesägt.
Wenn man im eigenen Revier keine passenden Weidenstecklinge gewinnen kann, weil diese Arten gänzlich fehlen, und auch der Bezug aus dem Nachbarrevier nicht möglich ist, kann man sich an eine Baumschule wenden. Im Interesse der Ertragsicherheit werden dann auch bei reinen Weidenpflanzungen mehrere gern beäste Arten miteinander kombiniert, so z. B. die Korbweide *(Salix viminalis)* und die Englische Aschweide *(Salix smithiana)* oder die Salweide *(Salix caprea)* und die Ohrweide *(Salix aurita)*.

PFLANZUNG UND PFLEGE

Zur Verbesserung der Anwuchsbedingungen empfiehlt es sich, die ausgewählten Bereiche für die Stecklingsvermehrung vor dem Stecken zu mulchen und leicht zu grubbern. Wo keine Bodenbearbeitung möglich ist, können auf kleineren Flächen auch Mulchkartons eingesetzt werden, wie sie auch bei Erstaufforstungen üblich sind. Als Mulchmaterial eignen sich außerdem altes Heu, Grasschnitt und Stroh.
Je nach der Gesamtausdehnung der Pflanzung und der Flächenform empfehlen sich Reihenabstände zwischen 0,6 bis 2,5 m und Abstände in den Reihen zwischen 0,2 und einem Meter. Bei einem rechteckigen größeren Verbissgarten werden die weiteren Abstände

Aus einem Weidetrieb lassen sich mehrere, etwa 30 cm lange Stecklinge gewinnen. Für die spätere Bewurzelung ist ein glatter schräger Schnitt wichtig.

gewählt, bei Pflanzungen mit einer Gesamtbreite von zwei Metern entlang von Wegen empfehlen sich die dichteren Abstände. Werden genügend große Flächen gleichzeitig bepflanzt, kann auf eine Zäunung zum Verbissschutz verzichtet werden. Deshalb ist es sinnvoll, nicht an allen vorgesehenen Stellen im Revier gleichzeitig mit „Verbisshäppchen" zu starten, sondern stattdessen die einzelnen Bereiche der Reihe nach zu bearbeiten.
Bei streifenförmiger Pflanzung entlang von Wegen oder in Gräben müssen rund 4 000 Weidenstecklinge gleichzeitig und geschlossen (0,6 m x 0,2 m) gesetzt werden, um dem Verbissdruck ohne Schutz standzuhalten.
Breit angelegte Prossholzflächen werden im Zentrum irgendwann dem Äser des Wildes entwachsen. Haben die Weidenbüsche auf größeren Teilflächen Höhen von rd. drei Metern erreicht, werden sie auf den Stock gesetzt, d. h. etwa 30 cm über dem Boden abgeschnitten. Der Rückschnitt erfolgt nicht auf der ganzen Fläche gleichzeitig, sondern in Abschnitten von rd. 25 m Länge. Einzelne Weiden, die vorwachsen, weil vorübergehend die Beäsung fehlte, werden einfach gezielt abgeschnitten.

Salweide und andere Weidenarten sind leicht zu vermehren.

DIE SÜDSEITE ZUERST

In Gräben zuerst die Südseite bepflanzen, damit die Stecklinge im Schatten der Grabenwände anwachsen können und nicht vertrocknen. Erst wenn diese Pflänzchen hoch genug gewachsen sind, werden auch die anderen Bereiche ausgepflanzt.
Für die Prossholzpflanzung nur Standorte mit ausreichender Wasserversorgung auswählen. Wo schon der Ginster wächst, ist es für Weiden zu trocken.

Im Hochwildrevier empfiehlt sich die Anlage von einem Hektar Prossholz auf 100 ha Holzbodenfläche und eine Mindestgröße der einzelnen Fläche von rd. 0,5 ha. Bei einer normalen Wegedichte von rd. 40 m je ha, d. h. 4 000 m auf 100 ha, lässt sich dies erreichen, wenn neben den Wegrändern alle geeigneten Linearstrukturen wie Randstreifen und Gräben in Kulturen etc. mit einbezogen werden. In kraut- und strauchschichtarmen Wäldern ist der Prossholzbedarf höher als in reich gegliederten Waldgesellschaften. Im Feldrevier haben Prossholzflächen neben der Äsungsfunktion noch zusätzliche Bedeutung als gliedernde Gehölzstrukturen.
Einmal angelegt, dienen Prossholzflächen dem Wild über lange Zeit: Nach den Versuchsergebnissen der Forschungsstelle für Jagdkunde und Wildschadenverhütung NRW beträgt die Nutzungsdauer von Weidengehölzen bei sukzessiver Pflege 20 bis 30 Jahre.

Große Prossholzanlagen benötigen eine regelmäßige Pflege. In kleineren Revieren fehlen auch oft entsprechende Flächen. Hier bieten sich als sinnvolle Alternative Weidenkäfige an, die weniger Unterhaltungsaufwand erfordern.

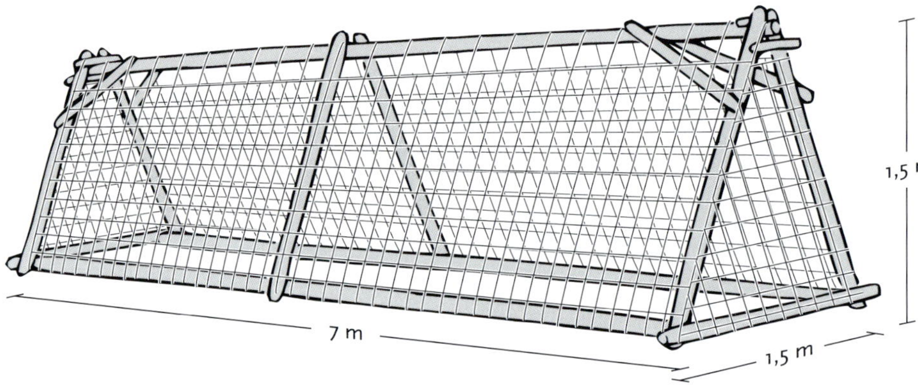

Der Weidenkäfig schützt Verbissgehölze auf Grünäsungsflächen in den ersten Jahren. Wachsen sie durch das Drahtgeflecht, sind die Gehölze kräftig genug.

WEIDENKÄFIGE

Auch vorhandene Grünäsungsflächen können durch ein zusätzliches Prossholzangebot für das Wild noch attraktiver gemacht werden. Sinnvoller als die Unterbrechung und Teilung der Äsungsfläche ist die Anlage von Prossholzkäfigen in Randbereichen: Bewährt haben sich hierfür Weidenkäfige in Form eines Spitzzeltes mit einer Breite von etwa 1,5 m, einer Höhe von 1,5 m und einer Länge von 7 m. Das Grundgerüst wird aus Fichtenstangen zusammengenagelt. Darüber wird ein Forstkulturzaun mit einem Rechteck-Geflecht von 15 cm x 10–20 cm Maschenweite gespannt. Der Höhe Boden-Firststange von 1,5 m entsprechend kann ein Knotengeflecht von 1,6 bzw. 1,7 m Breite verwendet werden. Die Dachform verhindert, dass Wild auf den Zaun steigt, und garantiert auch die notwendige Standfestigkeit bei hohen Schneeauflagen.

Prossholz wird das ganze Jahr hindurch intensiv beäst. Der Käfig schützt vor Ausfall durch zu starken Verbiss.

In den gefrästen und gegrubberten Boden werden die Stecklinge in rd. 50 cm Reihenabstand und 20 cm Abstand in der Reihe gesetzt. Bei schwierigen Bodenverhältnissen ist eine Startdüngung mit einem Volldünger sinnvoll (40–80 g/m^2). Sofern in der allerersten Phase die Begleitvegetation die Stecklinge unterdrückt, kann der Weidenkäfig von zwei Personen zu leichterem Freischneiden heruntergehoben werden. Sobald die Stecklinge angewachsen sind und durch den Käfig hindurchwachsen, werden sie vom Wild verbissen. Dies fördert die Verzweigung, die jungen Pflanzen können jedoch nicht soweit heruntergebissen werden, dass sie entscheidend geschwächt werden.

Hoher Verbiss bedeutet starke Verzweigung, also mehr Biomasse für das Wild. Damit ist der Weidenkäfig ein sich selbst optimierendes System speziell für kleinere Flächen mit hohem Verbissdruck. Der Pflegeaufwand in den Folgejahren ist minimal.

TRESTER- UND BEERENSAAT

Die Rückstände aus der Gewinnung von Fruchtsäften im Haushalt oder in Mostereien enthalten in großer Zahl keimfähige Samen. Voraussetzung ist, dass die Früchte roh ausgepresst werden. Für die Most- und Safterzeugung wird auch heute noch überwiegend Obst aus dem Streuobstbau eingesetzt. Ausgepresste Früchte von Apfel, Birne, Eberesche, Sanddorn, Holunder, Brombeere und Himbeere können als Trestersaat ohne weitere Behandlung erfolgreich ausgesät werden. Die vorgesehene Aussaatfläche wird vorher mechanisch bearbeitet, d. h. gepflügt oder gefräst. Der Trester muss von reifen Früchten stammen. Da Apfel, Birne, Süßkirsche und z. T. auch Sauerkirsche, Pflaume und Zwetschge Fremdbefruchter sind, sollten immer Früchte von mehreren Sorten verwendet werden. Der noch frische Trester wird breitwürfig und möglichst dünn von Hand ausgebracht und anschließend mit einer Motorfräse oder Hacke flach in das Erdreich eingearbeitet. Wer die Vorzucht auf einigen Quadratmetern im Garten anlegt, kann den Trester auch mit dem Handgrubber einarbeiten.

Die Ausbringung der in unterschiedlichen Zeitabständen anfallenden Fruchtrückstände kann auf derselben Fläche durchaus mehrfach erfolgen. Entscheidend ist, dass die Einarbeitung nur oberflächlich erfolgt.

Alle Samen der oben genannten Arten keimen bereits im Frühjahr des Folgejahres. Bei hohem Verbissdruck muss die Fläche für drei bis vier Jahre gezäunt werden. Auf ärmeren Standorten können die Sämlinge nach dem Auflaufen im Vollfrühling (Mai) mit 20 g/m^2 Volldünger gedüngt werden, sodass sie im ersten Sommer bereits eine Höhe von einem halben bis einem Meter erreichen. Zu reichliche Düngergaben fördern die Begleitvegetation aus Gräsern und Kräutern und erschweren damit das Wachstum der Pflanzen. Wenn die Bäumchen so groß sind, dass ein vollständiger Ausfall durch Verbiss ausgeschlossen ist, wird der Zaun entfernt und die Fläche dem Wild zur Verfügung gestellt.

EICHEN- UND GINSTERFLÄCHEN

Wertvolle Knospenäsung bietet auch die Eiche. Die zur Äsungsverbesserung ausgewählten Flächen werden eingezäunt und zuvor der Boden bearbeitet, d. h. gepflügt oder auch nur gefräst. Die Aussaat erfolgt breitwürfig von Hand, sodass rd. 25 bis 35 Eicheln auf den Quadratmeter fallen. Das Saatgut wird in den Boden eingearbeitet. Die jungen Eichen wachsen schnell zu einem dichten Gebüsch heran, das dann auch einer stärkeren Beäsung standhält.

Zur Pflege wird der Aufwuchs ähnlich wie in den früheren Haubergen zur Lohegewinnung alle 15 bis 20 Jahre auf den Stock gesetzt, sodass die Gehölzinseln stets ihren Dickungscharakter mit reichem Verbissangebot behalten. In größeren Waldgebieten bieten sich die Wegebankette auch zur Ansaat der Esche an. Kleine Ginsterpartien im Revier bieten gute Einstände für Hoch- und Niederwild und zugleich, vor allem im Winter, wertvolle Äsung. Vor der Aussaat im April/Mai (mit ca. drei Gramm Samen je Quadratmeter) wird das

EICHELN AUS DEM PARK

Verbissgehölze für das Wild müssen kein Furnierholz liefern. Die Eicheln müssen also nicht mühsam im Wald gesammelt werden, sondern dürfen auch aus dem Park stammen! Damit sie erfolgreich anwachsen, ist allerdings der Unterschied zwischen Trauben- und Stieleiche zu beachten.

Ginster liefert Deckung und, vor allem im Winter, wertvolle Äsung.

Saatgut in einem Baumwollbeutel etwa 5 Sekunden in kochendes Wasser gehalten, um die Keimung zu beschleunigen. Die Samen werden nur ganz flach mit Erde abgedeckt.

BESTEHENDES DAUERGRÜNLAND

Zu den Formationen der mitteleuropäischen Grasfluren und Rasengesellschaften gehören neben dem Wirtschaftsgrünland auch die als Magerrasen bezeichneten Trespen- und Steppenrasen, die Borstgrasrasen, alpine Kalksteinrasen, Sandrasen und Feldgrasfluren. Alle Grasformationen sind wichtige Äsungsflächen für die Wiederkäuer. Die Pflanzen des Graslandes sind an den Beweidungsdruck besonders angepasst und werden hierdurch zu einem erheblichen Teil gefördert. Subalpine und alpine Kalk-Trockenrasen sowie Kalkfelsfluren bieten im Alpenraum z. B. dem Steinwild wichtige Äsung. Im Hochgebirge haben auch die Almen eine herausragende Bedeutung für die Wiederkäuer.
Das saisonal wechselnde Äsungsangebot dieser grasbestimmten Pflanzengemeinschaften hat einen erheblichen Einfluss auf das räumliche Verteilungsmuster der wiederkäuenden Wildarten. Jeder Praktiker weiß, wie sehr das Wild nach der Winterzeit im Erstfrühling auf das erste Grün drängt.
Alle unter Einfluss des Menschen entstandenen Grasformationen sind zu ihrer Erhaltung

sehr alt sind, entstanden Wiesen erst mit der Entwicklung von Mähwerkzeugen verhältnismäßig spät. Zur Bronzezeit kannte man zwar bereits Sicheln, verwendete sie aber nur für die Getreideernte und noch nicht zum Wiesenschnitt.

WIESEN

Wiesen dienen der Stallfuttergewinnung und werden meist mehrfach gemäht. Ihre Pflanzengemeinschaft wird selektiert durch
— den Ausschluss von Gehölzen,
— die Begünstigung ausschlag- und regenerationsfähiger Gräser,
— die Begünstigung leicht regenerationsfähiger Kräuterarten, wie z. B. Klee-*(Trifolium)*, Labkraut-*(Galium)*Arten und Schafgarbe *(Achillea millefolium)*,
— die Begünstigung von Rosetten- und Halbrosetten-Pflanzen, die durch das Mähen nicht oder nur wenig geschädigt werden, wie z. B. Wegerich-Arten *(Plantago)* und Löwenzahn *(Taraxacum officinale)*.

Durch die Mahd werden die Pflanzen verletzt. Ihre anschließende Regeneration beruht in erster Linie auf dem Austreiben bodennaher Knospen.

weiterhin auf dessen Tätigkeit angewiesen. Dies gilt auch für die Almen im Hochgebirge, die ohne Nutzung besonders erosionsgefährdet sind. Natürliche Wiesen, die nicht durch den Einfluss des Menschen entstanden sind, gibt es in Mitteleuropa nur außerhalb der Waldzone wie im Bereich der alpinen Matten.

Wer heute Grünäsungsflächen gestalten will, kann viel aus ihrer kulturgeschichtlichen Entwicklung lernen.

Im Unterschied zum Wald sind Wiesen und Weiden einschichtige Vegetationsformen. Sie werden von Gräsern und Kräutern bestimmt. Bodenfeuchte, Säuregrad (pH-Wert), Nährstoffversorgung und die Nutzungsform bestimmen die Zusammensetzung der Arten. Während Viehweiden in Mitteleuropa schon

Satte Farben ersetzen keinen Artenreichtum. Der Löwenzahn zeigt intensive Düngung und vor allem kräftiges Güllen an. Für das Wild sind solche Flächen nicht sehr ergiebig.

Die ökologische Ausprägung der Wiesen lässt sich langfristig nur durch einen regelmäßigen Schnitt erhalten. Artenreiche Gesellschaften können nur durch Mahd und Abtransport des Schnittgutes nach dem Abtrocknen, z. B. als Heu für die Winterfütterung, in ihrer Vielfalt fortbestehen. Mulchen eignet sich nur im Rot-, Dam- und Schwarzwildrevier für intensiv genutzte Klee-Gras-Gemische. Wiesen werden nach ihrer Nutzungsintensität und dem Heuertrag unterschieden in

— arme Wald- und Bergwiesen,
— einschürige (einmal jährlich gemähte) Wiesen, ungedüngt,
— geringe zweischürige Wiesen, wenig gedüngt,
— mittelgute, gedüngte Wiesen,
— gute zweischürige Wiesen, gut gedüngte Talwiesen,
— Bewässerungswiesen, beste Höhenwiesen im Gebirge,
— sehr gute zweischürige Niederungs- oder Talwiesen, reich gedüngt und gepflegt,
— beste dreischürige Niederungs- oder Bewässerungswiesen.

WEIDEN UND MÄHWEIDEN

Beweidetes Grünland wird durch den Viehverbiss anstelle der Mahd in seiner Pflanzenzusammensetzung geprägt. Von den Wiesen unterscheiden sie sich jedoch in charakteristischen Punkten:

— Weiden sind kurzrasiger als Wiesen.
— Weidetiere wählen aus. Damit werden auf den Weiden die Pflanzen begünstigt, die das Vieh nicht frisst. Dies sind z. B. stachel- oder dornenbewehrte Pflanzen wie Kratzdistel-*(Cirsium)*, Hauhechel-*(Ononis)* und Wacholder-*(Juniperus)*Arten. Milchsaft führende und giftige wie die Wolfsmilch-Arten *(Euphorbia)* werden von den Tieren ebenfalls gemieden. Pflanzen, deren

Bärwurzwiese mit Wiesenstorchschnabel: Das Heu dieser artenreichen Wiesen eignet sich gut für die Winterfütterung. Die Wiesen sind beim Wild sehr beliebt.

Rosetten dicht am Boden liegen, wie Gänseblümchen *(Bellis perennis)* und Wegerich-Arten *(Plantago)*, werden von den Tieren nicht erfasst. Weideempfindlich sind hochwüchsige Futterpflanzen mit nur wenigen Basalblättern, deren Assimilationsfläche nach Fraßverlust für eine schnellere Generation nicht ausreicht, wie dies z. B. beim Glatthafer *(Arrhenatherum elatius)* der Fall ist. Unempfindlich ist z. B. das Weidelgras *(Lolium perenne)*.
— Die Trittbelastung selektiert auf den eingefahrenen Viehpfaden zugunsten der trittfesten Arten.

Die Weiden unterscheiden sich entsprechend der Nutzungsintensität und der beweidenden Tierart in ihrer floristischen Zusammensetzung und damit in ihrem Wert für das Wild. Bei Nutzvieh führt Artenverarmung infolge von Übernutzung zu Fortpflanzungsstörungen, die in der Landwirtschaft durch Zufüttern von Mineralfutter ausgeglichen werden. Größere Wildtiere können durch einen entsprechend großen Aktionsraum ihr Äsungsspektrum erweitern.
Die Weiden werden analog zu den Wiesen unterschieden in

- **Hutungen, Almen mit geringer Nutzungsintensität,**
- **Standweiden, Umtriebsweiden mit mittlerer Nutzungsintensität,**
- **Umtriebsweiden, Portionsweiden mit hoher Nutzungsintensität.**

Mähweiden sind eine Kombination aus Weide und Mahd. Ihr Nährstoffertrag ist höher als der reiner Wiesennutzung.

ERHALTUNG UND PFLEGE

Aus der Übersicht über die Pflanzengemeinschaften des Grünlandes lassen sich für die

Mäßig genutzte Almen sind gute Wildäsungsflächen.

Die Narzissenblüte zeigt den Erstfrühling an: Solche Flächen dürfen keinesfalls umgebrochen werden.

Praxis bereits wichtige Empfehlungen ableiten. Vor allem beim Grünland gilt: Erhalten geht über Gestalten. An jedem Standort muss sich die spezifische Flora unter entsprechender Pflege selbst einstellen.

Überall da, wo natürliche Pflanzengemeinschaften im Revier vorhanden sind, ist ihre Funktion für das Wild – im Bedarfsfall durch extensive Pflege – langfristig zu sichern.

Ein Flächenumbruch zum Zwecke der Neueinsaat verbietet sich in allen Naturschutzgebieten und für alle gesetzlich geschützten Biotope (§ 30 Bundesnaturschutzgesetz). Grünlandgesellschaften, auf denen vor der Hauptwachstumsphase der Gräser bereits im Frühjahr Erstfrühlingszeiger wie Krokusse und Narzissen blühen, dürfen generell nicht umgebrochen werden. Das Gleiche gilt auch für artenreiche Flächen, die mehr als 20 Pflanzenarten enthalten.

In Naturschutzgebieten sind darüber hinaus die entsprechenden Pflegeauflagen zu berücksichtigen. Sofern das Schutzziel im Erhalt der Grünlandgesellschaften besteht, sieht der Pflegeplan häufig eine Mahd jährlich oder in mehrjährigen Abständen vor. Düngung ist meist verboten.

Wer viele solcher Flächen im Revier hat, wie beispielsweise Talwiesen in einem Mittelgebirgsrevier, sollte sich bemühen, deren Pflege selbst zu übernehmen: Diese artenreichen Pflanzengemeinschaften erfordern in der Regel eine Mahd im Hochsommer, d. h. Juli/August. Das Mähgut kann zum Teil als Heu und wertvolle Grundlage für die Winterfütterung genutzt werden.

Hierzu ist es jedoch wichtig, dass die Talwiesen abschnittsweise in Anhalt an die vorhandenen Pflanzengemeinschaften gemäht werden. Die Grenzen dieser Gemeinschaften erkennt auch der Laie am unterschiedlichen Erscheinungsbild der Vegetation. Auf dem Talboden stocken in der Regel Pflanzengemeinschaften, die auf eine ständige Wasserversorgung angewiesen sind, hierzu zählen z. B. Binsengesellschaften, Rohrglanzgras, Röhrichte, Mädesüßfluren und Flachmoorgesellschaften. Sofern diese Flächen überhaupt geschnitten werden müssen bzw. dürfen, eignet sich das dabei entstehende Mähgut für die Winterfütterung nicht.

Diese Pflanzengemeinschaften gehen in höheren Tallagen vielfach in Pfeifengraswiesen über, die zu ihrer Erhaltung gemäht werden müssen, dabei allerdings nur Heu von Streuqualität liefern.

In zunehmender Entfernung zum Wasser schließen dann auf den höheren Talstandorten besonders artenreiche Wiesen- und Weidengesellschaften an, die meist aus früherer vergleichsweise extensiver landwirtschaftlicher Nutzung entstanden sind und vom Wild bevorzugt aufgesucht werden. Deren Beäsungsintensität durch das Wild kann an Pirschzeichen, Äsungsspuren und durch einfache Beobachtung festgestellt werden. Im Unterschied zu intensiv genutzten Grünlandgesellschaften treiben diese Wiesen- und Weidengesellschaften im Frühjahr etwas später aus, liefern dafür jedoch eine über die gesamte Vegetationsperiode bis in den Winter hinein von Wild gut angenommene Äsung und sehr gutes Heu für die Winterfütterung.

Die charakteristischen Pflanzengemeinschaften der Täler sind auch für den Laien an der Farbe zu erkennen. Mit zunehmender Entfernung vom Wasser steigt die Eignung des Mähgutes als Wildäsung.

Wer noch solche artenreichen Grünlandgesellschaften in seinem Revier hat, kann ihre Attraktivität durch eine jährliche Düngung mit Thomaskali (zwei Dezitonnen je Hektar) und eine Kalkung im Abstand von fünf Jahren erhöhen. Stickstoffdünger darf angesichts des hohen Stickstoffeintrages aus der Luft von 30 kg je Jahr und ha nicht verwendet werden, da er nur einseitig die zur Verholzung neigenden Obergräser fördern und die beliebten Kleearten zurückdrängen würde. Wo ohne Stickstoffzufuhr nichts mehr wächst, ist der Äsungsdruck zu hoch. Entweder sind die Wildbestände deutlich überhöht oder Äsungsflächen insgesamt absoluter Mangel.

WEGEAUFHIEBE NUTZEN

Zu einer extensiven Pflege nach dem Muster der Grünlandgesellschaften bieten sich übrigens auch gras- und krautreiche Wegeaufhiebe an. Als typischer Buschrandbewohner sucht das Reh diese Grenzlinien bevorzugt auf, für Rotwild sind sie ideale Zwischenäsungsflächen und zudem ist das Wild im Wegrandbereich gut zu beobachten und ggf. auch zu bejagen. Dies hat den Vorteil, dass zur Bejagung nicht eigens angelegte und im Einstand versteckt gelegene Äsungsflächen genutzt werden müssen.

☞ ERHALTUNG UND PFLEGE VON DAUERGRÜNLAND

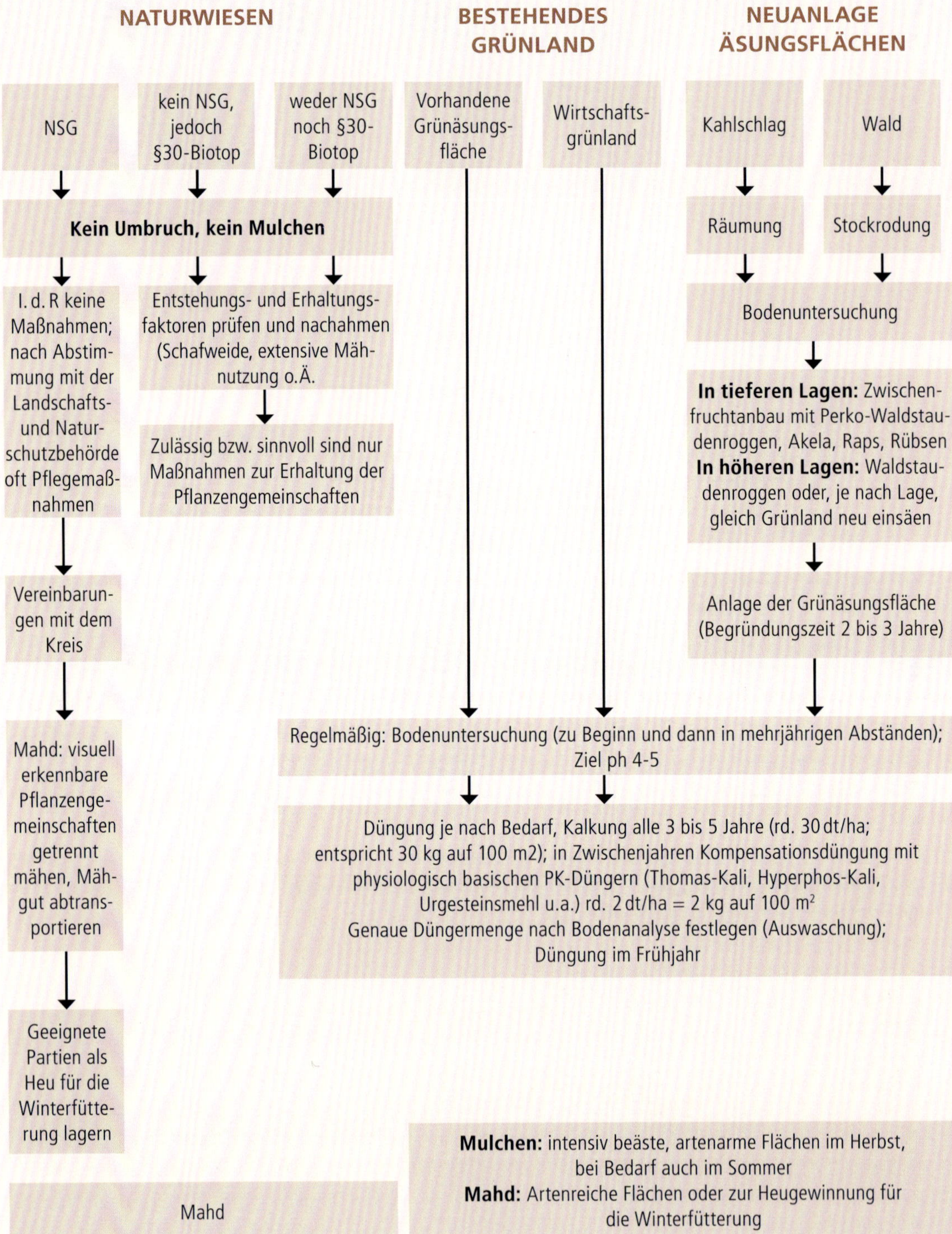

ANLAGE VON DAUER-ÄSUNGSFLÄCHEN

Wildwiese oder Wildacker – dieser Frage ist die Forschungsstelle für Jagdkunde und Wildschadenverhütung Nordrhein-Westfalen in langjährigen Versuchen nachgegangen. Deren Ergebnisse belegen, dass im Wald die Grünäsungsfläche in ihrem Nutzen dem Wildacker überlegen ist. Sie erfordert einen geringeren Aufwand für Bestellung und Pflege, kann deutlich länger vom Wild genutzt werden und eignet sich daher auch besser zur Verhütung von Wildschäden.
Am richtigen Ort angelegt, können Wildäcker durchaus der räumlichen Steuerung des Wildes dienen. Da diese Flächen aber keine faserreiche Äsung bieten, sollten sie in der Nachbarschaft extensiv gepflegter Grünäsungsflächen mit „Heu auf der Wurzel" angelegt werden. In der Nähe verbiss- bzw. schälgefährdeter Kulturen und Dickungen dürfen sie keinesfalls liegen!
Die im Kapitel „Das Feldrevier" beschriebenen Saatmischungen und Anlageverfahren eignen sich auch für den Wildacker im Wald, sodass hier nur kurz Besonderheiten angesprochen werden: Sollen Wildäcker im Wald die Schwarzwildschäden in der Feldflur verhüten, empfiehlt sich der Anbau der Futtererbse, sofern sie angenommen wird. Alternativ können attraktive Feldfrüchte und Kartoffeln im Wald extensiv angebaut werden, wenn sie nur für Schwarzwild zugänglich sind. Ungeeignet sind dagegen Intensivanbauten von Feldfrüchten wie Mais, Kartoffeln, Rüben o. ä., die für alle Arten erreichbar sind. Solche „Konkurrenzanbauten" zur intensiven landwirtschaftlichen Nutzung lösen zwangsläufig starke Wildkonzentrationen und Schäden im Wald aus.

Der Klimawandel wirkt sich auch auf das Grünland aus: Während die phänologischen Phasen im Frühjahr immer früher einsetzen, bleiben die Termine des letzten Heuschnitts – der Grummeternte – weitgehend konstant.

Um ausreichend besonnt zu werden, müssen Äsungsflächen in Nord-Süd-Richtung angelegt werden.

Bei starkem Mangel an Äsungsflächen lohnt sich auch die Verbreiterung von Kulturschneisen.

GESTALT UND LAGE

Größe und Anlage neuer Grünäsungsflächen müssen sich an der Situation des Revieres, den vorkommenden Wildarten und den Bearbeitungsmöglichkeiten orientieren. Als Richtlinie gilt wieder ein Äsungsflächenanteil von ein bis zwei Prozent der Holzbodenfläche.

— Die einzelnen Dauergrünlandflächen sollten etwa zwischen 0,1 und 0,5 ha groß sein. Zu große Flächen werden vom Wild nur unzureichend genutzt, sehr kleine Flächen verursachen einen verhältnismäßig hohen Bewirtschaftungsaufwand und werden durch die Randwirkungen der benachbarten Waldbestände zu stark beeinflusst. Optimal sind daher in der Regel Flächengrößen von 0,2 bis 0,3 ha.

— Je kleiner die Fläche, desto wichtiger sind Besonnungs- und Entschattungsstreifen für die Qualität des Äsungsangebotes.

— Äsungsflächen dürfen das Wild nicht über Straßen oder in die Nähe von Bahnlinien locken. Sie müssen zudem geländeklimatisch günstig auf warmen, südlich exponierten Standorten und möglichst in Nord-Süd-Ausrichtung liegen, um eine ausreichende Besonnung zu gewährleisten.

— Ruhe ist wichtig! Entweder sollten die Einstände unmittelbar angrenzen, oder aber die Äsungsflächen in „verkehrsberuhigten Bereichen“ angelegt werden, sodass das Wild sie auch tagsüber nutzen kann. Ideal ist ein weitgehend störungsfreies Umfeld von fünf bis zehn Hektar. Hierbei muss man sich darüber klar sein, dass einschichtige Dickungen nur über einen begrenzten Zeitraum Deckung bieten.

— Bei der Anlage neuer Kulturen bietet es sich an, einen großen Teil der in Nord-Süd-Richtung verlaufenden Rückeschneisen einzusäen. Die Mindestbreite für Äsungsschneisen im Wald beträgt 15 m. Schmalere Kulturschneisen können durch Entnahme von jeweils zwei Reihen rechts und links der Schneise leicht verbreitert werden.

— Lange schmale Flächen werden vom Rotwild vor allem tagsüber gerne angenommen, da die schützende Deckung rasch erreichbar ist.
— Die Randgestaltung der Flächen ist wichtig für die Akzeptanz beim Wild und auch für ihre Einbindung in die Landschaft: Sie sollten von einem breiten Streifen mit natürlicher Sukzession gesäumt sein, der durch einen buchtenreichen Aushieb in die benachbarten Bestände geschaffen werden kann. Dies kommt dem Sicherheitsbedürfnis des Wildes entgegen und liefert zugleich auch stehendes Heu im Kontrast zur intensiv gepflegten Grünäsungsfläche.
— Zumindest ein Teil der optimal versteckten Äsungsflächen muss jagdlich tabu sein!
— Die problemlose Erreichbarkeit der Flächen mit Maschinen und eine gute Befahrbarkeit sind wesentlich für die kontinuierliche Pflege.

SICHERHEIT FÜR DAS WILD

Die Äsungsflächenkonzeption für das Revier muss auch den Sicherheitsbedürfnissen des Wildes Rechnung tragen, wenn Wildschäden gemindert werden sollen. Ein bestimmter Anteil versteckt angelegter Flächen ist daher wichtig. Nachteilig und eher schadensfördernd ist es dagegen, die Äsungsflächen generell auf extra verbreiterte, weithin einsehbare Schneisen zu legen und auch noch vollständig durch Kanzeln zu „erschließen“. Das Wild wird durch den Jagddruck zwangsläufig in die Waldbestände gedrängt, sodass Schäl- und Verbissschäden in größerem Umfang unausweichlich sind.

Verschiedene Maßnahmen erhöhen das Sicherheitsgefühl des Wildes und senken die Störanfälligkeit von Äsungsflächen:
— Die Zufahrtswege zur Pflege versteckter Äsungsflächen werden möglichst leicht geschwungen angelegt und außerdem als Sackgasse ausgeschildert. Diese Maßnahmen machen sie für den Publikumsverkehr uninteressant.
— Leicht einsehbare Äsungsschneisen und natürliche Waldwiesen lassen sich durch Sichtschutzpflanzungen gegen stark befahrene oder belaufene Wege hin beruhigen. Ursprüngliche Wiesengesellschaften sind vielfach einer hohen Störfrequenz ausgesetzt, da man früher die Wanderwege bewusst in den offenen Waldtälern an diesen Zeugen ehemaliger landwirtschaftlicher Nutzung vorbeilegte.
— Auf langen Äsungsschneisen dienen zusätzliche, gliedernde Sichtschutzpflanzungen dem Sicherheitsbedürfnis des Wildes. Soll die jagdliche Erschließung hier nicht grundsätzlich ausgeschlossen sein, sind sie entsprechend geschickt anzulegen.
— Bei starkem Erholungsverkehr empfiehlt es sich, den Weg zur Äsungsfläche zusätzlich abzuzäunen.

KOSTENGÜNSTIG PLANEN

Eine vorausschauende Planung reduziert die Kosten für die Neuanlage von Grünäsungsflächen auf der Holzbodenfläche wesentlich. So sollte man die Chancen nutzen, die Neuaufforstungen und unvorhergesehene Sturmereignisse bieten, und auf die Aussparung von Äsungsflächen bei der Kulturbegründung hinwirken.

„Akzeptierte“ Äsungsflächen sind von Sukzessionsstreifen und Einständen umgeben. Jagd muss dort jedoch die Ausnahme sein.

Ein seltener Anblick – weithin einsehbare Schneisen mit Wegeanschluss werden vom Wild tagsüber nur ungern

– Wer nach Sturmwürfen und der angelaufenen Sukzession auf großer Fläche den Einstieg in die Flächengestaltung verpasst, hat auf kleinen Flächen noch die Möglichkeit der Stockrodung. Stehen andere Flächen nicht zur Verfügung, bietet dies oft einen Ausweg. Für den Einsatz eines Forstmulchers sind etwa 2 000–2 500 €/ha zu veranschlagen. Sofern der zu entfernende Baumbestand jung ist, lässt sich damit der Boden für eine Wildwiese vorbereiten.

Bei älteren Beständen oder wenn die hier genannten Fläche auch für einen Wildacker geeignet sein soll, empfiehlt sich zusätzlich der Einsatz einer Stockfräse – die Gesamtkosten belaufen sich dann auf 5 000–5 500 €/ha. Die Preise können natürlich nur Größenordnungen wiedergeben, je nach örtlicher Situation sind sowohl geringere als auch in Sonderfällen höhere Preise möglich.

SICHTSCHUTZ DURCH WÄLLE

Sichtschutz bieten auch Erdwälle. Sie können aus dem Material, das bei den Bodenarbeiten anfällt, aufgeschoben und gegebenenfalls noch bepflanzt werden. Manchmal helfen auch kleine Tricks: Mit Blindzäunen auf den Zugangswegen, die schon wenige Meter daneben auslaufen, lassen sich unerwünschte Besucher von Äsungsflächen abhalten, bis die Sichtschutzpflanzung dicht genug ist.

aufgesucht.

BODENVORBEREITUNG, DÜNGUNG UND SAAT

Nach der Räumung der Fläche ist eine Bodenbearbeitung auf etwa 25 cm Tiefe mit Hilfe eines Grubbers oder einer Fräse erforderlich. Sie erfolgt im Herbst, während des Winters bleibt die Fläche der Frostgare überlassen. Im Frühjahr wird nach vorausgegangener Kalkung und Düngung eingesät. Auf schwierigen Standorten ist ein bodenverbessernder Voranbau z. B. mit Hafer, Waldstaudenroggen und Raps sinnvoll.
In nahezu allen Fällen muss der pH-Wert von Waldböden zunächst auf 4 bis 5 angehoben werden. Dazu ist eine Grundkalkung mit rund 30 (bis 40) dt Kohlensaurem Kalk je ha nach der Bodenvorbereitung im Herbst notwendig. Nur für schwere lehmige Böden empfiehlt sich der rasch wirkende Branntkalk (CaO). Im Frühjahr folgt eine Vorratsdüngung.
Eine gezielte und sinnvolle Düngung setzt immer eine Bodenanalyse im Einzelfall voraus, sodass hier keine allgemein gültigen Angaben zu Menge und Zusammensetzung der Düngegaben gegeben werden können. Nach dem Gesetz des Minimums begrenzt der Nährstoff, der in Relation zum Bedarf der Pflanzen am geringsten verfügbar ist, die Wachstumsmöglichkeiten. Viele Waldböden zeichnen sich durch einen Phosphor-, Kalium- und Magnesiummangel aus, während Stickstoff angesichts des hohen Eintrages aus der Luft (30 kg je ha und Jahr und mehr) fast immer ausreichend vorhanden ist. Wo Stickstoff als Starthilfe dennoch nötig ist, darf er nur schwach dosiert werden (20 kg N/ha) – zu reichliche Stickstoffgaben fördern Gräser und deren rasches Verholzen, sodass der attraktive Klee zurückgedrängt wird.
Auch in den Folgejahren werden die jährlichen Nährstoffverluste infolge Auswaschung

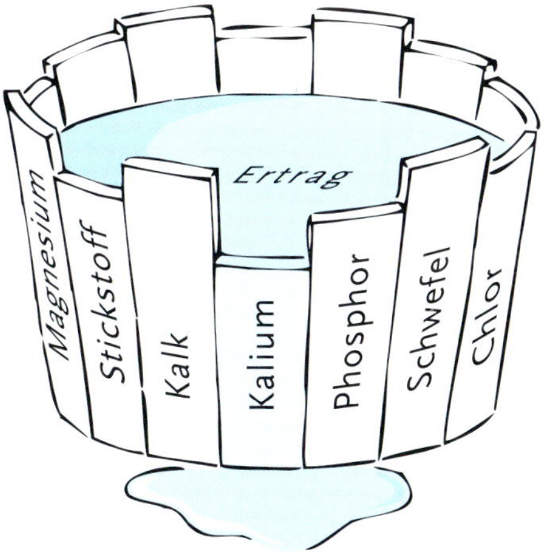

Gesetz des Minimums: Der am meisten fehlende Nährstoff bestimmt das mögliche Pflanzenwachstum.

Düngung heißt verbrauchte Nährstoffe ersetzen. Für Grünland braucht es periodische Kalkung und PK-Düngung.

durch eine Gabe von rund 30 dt Kohlensaurem Kalk alle drei bis fünf Jahre und das Ausbringen von physiologisch basischen PK-Düngern in den Zwischenjahren (Thomaskali, Hyperphosphatkali, Urgesteinsmehl o.ä.) ausgeglichen.

Zur Ermittlung des genauen Bedarfs sind regelmäßige Bodenuntersuchungen sinnvoll.

EXKURS DÜNGUNG

Der Boden dient den Pflanzen zur festen Verankerung der Wurzeln, als Wasserspeicher und als Lieferant für Nährsalze und Sauerstoff. Die abbauenden Organismen versorgt er mit energiereichen Substanzen. Man unterscheidet Makro- und Mikronährstoffe (Haupt- und Spurenelemente). Die Makronährstoffe werden in weit höherer Konzentration von der Pflanze benötigt. Die Differenz, in der Makro- und Mikroelemente in der Pflanze vorhanden sind, ist manchmal aber nur gering: So kann z. B. die Konzentration an Eisen oder Mangan der des Schwefels entsprechen.

Als Makroelemente gelten: Kohlenstoff, Wasserstoff, Sauerstoff, Stickstoff (N), Schwefel, Phosphor (P), Kalium (K), Kalzium (Ca) und Magnesium (Mg); als Mikroelement aus Sicht der Pflanze Eisen, Mangan, Zink, Molybdän, Bor, Chlorid und, für die Wiederkäuer interessant, Kobalt.

Über Düngung werden verbrauchte Nährstoffe ersetzt. Auf einer Düngerpackung werden die Hauptnährstoffkomponenten immer in der folgenden Reihenfolge angegeben: N (Stickstoff), P_2O_5 (Phosphor-Komponente), K_2O (Kalium-Komponente) und MgO (Magnesium-Komponente). Sind weitere Elemente enthalten, werden diese gleichfalls angegeben. Die Zahlenangaben geben die Nährstoffkonzentration in 100 kg (1 dt=Dezitonne) dieses Düngemittels an.

Ein Volldünger (15+13+21) enthält also: 15 kg Stickstoff, 13 kg P_2O_5 und 21 kg K_2O.

Bei stickstofffreien PK-Düngern oder K-/Mg-Düngern wird diese Komponente gar nicht aufgeführt: Thomaskali 10+15 enthält also 0 kg N, 10 kg P_2O_5 und 15 kg K_2O.

Kalk wird nicht als Nährstoff für die Pflanze verabreicht. Kalkgaben bestimmen jedoch über die Steuerung des pH-Wertes im Boden und dessen Entwicklung wesentlich die Verfügbarkeit der anderen Nährstoffe.

Für Grünäsungsflächen eignet sich eine Kombination aus einer Kalkung im Abstand von drei bis fünf Jahren mit langsam wirksamen Kalkdüngern wie Kohlensaurem Kalk (Kalkmergel), Hüttenkalk und Thomaskalk, und einer jährlichen Vorratsdüngung mit Phosphat und Kalium – am günstigsten kombiniert in Form eines PK-Düngers, z. B. Thomaskali.

Am Anfang jeder Düngung und vor allem jeder Äsungsflächen-Neuanlage steht immer die Bodenanalyse. Während die Kalkung meist unmittelbar nach der Herrichtung der Fläche im Spätsommer oder Herbst erfolgt,

wird die Vorratsdüngung mit rd. 10 dt PK-Dünger je ha unmittelbar vor der Aussaat vorgenommen.
Auf Grünäsungsflächen wird auf Stickstoff stets verzichtet, da Stickstoff nur die Gräser zu Lasten der beim Wild besonders beliebten Kräuter begünstigt. Auf Wildäckern ist dagegen eine Stickstoffdüngung sinnvoll.

UNIVERSALMISCHUNGEN

Die landwirtschaftlichen Universalmischungen für z. B. Kräuterweiden reichen für die Grünäsungsfläche im Hochwildrevier völlig aus. Aufwerten kann man sie, in dem man den Kleeanteil erhöht und auch Rotklee zugibt. Die regelmäßige Nachsaat von Klee gegen Ende der Vegetationsperiode nach der Mahd oder dem Mulchen sichert dessen Anteil über mehrere Jahre.

SAATMISCHUNGEN

Je nach Standortverhältnissen und vorrangig nutzenden Wildarten, nach Pflege, Düngung und Mahd und der Beäsungsintensität stellt sich bei allen Grünlandgesellschaften nach spätestens einigen Jahren eine dem Standort angepasste Pflanzengemeinschaft ein.

WEIDEMISCHUNGEN IM HOCHWILDREVIER

In Hochwildrevieren kann auf sehr intensiv beästen Flächen – die dann eher Golfrasencharakter haben –bei der Einsaat auf einfache Weidemischungen, wie sie der Landhandel anbietet, zurückgegriffen werden. Im Normalfall gilt aber, dass Wiesenmischungen für Äsungsflächen grundsätzlich besser geeignet sind als Weidemischungen, weil meist nur ein relativ später Mäh- oder Mulchschnitt pro Jahr durchgeführt wird und das Schalenwild, anders als z. B. Kühe auf der Weide, die Äsungsfläche weder kontinuierlich noch vollständig abweidet. Eine Grasnarbe aus vorwiegend Weidegräsern, z. B. Weidelgras (*Lolium spec.*), hält daher nachweisbar nicht lange auf den Äsungsflächen. Eine Grasnarbe aus vorwiegend Wiesengräsern (Obergräser wie Wiesenschwingel, Glatthafer, Knaulgras, Mittel- und Untergräser wie Wiesenrispe oder Rotschwingel) ist ausdauernd und stabiler und vor allem auch an den Lebensraum angepasst. Die Mischung erlaubt auch das Einwandern weiterer Arten, die zum Standort passen. Nachsaaten sind kaum erforderlich. Die beiden Beispiele dürften für die meisten Standorte passen.

Universalmischungen für Grünäsungsflächen im Hochwildrevier können durch Rotklee-Beigaben aufgewertet werden.

IM REHWILDREVIER

Für das reine Rehwildrevier sind stärker klee- und kräuterbetonte Mischungen geeignet, die jedoch auch durch einen gewissen Gräseranteil aus Wiesenschwingel, Wiesenlieschgras, Wiesenrispe, Rotschwingel und etwas Weidelgras ergänzt werden sollten. Entsprechende Mischungen gibt es fertig im Handel zu kaufen. Zur Erfassung aller Maßnahmen, Kosten und Entwicklungen ist es sinnvoll, für jede Äsungsfläche ein gesondertes Dokumentationsblatt anzulegen („Service", S. 226/227).

WINDKRAFTANLAGEN IM WALD

Einige Bundesländer haben den Bau von Windenergieanlagen im Wald unter bestimmten Bedingungen zugelassen. An dieser Stelle soll nicht näher auf die grundsätzliche Problematik eingegangen werden – Windkraftanlagen über Waldgebieten stellen ein Risiko für Vögel und Fledermäuse, aber auch für Zugvögel dar, unabhängig von der Biotopwertigkeit. Die Kronenschicht verlagert die meteorologisch aktive Zone im Wald nach oben. In dieser Zone arbeiten dann die Windräder.

STÖRUNGSFAKTOREN FÜR DAS WILD

Aus Sicht des Rotwildes und der anderen großen Wildarten resultiert die Hauptbelastung von Windkraftanlagen daraus, dass diese eine hochtragfeste Zuwegung brauchen und selbst nach einem Wegerückbau im Anschluss an die Errichtung der Anlage ein überproportional breiter Weg erhalten bleibt. Die Wege werden anschließend kontinuierlich z. B. von Wartungsfahrzeugen genutzt. Selbst bei einem partiellen Rückbau bleiben die Wege zugänglich. Nach eigenen Beobachtungen ist die regelmäßige Frequentierung von Windkraftanlagen deutlich höher als z. B. bei der Überprüfung von Wasserleitungen, die durch

Windkraftanlagen prägen jetzt auch Waldlandschaften.

☞ EINSAAT-WIESENMISCHUNGEN

FÜR HÖHERE, MONTANE LAGEN OBERHALB 500 M Ü. NN UND MÄSSIG TROCKENE BIS FRISCHE, ± MITTLERE STANDORTE*

GRÄSER	Wiesenschwingel *(Festuca pratensis)*	10 kg
	Rotschwingel *(Festuca rubra ssp. rubra)*	6 kg
	Wiesenrispengras *(Poa pratensis ssp. pratensis)*	6 kg
	Goldhafer *(Trisetum flavescens)*	2 kg
LEGUMINOSEN	Rotklee *(Trifolium pratense)*	3 kg
	Weißklee *(Trifolium repens)*	2 kg
	Hornklee, Hornschotenklee *(Lotus corniculatus)*	1 kg
SUMME:		30 kg

FÜR UNTERE BIS MITTLERE, SUBMONTANE LAGEN ZWISCHEN 200 UND 500 M Ü. NN UND MÄSSIG TROCKENE BIS FRISCHE ± MITTLERE STANDORTE *)

GRÄSER	Rotschwingel *(Festuca rubra ssp. rubra)*	6 kg
	Wiesenrispengras *(Poa pratensis ssp. pratensis)*	6 kg
	Wiesenschwingel *(Festuca pratensis)*	4 kg
	Glatthafer *(Arrhenatherum elatius)*	3 kg
	Knaulgras *(Dactylis glomerata)*	3 kg
	Goldhafer *(Trisetum flavescens)*	1 kg
LEGUMINOSEN	Rotklee *(Trifolium pratense)*	2 kg
	Hornklee, Hornschotenklee *(Lotus corniculatus)*	2 kg
	Weißklee *(Trifolium repens)*	2 kg
	Hopfenklee, Gelbklee *(Medicago lupulina)*	1 kg
SUMME:		30 kg

* Auf kleinflächig vorhandenen feuchten bis nassen Standorten empfiehlt sich aus ökologischer wie aus ökonomischer Sicht eine Einsaat nicht.

den Wald laufen. Die Wege erhöhen die Störwirkungen im Lebensraum nachhaltig, zumal auch andere Besucher diese Wege nutzen. Dies lässt sich nur dann vermeiden, wenn solche Zuwege effektiv gesperrt werden.

Für unsere großen Wildarten stellen auch die Schlagschatten, die von den Rotorblättern der Windkraftanlagen geworfen werden sind, eine Störung dar. Diese Schatten spielen nicht nur bei Sonnenlicht eine Rolle, sondern auch

☞ BÖSCHUNGSBEGRÜNUNG WINDKRAFTANLAGEN – SAATMISCHUNGEN

ZUSAMMENSETZUNG	9 verschiedene Grasarten	10 verschiedene Grasarten	10 verschiedene Grasarten
STANDORTEIGNUNG	trockene bis mittlere Standorte	speziell für sehr trockene Standorte	speziell für feuchte Standorte
PFLEGEANSPRÜCHE	1–3 Schnitte pro Jahr	1–2 Schnitte pro Jahr	2–3 Schnitte pro Jahr
CA. SAATMENGE/QM	2–3 g	2–3 g	2–3 g
ENTHALTENE ARTEN	*Agrostis capillaris*	*Bromus erectus*	*Agrostis capillaris*
	Festuca brevipila	*Festuca brevipila*	*Agrostis stolonifera*
	Festuca ovina s. str.	*Festuca ovina s. str.*	*Festuca brevipila*
	Festuca nigrescens	*Festuca nigrescens*	*Festuca ovina s. str.*
	Festuca rubra trichophylla	*Agropyron repens*	*Festuca nigrescens*
	Cyonosurus cristatus	*Avenella flexuosa*	*Poa trivialis*
	Agropyron repens	*Poa trivialis*	*Agropyron repens*
	Deschampsia cespitosa	*Helictotrichon pubescens*	*Alopecurus pratensis*
	Bromus erectus	*Poa compressa*	*Poa palustris*
	Poa trivialis	*Trisetum flavescens*	*Molinea caerulea*
			Anthoxantum odoratum
	Gesperrt gedruckte Arten: Größenordnung 20 % Gewichtsprozente der Gesamtmenge, kursiv gedruckte: 10 % Gewichtsprozente der Gesamtmenge		

Anwendungsreife Mischungen für die Böschungen von Windkraftanlagen

01 *Das nähere Umfeld von Windkraftanlagen muss zugänglich bleiben. Die Gestaltungschancen gilt es zu nutzen.*

02 *Die Böschungen werden gezielt mit beim Wild weniger beliebten Mischungen eingesät – allerdings ist Offenland im Wald immer attraktiv.*

01

02

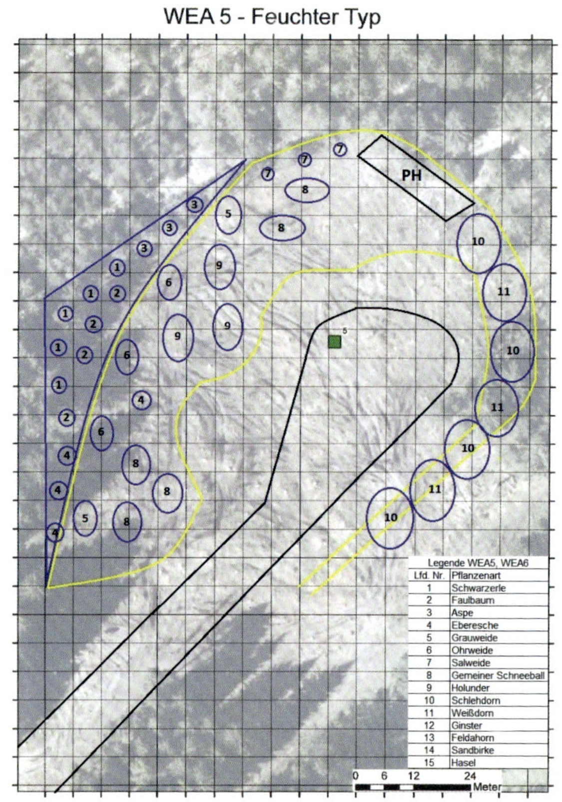

Gestaltungsplan um die Windkraftanlagen

Auch die Schlagschatten der gigantischen Rotorblätter von Windkrafttürmen stellen Störreize dar.

und insbesondere während der Nacht bei hellerem Mondlicht.
Fehlen zusätzliche Störreize, kommt es auch hier zur Habituation, d. h. das Wild gewöhnt sich daran. Treten zu den Schlagschatten jedoch weitere Störungen hinzu, werden die Anlagenbereiche zumindest in mondhellen Nächten gemieden.

GESTALTUNG IM NAHBEREICH

Windkraftanlagen im Wald werden immer mit der Auflage errichtet, die Infrastruktur weitgehend zurückzubauen. Der Nahbereich der Windkraftanlage muss jedoch für Wartungsarbeiten zugänglich bleiben. Hier bietet sich die Möglichkeit zur Lebensraumgestaltung.
Wegen der notwendigen Abstimmungen mit den technischen Anforderungen erfolgt die Planung hier im Detail (siehe Abbildung). Insgesamt gibt es im Wesentlichen drei Funktionsbereiche:

Böschungen um die Anlage Sie sollen aus Erosionsschutzgründen möglichst wenig vom Wild betreten werden. Hier ist eine Grünlandeinsaat mit sinnvollerweise wenig attraktiven Einsaatmischungen erforderlich. Im Interesse einer raschen Befestigung wird eine Menge entsprechend 30kg/ha ausgebracht. Es bieten sich folgende Mischungen an:

Unmittelbare Übergangsbereich zum Wald Wie in der Zeichnung dargestellt, werden hier Bäume und Sträucher gepflanzt. In den meisten Waldlebensräumen bieten sich hierzu die folgenden Arten an, die nach der Wasserversorgung zusammengestellt sind:
Die Bedeutung dieser Bepflanzungen liegt vor allem darin, dass keine aus der Luft erkennbare große Grünlandfläche entsteht, von der eine Lockwirkung auf Greifvögel ausgeht, für die die Rotoren eine tödliche Gefahr darstellen.

Verbleibende offene Fläche Dieser Bereich wird als Wildwiese eingesät.

BAUMSCHICHT	HÖHENWACHSTUM CA.	HABITUS
Schwarzerle	25 m	schmal wachsend
Ohrweide	3 m	breit wachsend
Faulbaum	4 m	eher breit wachsend
Grauweide	4 m	breit wachsend
Aspe	20 m	schmal wachsend
Moorbirke	25 m	schmal wachsend
Vogelbeere	15 m	schmal wachsend
Salweide (nicht zu feucht)	8 m	breit wachsend
STRAUCHSCHICHT	**HÖHENWACHSTUM**	**HABITUS**
Schwarzer Holunder	3 m	breit wachsend
Gemeiner Schneeball	3 m	breit wachsend
Schlehdorn	2 m	breit wachsend
Hasel (Bodenlockerung notwendig)	2 m	breit wachsend
Brombeere	1 m	breit wachsend

Pflanzen „feuchter Typ" für die Baum- und Strauchschicht im Übergangsbereich Windkraftanlage zum Wald

BAUMSCHICHT	HÖHENWACHSTUM CA.	HABITUS
Eberesche	15 m	schmal wachsend
Feldahorn	15 m	eher breit wachsend
Salweide	8 m	breit wachsend
Sandbirke	25 m	schmal wachsend
Waldkiefer	25 m	schmal wachsend
STRAUCHSCHICHT	**HÖHENWACHSTUM**	**HABITUS**
Weißdorn	3 m	breit wachsend
Schlehdorn	2 m	breit wachsend
Hasel	2 m	eher breit wachsend
Besenginster	1,5 m	breit wachsend
Hirschholunder	3 m	breit wachsend
Brombeere	1 m	breit wachsend

Pflanzen „trockener Typ" für die Baum- und Strauchschicht im Übergangsbereich Windkraftanlage zum Wald

WALDBÄCHE – LEBENSADERN IM REVIER

Fließgewässer zählen zu den biologisch reichhaltigsten und vielfältigsten Elementen der Landschaft und prägen ihren Charakter. Für die Beurteilung von Fließgewässern und gegebenenfalls eine Gestaltung steht das Kriterium Naturnähe im Vordergrund. Zunehmende Naturnähe bedeutet im Normalfall höhere Artenvielfalt, stärkere biologische Selbstreinigungskraft und Verbesserung der Qualität als Lebensraum. Für die Bewertung und fallweise die Gestaltung der Uferrandbereiche bietet sich die Frage an: „Wie sähe das Gewässer ohne menschlichen Einfluss aus?"
Auch kleine Fließgewässer sind vielfach durch übertriebene Verbauung und Befestigung, Begradigung, Beseitigung des Uferbewuchses, unbedachte Unterhaltungsmaßnahmen und Barrieren wie Rohre geschädigt. Oft zieht erst die Beseitigung der ursprünglichen Ufergehölze in Verbindung mit erhöhtem Nährstoffeintrag eine problematische Verkrautung des Gewässers nach sich. Nicht selten dient dieser Umstand dann als Begründung für neue Eingriffe.

Werden standortfremde Fichten auf sehr feuchten Standorten bei Frost entnommen, beugt das Bodenschäden vor.

GRUNDREGELN DER GEWÄSSERPFLEGE

Die Pflege von Waldquellen und -bächen bedeutet in erster Linie behutsame Stützung der natürlichen Funktionen. Dies lässt sich durch folgende Maßnahmen erreichen:

- Nicht standortgemäße Nadelbäume werden entfernt oder zurückgenommen. Fichten gehören nicht in die Talaue. Bei kleinen Bergbächen reicht ein durchgehender Roterlenbewuchs an der Mittelwasserlinie. In weiteren Tälern mit breiter Talaue können gewässerbegleitende Erlenwäldchen gepflanzt werden.
- Zur Pflanzung von Uferschutzgehölzen eignen sich nur Roterlen und Weiden. Sie müssen unmittelbar an die Mittelwasserlinie gepflanzt werden, da die Wurzeln nur so ihre Uferschutzfunktion entfalten können. Erlen befestigen die gefährdeten Uferzonen, ihr Schatten hält die Krautvegetation am Ufer und im Wasser kurz. Eine aufwendige Entkrautung entfällt dadurch ganz oder teilweise. Nach etwa 15 bis 20 Jahren wird die Roterle abschnittsweise

Rohre zerstören Verbindungswege in Fließgewässern. Einfache Brücken sind besser. Für kleine Bäche gibt es auch mobile Überfahrrampen, die in Fahrspurbreite ausgelegt und anschließend wieder mitgenommen werden.

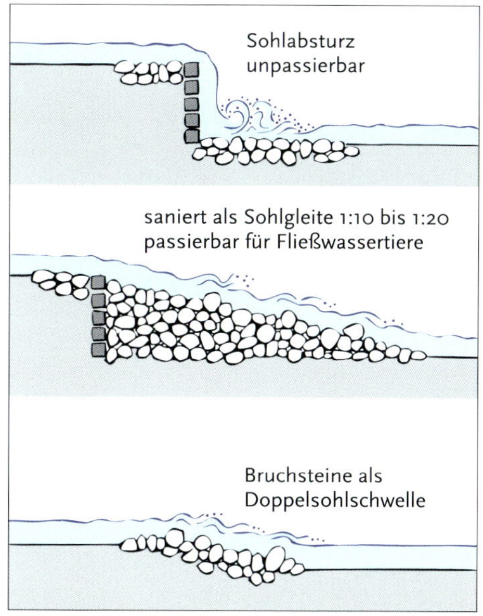

Sohlengestaltung in Fließgewässern: Die Variante oben ist leider immer noch eine recht gängige Methode zur Senkung der Strömungsgeschwindigkeit.

wieder auf den Stock gesetzt, d. h. dicht über dem Boden abgeschnitten, sodass sie wieder austreibt. Ziel der Pflege ist ein „Dauerwald" im unmittelbaren Gewässerbereich. Naturnahe Reste bieten hier Anschauungsunterricht auch für andere Reviere. Kopfweiden werden regelmäßig geschnitten.

— Bäche dürfen nicht durch biologische Sperren wie zwischengeschaltete Fischteiche, Wehre, Rohre oder Kanäle in zahlreiche Abschnitte „zerhackt" werden. Wo Überfahrten erforderlich sind, z. B. im Bereich von Wiesengesellschaften, sind einfache Brücken besser als Rohre. Auch wenn es gilt, nur ein Rinnsal für Fahrzeuge passierbar zu machen, sind Rohre fehl am Platz. Nützlich sind hier zwei mobile Überfahrrampen, die sich im Fahrzeug leicht mitführen lassen und in Spurbreite des Autos über den Bach gelegt werden. Sie erfordern allerdings präzises Lenken.

— Muss bei größeren Brückenbauten der Bachuntergrund befestigt werden, sollte dies möglichst tiefer als einen halben Meter unter dem natürlichen Bodenniveau geschehen, damit sich darüber wieder die bachspezifischen Verhältnisse einstellen können.

— Größere Sohlabstürze über 25 cm werden durch Sohlgleiten, d. h. kleine Steinrampen im Verhältnis 1 : 10 bis 1 : 20 passierbar gemacht. Solche Steinrampen können bei kleineren Gewässern leicht in Eigenarbeit als Steinpackung entsprechend großer Steine eingesetzt werden.

— Wenn das Gewässer maschinell entschlammt und entkrautet werden muss, darf hierzu der Uferbewuchs nur auf einer Seite geräumt werden. Die Uferseite wird je nach den örtlichen Gegebenheiten gewechselt. Pflegemaßnahmen werden bei Bedarf nicht auf langen Uferstrecken, sondern nur abschnittsweise durchgeführt.

- Die Böschungsneigung sollte im Zuge der Uferpflege im Verhältnis 1 : 2 bis 1 : 3 ausgeformt werden.
- Fischteiche dürfen keinesfalls im Hauptschluss des Gewässers liegen, sondern immer nur im Nebenschluss: Der Bach muss am Teich vorbeifließen (siehe Abb. ggü.).
- Kleine Teiche, mit einer Mindesttiefe von einem Meter im Nebenschluss angelegt, erhöhen die Biotopqualität.
- Dünger und Schadstoffe dürfen unter keinen Umständen in das Gewässer gelangen: Unabhängig von den einschlägigen gesetzlichen Bestimmungen verbietet sich der Einsatz von Bioziden im Nahbereich von Bächen und Gräben. Abfallprodukte aus maschineller Entrindung dürfen im Wald keinen Abfluss zu Fließgewässern haben. Auch Wildfütterungen haben im Einzugsbereich von Gewässern nichts zu suchen!

KLEINGEWÄSSER IM WALD

Viele stehende Kleingewässer entstanden durch menschliche Aktivitäten, häufig als Folge von Ausgrabungen. Natürlichen Ursprungs sind dagegen z. B. die Toteislöcher in der Norddeutschen Tiefebene, die sogenannten Sölle. Zwischen 70 % und 80 % dieser ehemals vorhandenen Gewässer wurden in den letzten vier Jahrzehnten wieder vernichtet. Den noch verbliebenen mit ihren Restvorkommen an Kriechtieren, Lurchen, Libellen und Kleinfischen eine Überlebenschance zu geben, bedarf erheblicher Anstrengungen. Ziel muss ein funktionsfähiges Kleingewässernetz sein – gewissermaßen als Trittsteinmosaik aus naturnahen Feuchtbiotopen. Zahlreiche auf kleine Wasserflächen spezialisierte Tiere, auch weniger „populäre“ als der Schwarzstorch, haben heute in Gebieten wieder deutlich zugenommen, in denen etwas für Kleingewässer getan wurde. Im Wald besteht die Möglichkeit, diese Lebensräume durch geschickte Anlage vor sonst unvermeidlichen Störungen durch Erholungsbetrieb, Baden, Angeln und Jagd weitgehend zu schützen.

INSPEKTION IM VORFRÜHLING

Im Vorfrühling sollte ein Reviergang den Gewässern gewidmet werden: Zu dieser Jahreszeit lässt sich eventueller Handlungsbedarf am leichtesten erkennen, da Rohre etc. noch nicht von der Vegetation verdeckt werden. Wer sich gleich Notizen macht, weiß auch später noch, was zu tun ist. Sind umfangreiche Reinigungsarbeiten nötig, kann man übrigens auch mal mit der örtlichen Schule Kontakt aufnehmen.

ERHALTUNG VOR NEUANLAGE!

Auch für Stillgewässer im Wald gilt: Die Erhaltung und Förderung vorhandener Feuchtbiotope wie kleiner Gewässer, Feuchtwiesen, Flachmoorgesellschaften, Au- und Bruchwälder hat Vorrang vor Neuanlagen!
Vor jeder Maßnahme ist eine gründliche Prüfung der örtlichen Situation notwendig, dies schließt eine behördliche Genehmigung ein, sofern schutzwürdige Biotope oder Flächen in einem Naturschutzgebiet betroffen sind.
Denn auch in Naturschutzgebieten kann, je nach Zielsetzung, durchaus ein Eingreifen angezeigt sein. Als Beispiel sei die Entfernung eines dichten standortfremden Baumbestandes in einem geschützten Talgrund genannt.
Für die Schaffung von Kleingewässern gibt es keine bundesweit einheitlichen Regelungen. Bei der Anlage oder Gestaltung von Gewässern ab 50 m^2 ist es deshalb notwendig, vorher bei der Unteren Naturschutzbehörde, der Unteren Landschaftsbehörde oder der Wasser- und Baubehörde die jeweiligen Bestimmungen zu erfragen und sich das Vorhaben gegebenenfalls genehmigen zu lassen.
Folgende Grundregeln sind zu beachten:

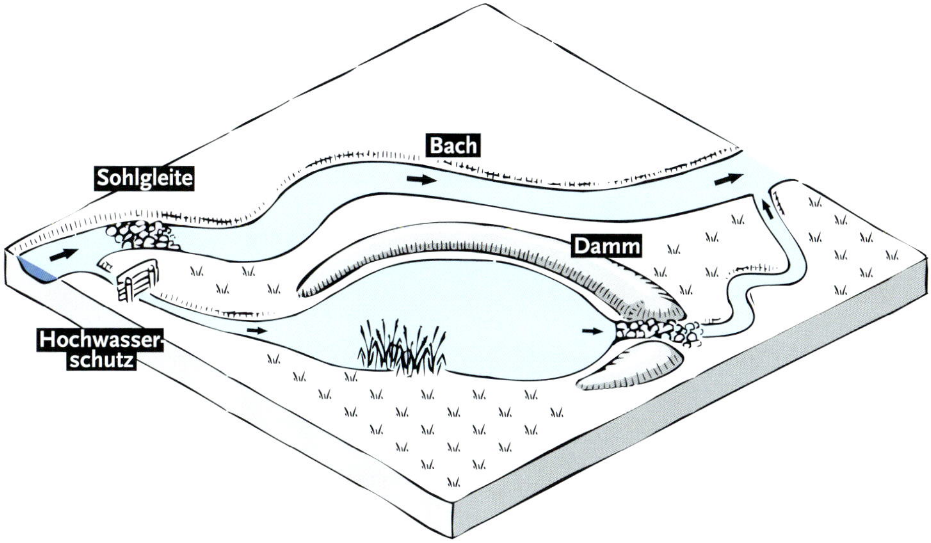

Zur Neuschaffung von Stillgewässern dürfen niemals Bäche aufgestaut werden. Die Anlage im Nebenschluss ist die richtige Lösung.

- Bei der Schaffung neuer Gewässer dürfen Fließgewässer, auch kleine Rinnsale, keinesfalls angestaut werden. Jeder Anstau zerstört die Fließgewässerbiologie. Die Versorgung kleiner Stillgewässer erfolgt im Nebenschluss. Dem Fließgewässer darf dabei nur eine geringe Wassermenge entnommen werden. Solche Neuanlagen sind nur in relativ weiten Tälern mit einem breiten Talgrund möglich.
- Möglichst lange Grenzlinien sind wichtig: Mehrere kleinere Gewässer bieten mehr Uferstrecke und damit Lebensraum für die Tierwelt als wenige große. Allerdings sollten die Gewässer nicht kleiner als 30 m^2 sein, da sie sonst zu schnell zuwachsen.
- Die Anlage von Kleingewässern muss so erfolgen, dass auch in langen Trockenperioden das Gewässer nicht vollständig austrocknet. Eine Mindesttiefe von einem, besser eineinhalb Metern, ist wegen der Frostgefahr notwendig.
- Vielgestaltigkeit ist Trumpf! Im Gewässer wird sie durch Mulden von ein bis zwei Metern Tiefe geschaffen. Die Wasserfläche muss im Randbereich eine möglichst breite Flachwasserzone (Ufergefälle 1 : 10 bis 1 : 5) aufweisen.
- Wichtiger noch ist eine abwechslungsreiche Ufergestaltung: Erdaushubmaterial wird, wo möglich, landschaftlich geeignet in der Nähe abgelagert. Es darf allerdings nicht unmittelbar am Gewässerrand zu hohen Wällen angehäuft werden und Vögeln den Blick auf die Umgebung versperren. Zu dicht bewachsene Ufer nehmen auch größeren Arten wie dem Schwarzstorch die Übersicht.
- Bei der Anlage kleiner Tümpel stehen naturnahe Artenvielfalt und ungestörte Entwicklung im Vordergrund. Einmal angelegt, sollte ein Tümpel mindestens zehn Jahre unberührt bleiben.
- Fische werden ebenso wenig eingesetzt wie Wasserpflanzen künstlich eingebracht. Allenfalls am Ufer ist es sinnvoll, einheimische Weiden, Roterlen und standortgemäße Sträucher zu pflanzen.
- Kleingewässer dürfen nur auf dem Nordufer bepflanzt werden, um starke Beschattung zu vermeiden. Auch wechselnde Lichtverhältnisse garantieren Vielfalt.

Kleingewässer im Wald bereichern den Lebensraum. Ihre naturverträgliche Pflege erlaubt auch die Berücksichtigung

jagdpraktischer Aspekte.

ARTENFÖRDERUNG

Wer den Schwarzstorch fördern will, legt Kleingewässer im Einzugsbereich von Althölzern an. Auch an die jährlichen Wanderungen von Fröschen, Kröten und Molchen muss frühzeitig gedacht werden. Diese Arten müssen ihre Laichgewässer erreichen können, ohne viel befahrene Straßen oder befestigte Forstwege zu überqueren. Die aufwendige Errichtung von Krötenzäunen und deren tägliches Absammeln sind nur ein Notnagel!

Entwässerte Tümpel und Sumpfstellen lassen sich vielfach durch den Aufstau stehender Gräben oder schlicht den Verzicht auf Reinigung wieder herstellen. In periodisch austrocknenden Gräben können durch Zurücknahme eines Ufers und die Vertiefung der Grabensohle kolkartige Ausbuchtungen angelegt und so die Habitatsqualität erhöht werden. Die Sohle der Kolke muss niedriger liegen als der tiefste zu erwartende Grundwasserstand, sodass auch bei einer Vertrocknung des Grabens Restwasserflächen erhalten bleiben.

In Waldrevieren sind für die genannten Maßnahmen natürlich die Abstimmung mit dem Grundeigentümer und dessen Einverständnis erforderlich, sofern der Jagdausübungsberechtigte selbst nicht zugleich der Eigentümer ist. Erdarbeiten zur Anlage neuer und Gestaltung bestehender Kleingewässer erfolgen dann am einfachsten mit einem Bagger. Da die Maschinenführer gewohnt sind, streng nach Maß und Plan zu arbeiten, ist es wichtig, sie auf die gewünschten unregelmäßigen Formen „einzuschwören".

Arbeiten an Kleingewässern stellen häufig genehmigungspflichtige Eingriffe dar. Gegebenenfalls muss also frühzeitig Kontakt zu der zuständigen Genehmigungsbehörde des Kreises aufgenommen werden.

DAS FELDREVIER

LEBENSRAUM AGRARLANDSCHAFT

Das Angebot an Äsung und Deckung im Jahresverlauf bestimmt in Feldrevieren die Landwirtschaft.

LANDWIRSCHAFT UND WILD

55 % der Flächen werden in Deutschland von den Bauern bewirtschaftet. Zur agrarwirtschaftlichen Nutzfläche zählen Äcker, Dauergrünland, Streuwiesen, Brachen und Gärten; außerdem Sonderkulturen wie Baumschulen, Obst-, Wein-, Hopfen- und Tabakanbauflächen sowie Korbweidenflächen. 1998 betrug der Ackerlandanteil 68,2 %, der Grünlandanteil 30,5 %, die restlichen Flächen nahmen 1,3 % ein.
Nach den Angaben des Deutschen Bauernverbandes entfielen von der Ackerfläche 59 % auf den Getreideanbau, 15 % auf Futterpflanzen, 10 % auf Ölfrüchte, 7 % auf Hackfrüchte und 6 % auf Brachflächen. Hierin sind die Stilllegungsflächen zur Produktion nachwachsender Rohstoffe nicht enthalten.

ÄSUNG UND DECKUNG

Die verschiedenen Anbauten liefern dem Wild über einen unterschiedlichen Zeitraum Äsung (siehe Schaubild ggü.).
Hoch wachsende Kulturpflanzen liefern dem Wild– vor allem vor der Ernte – darüber hinaus auch Deckung, sodass Rehe, Dam-, Rot- und Schwarzwild ihre Einstände zum Teil weit außerhalb des Waldes beziehen. Deckung bieten vor allem auch große Felder. Ihre Einförmigkeit ist für kleinere Wildarten mit geringem Aktionsradius jedoch mit Äsungsengpässen mitten in der Vegetationsperiode verbunden. Der Feldhase ist beispielsweise in ausgedehnten Getreideschlägen auf die noch vorhandene frische Grünäsung der natürlichen Vegetation angewiesen.

ALLES ANDERS MIT DER ERNTE

Darüber hinaus haben große Felder den Nachteil sich schlagartig ändernder Deckungs- und Äsungsverhältnisse zur Erntezeit. Während sich die Schalenwildarten hierauf relativ gut einstellen, ist für kleinere Arten ein Grundgerüst naturnaher Vegetationsstrukturen in der Feldflur entscheidend, das nach der Ernte als Rückzugsraum zur Verfügung steht. Generell haben die Getreidearten, insbesondere Wintergerste und Winterroggen, gegebenenfalls auch Weizen und die Zwischenfrüchte als Äsungsgrundlage in der Phase der Vegetationsruhe eine hohe Bedeutung. Die Aufnahme der Körner unmittelbar nach der Saat von Weizen, Hafer oder Mais durch Schwarzwild, Fasanen, Tauben oder Enten stellt Wildschaden dar, ebenso der Fraß von milchreifem Hafer. Die Beäsung des Getreides im Winter wird jedoch in der Regel ausgeglichen – „Goldener Biss!" – und führt nur dann zu Wildschäden, wenn sie sich zu weit in die Vegetationsperiode hineinzieht. Große Bedeutung als Äsungsflächen haben natürlich auch Grünlandgesellschaften während der Vegetationsruhe.

In der Vegetationsperiode bereichern Hackfrüchte wie Rüben und Kartoffeln, aber auch der Mais das Äsungsangebot.

SAISONALES ÄSUNGSANGEBOT IN DER AGRARLANDSCHAFT

(BEISPIEL NORDDEUTSCHES TIEFLAND)

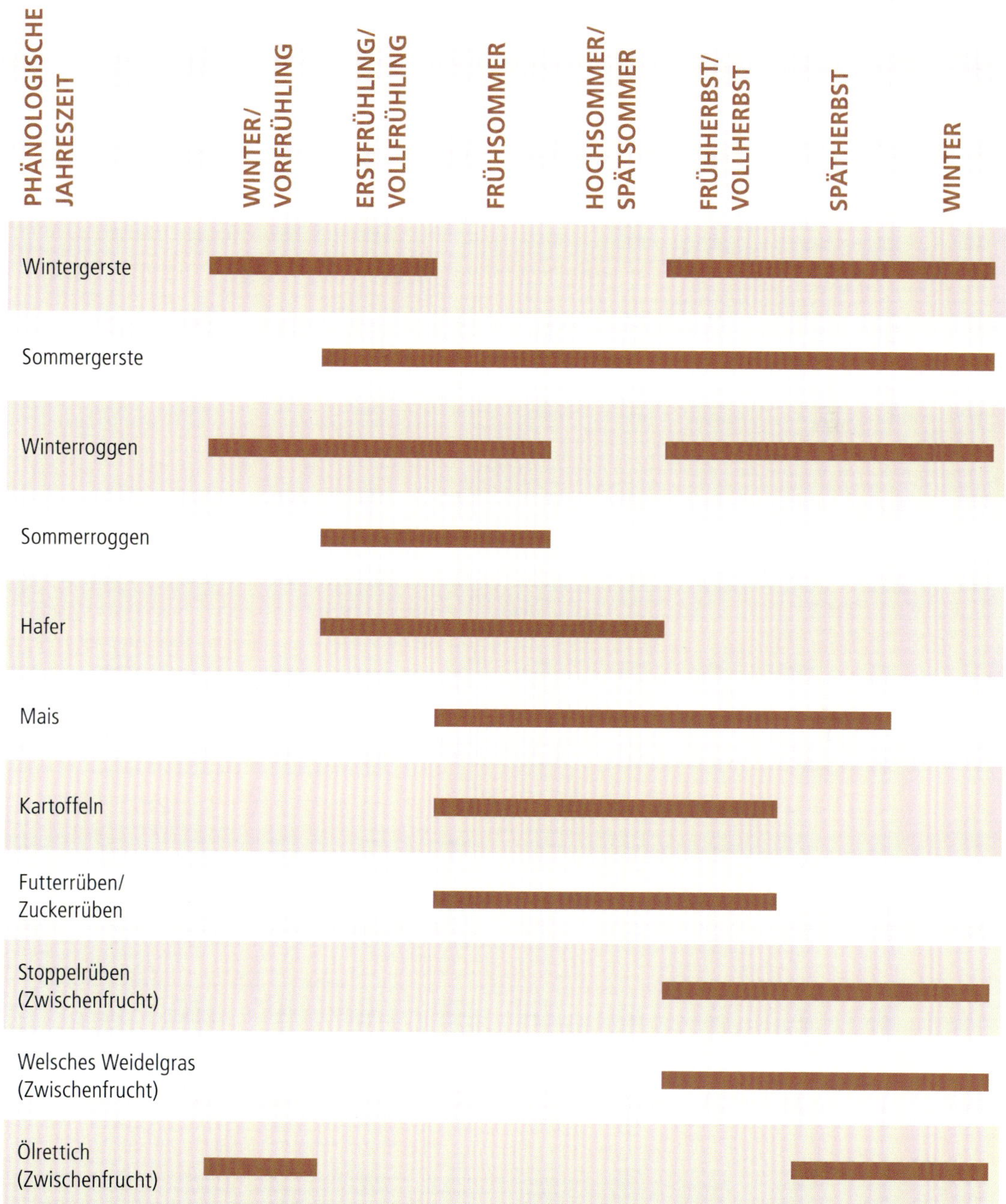

Für den Feldhasen bedeuten einförmige große Feldschläge Äsungsarmut. Nach der Ernte ist nicht einmal mehr Deckung „zu holen".

Der Grenzlinienreichtum in der Feldflur bestimmt über das Wohl und Wehe des Rebhuhns.

Wer sich bei der Revierbeschreibung nur die hauptsächlich angebauten Feldfrüchte notiert und zusätzlich die wesentlichen Biotopstrukturen festhält, hat eine wichtige Grundlage für die gezielte Anlage von Wildäsungs- und Deckungsflächen. Sie können einander ergänzend für einen Ausgleich der saisonalen Äsungs- und Deckungsengpässe im Revier sorgen.

STRUKTURREICHTUM IST TRUMPF

Die Qualität der Feldflur als Lebensraum für Wildtiere wird nicht nur durch die angebauten Fruchtarten und ihre Nutzungsmöglichkeiten für das Wild im Einzelnen, sondern vor allem auch durch Strukturmerkmale der Landschaft bestimmt. Diese Merkmale hängen im Wesentlichen vom Jahresrhythmus der Flächenbewirtschaftung und den Flächengrößen ab.

Mit steigender Größe der bewirtschafteten Schläge werden Ausgleichsflächen zunehmend schlechter erreichbar. Junghasen finden beispielsweise aus großen Getreidefeldern heraus im Sommer keine frischgrüne Äsung; die Grenzlinienlänge, unter anderem als Brutpaardeckung für das Rebhuhn von großer Bedeutung, wird mit zunehmender Schlaggröße ebenfalls geringer.

Grundlage jeder Reviergestaltung im Feld ist zunächst eine Bestandsaufnahme und deren Auswertung. Steht das Rehwild im Vordergrund, wird dann der Planungsschwerpunkt auf der Anlage geeigneter Gehölzstrukturen, d. h. Feldholzinseln und Hecken, liegen. Beim Hasen wird es darum gehen, die Größe der Felder zu begrenzen und Ausweichräume zu schaffen.

Für das Rebhuhn ist wiederum die Grenzlinienlänge im Frühjahr der entscheidende Faktor. Regelmäßige Rebhuhnzählungen vom Herbst bis ins Frühjahr hinein belegen, dass die entscheidenden Verluste vor der Brutzeit nicht unmittelbare Folge eines saisonal erhöhten Räuberdrucks sind, sondern primär durch das Fehlen von Brutpaardeckung ausgelöst werden. Wichtige Strukturen sind für die kleinen Feldhühner hier Feldraine, Graswälle, Böschungskanten, die Saumbereiche von Hecken und Altgrasstreifen an Wegen, Gräben und unter Zäunen.

Für die Verbesserung des Feldreviers als Wildlebensraum sind die folgenden Leitlinien zu berücksichtigen:

- Gehölzstrukturen wie Feldholzinseln und Hecken bewahren: Sie werden von zahlreichen Tierarten genutzt und entlasten im Rehwildrevier den Wald als winterliches Einstandsgebiet.
- Grenzlinien erhalten und fördern: Die Wegeparzellen sind beispielsweise in den meisten Gebieten deutlich breiter als der befahrbare Weg. Das Gesetz verbietet, die Vegetation an Wegrändern, auf Feldrainen und Böschungen abzubrennen oder mit chemischen Maßnahmen zu bekämpfen. Um die eigene Anbaufläche zu erhöhen oder – öfter noch – aus übertriebenem Ordnungssinn werden die Weggrundstücke häufig dennoch bis dicht an die unmittelbare Fahrspur bewirtschaftet. Trotz klarer Grenzverhältnisse und eindeutiger gesetzlicher Grundlagen werden diese illegalen Maßnahmen bis zum völligen Umpflügen kleinerer Wege meist geduldet und nicht einmal registriert. Hier sind Gesetzgeber, Eigentümer, die Jägerschaft und Naturschutzverbände gefordert, sich gemeinsam für den Erhalt solcher Strukturen einzusetzen. Für die Qualität von Saumbiotopen ist es entscheidend, sie bei Unkrautbekämpfung auszusparen.
- Vielfalt schaffen: Dies ist vor allem in monotonen Agrarlandschaften ein Muss.

Um diese Grundsätze umzusetzen und damit die Lebensräume in der Feldflur entscheidend zu verbessern, bieten sich zahlreiche Maßnahmen an. Genannt seien hier:

- Erhaltung, Verbreiterung und Neuanlage von Feldrainen, Wegrändern und Heckensäumen: Als Richtwert sind für das Rebhuhn etwa acht Kilometer Grenzlinienlänge je Quadratkilometer Fläche anzustreben. Entscheidend ist viel die effektiv nutzbare Deckung. Entlang viel begangener Wege hat sie nur geringen Wert. Vereinzelte und isoliert gelegene Deckungsinseln sind ebenfalls ungünstig, da sie die Wahrscheinlichkeit des Zusammentreffens mit Prädatoren erhöhen.
- Erhaltung von Graswegen: Eine Befestigung der Wege nur im Bereich der Fahrspuren reicht häufig aus.
- Verbot des Herbizideinsatzes auf den vorgenannten Saumbiotopen
- Erhaltung von Grünlandflächen innerhalb der Ackerflur: Extensive Bewirtschaftung des Grünlandes ist, gerade auch bei Streuobstwiesen, entscheidend!
- Aufschub der Mahd von Randstrukturen und des Bodengrüns unter Sonderkulturen wie Wein- und Obstbau bis zum Ende der Brutzeit im Juli
- Nur abschnittsweise Mahd von Wege-, Grabenrändern und Böschungskanten in Teilstrecken zu je 50 m, und in Mähintervallen von zwei bis drei Jahren: Die zeitgleiche Mahd auf ganzer Fläche beraubt das Wild schlagartig der Deckung.
- Klee-Untersaaten in Getreidefeldern, auf ärmeren Böden besser Serradella-Saaten
- Förderung des Auskeimens von Ausfallgetreide und Wildpflanzensamen auf abgeernteten Getreidefeldern durch oberflächliche Bodenauflockerung (z. B. Grubbern): Sofortiges Tiefpflügen oder flächiges Strohabbrennen beeinträchtigt die Lebensraumqualität gravierend. Gerade bei der Wintergerste ist auflaufendes Ausfallgetreide im Juli/August eine ganz hervorra-

---

„LANDGEWINNUNG“

In einem Untersuchungsgebiet waren in 78 % aller Fälle die Wegegrundstücke zwischen 0,5 und 7,5 m (Mittelwert 2,5 m) überackert. Diese Form der „Landgewinnung“ würde im Siedlungsbereich niemand tolerieren. In vielen Revieren könnten die Wegrandbereiche ausreichenden Lebensraum für Kleintiere und die von diesen abhängigen Wildarten bieten. Ein Vergleich der tatsächlichen Wegeparzellenbreiten mit den Angaben des Katasters lohnt in jedem Fall!

Zu den Setzzeiten sind für Meister Lampe auflaufendes Ausfallgetreide und keimende Wildpflanzensamen besonders wichtig.

gende Äsung für den Feldhasen. In dieser Zeit werden sehr viele Junghasen gesetzt.
- Förderung des Zwischenfruchtanbaus und der Fruchtartenvielfalt allgemein
- Wildfreundliche Gestaltung von Gehölzstrukturen: Im Rebhuhnrevier werden Hecken z. B. nur in Kombination mit begleitenden gras- und krautreichen Saumzonen wertvoll. Außerdem müssen sie niedrig gehalten werden, um dem Rebhuhn stets die Überwachung des Luftraumes zu ermöglichen.

Von entscheidender Bedeutung ist, welche Strukturen der Lebensraum im Vorfrühling und beginnenden Erstfrühling (Zeit der Buschwindröschenblüte) bietet: Feldraine müssen daher, wenn sie ihre Funktion auch für die größeren Tiere erfüllen sollen, für längere Zeiträume festgelegt werden. Streifen, die nach der Ernte umgebrochen werden und sich erst im nächsten Frühjahr neu begrünen, können ihre Strukturfunktion nicht erfüllen. Das Gleiche gilt für zur Jagdzeit farbenprächtige Wildäcker, die erst im späten Frühjahr angelegt wurden.

RANDSTRUKTUREN MARKIEREN

Wichtige Randstrukturen durch Pfähle für alle erkennbar markieren! Sonst geraten sie schnell unter den Mähbalken. Bei der Bodenbegrünung unter Sonderkulturen neben der vielfach verwendeten Vogelmiere auch Klee mit einbringen. Dies steigert den Äsungswert enorm! In Baumschulen wird so die Gefahr des Schälens minimiert.

GESTALTUNGMASSNAHMEN IM RAHMEN DER NUTZUNG

Lebensraumverbesserung steht auch im Feldrevier nicht grundsätzlich im Gegensatz zur wirtschaftlichen Nutzung. Wie im Wald kann auch in der Feldflur viel für das Wild im Rahmen bestehender Wirtschaftsstrukturen getan werden. Einige Maßnahmen der Reviergestaltung können mit den in der Landwirtschaft üblichen Methoden umgesetzt werden und erfordern nur geringen Aufwand.

WEGRÄNDER

Randstreifen, die ihre Funktion als Saumbiotope eingebüßt haben, weil sie im Rahmen der Unkrautbekämpfung regelmäßig abgespritzt wurden, lassen sich durch eine Nachsaat mit standortgerechten Wildpflanzen ökologisch wieder aufwerten. Hierzu werden die Randstreifen im März/April mit einer kurzzinkigen Egge bearbeitet und zwischen April und August eine Wildkräutermischung (z. B. 12 % Wilde Petersilie, 15 % Wilde Möhre, 3 % Kleine Bibernelle, 15 % Kümmel, 5 % Wiesenkerbel, 8 % Wilde Pastinake, 20 % Kleiner Wiesenkopf, 10 % Schafgarbe, 9 % Spitzwegerich, 3 % Löwenzahn) eingesät. Ausgebracht werden eineinhalb bis ein Kilogramm je Quadratmeter. In ausgeräumten Landschaften sollte der Boden auch nach Wegebaumaßnahmen oder dem Verlegen von Leitungen eingesät werden.

Die Pflege der Wegränder wird auf die Brutzeit abgestimmt, sodass die abschnittsweise Mahd erst im Juli erfolgt.

NEIN ZU SCHLEGELSAUGMÄHERN

Am Boden leben nicht nur Rebhuhn und Fasan, sondern auch Insekten und andere Kleintiere: Bei der Mahd von Wegrainen dürfen deshalb keine Schlegel-Saugmähgeräte eingesetzt werden. Mähgut einige Tage liegen lassen, damit die überlebende Fauna in ungemähte Bereiche überwechseln kann.
Wichtig: Schnitthöhe nicht unter 10 cm, einzelne Streifen stehen lassen, kein Mulchen.

Wegränder mit hohem Pflanzenreichtum erhöhen die Lebensraumvielfalt und müssen unbedingt erhalten werden.

WILDÄCKER FÜR SCHALENWILD

Dieser Wildackertyp hat die Aufgabe, dem Reh- und anderem Schalenwild attraktive Äsung zu bieten und das Angebot im Feld möglichst antizyklisch zu ergänzen. In Verbindung mit Feldholzinseln und Hecken ist dies gerade in Gebieten mit geringen Waldanteilen wichtig. Der Anbau im Wald ist ebenfalls möglich.
Wildäcker müssen Äsungspflanzen für den Sommer und frühen Herbst und natürlich auch für den Winter enthalten. Ob auf ihnen eventuell der Anbau von Getreide sinnvoll ist, hängt von der Landwirtschaft ab.

WILDACKERMISCHUNGEN

Für das Schalenwild haben sich in den Versuchen der Wildforschungsstelle Nordrhein-Westfalens verschiedene Wildacker-Mischungen bewährt (siehe Tab.). In Rapsanbaugebieten kann in diesen Mischungen der Raps auch durch Rübsen ersetzt werden. Ermüdungserscheinungen des Standortes nach mehrjährigem Anbau werden durch meliorativen Haferanbau behoben.
Wickroggen Dieses Gemenge aus Roggen (20 kg Winterroggen je 0,25 ha) und Zottelwicke (10 kg *Vicia villosa* je 0,25 ha) ist eine weitere einfache Variante der Wildackerbestellung. Es wird im Spätsommer ausgesät und bietet dem Schalenwild schon ab Spätherbst bis Ende Februar Äsung, die sich dann von März bis Mai voll entfaltet. Der Anbau dieses Gemenges lohnt sich nur in Hochwildrevieren, in denen Grünfutter für die Winterfütterung siliert wird. Nur dort können die reichlich anfallenden Futtermengen aus dem Frühjahr auch verwertet werden.
Futterkohl-Raps-Mischung Bewährt hat sich darüber hinaus der Anbau überwinternder Kohlsorten wie Markstammkohl und/oder Westfälischem Furchenkohl sowie Raps im Verhältnis 1:9. Die Aussaat erfolgt ab Mitte Mai bis Ende Juli. Die Saatmenge beträgt für 0,25 ha bei Drillsaat 0,25 kg Futterkohl und 2,25 kg Raps, bei Breitsaat 0,35 kg Futterkohl und 3,15 kg Raps.

> **PACHTEN**
> Wer keinen eigenen Wildacker anlegen kann, ist nicht zur Untätigkeit verdammt: Warum nicht versuchen, von den Bauern bereits bestockte Äcker bzw. Teile davon anzupachten und dann stehen zu lassen? Dies mindert auch die Wildschäden.

DÜNGUNG

Gedüngt wird je 0,25 ha Wildackerfläche mit einer Dezitonne Phosphordünger (kein Thomasphosphat), 50 kg Kalidünger und 75 kg Stickstoffdünger oder mit 200 kg eines Mehrnährstoffdüngers. Je nach Vorfrucht kann die Düngermenge reduziert werden. Bei sehr später Saat wird auf den Stickstoff verzichtet.

WILDÄCKER FÜR NIEDERWILD

Für das Niederwild ist es im Feldrevier wichtig, Deckungsstrukturen und einen Ausgleich zur dominierenden landwirtschaftlichen Nutzung zu schaffen. Für den Fasan empfehlen sich zur Bereitstellung von Körneräsung im Winter und Deckung Maiswildäcker von 0,25 bis 0,5 ha Größe, die im Unterschied zur üblichen landwirtschaftlichen Nutzung nicht mit Pflanzenschutzmitteln behandelt werden. Das Rehwild braucht in Rapsanbaugebieten Zusatzäsung, in großen einseitigen Feldschlägen müssen für den Hasen Kräutergärten angelegt werden.
Frühe Empfehlungen zum Niederwildacker (BRÜLL 1965) orientieren sich am Leitbild der Dreifelderwirtschaft. Der Acker wird zu je einem Drittel aufgeteilt in Flächen mit Hackfrucht, mit Halmfrucht und mit Grünbrache.

MEHRTEILIGER WILDACKER

Im Lehrrevier Kranichstein des LJV Hessen wurde ein *mehrteiliges* Wildackermodell entwickelt, das die Verbindung von Deckung mit Äsung in den Vordergrund stellt (GRAULICH 1980):

— Das Dauergrünland liefert ganzjährig Äsung für die Feldhühner, Hase, Kaninchen und Reh und wird gern als Brutplatz angenommen.

— Buchweizen und Rotklee als Deckfrüchte bieten wertvolle Äsung von März bis Dezember; sie dienen außerdem als Fläche für die Junghasenaufzucht und als Brutplatz für Fasan und Rebhuhn.

— Der Kohl stellt wertvolle Grünäsung im Winter dar und bietet Deckung.

— Hirse ist attraktiv für Rebhühner, aber auch zahlreiche andere Vogelarten; ihre recht festen Halme bieten dem Niederwild Deckung im Herbst und im Winter.

Weitere Vorteile dieses Wildacker-Modells sind seine einfache Fruchtfolge und ein geringer Pflegeaufwand, da der Acker gut mit Maschinen bearbeitet werden kann. Saatmengen und Pflege erläutern die Tabellen auf Seiten 206/207 des Serviceteils. Wildäcker dieser

Wird ein Teil des Wildackers als Dauergrünland angelegt, stehen dem Niederwild langfristig Äsung und Deckung zur Verfügung.

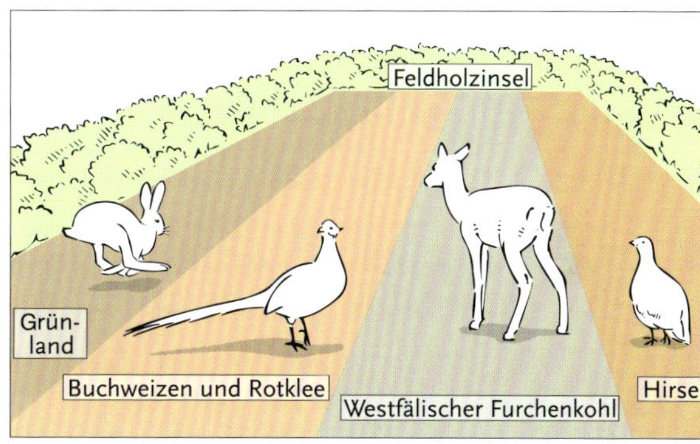

Der mehrteilige Wildacker wird immer beliebter: Er bietet dem Niederwild Äsung und Deckung über weite Strecken des Jahres. Optimal ist seine Einbettung in ein Feldgehölz.

☞ MEHRTEILIGER WILDACKER FÜR NIEDERWILD

(MODELL LEHRREVIER KRANICHSTEIN, LJV HESSEN)

	TEIL I	TEIL II	TEIL III
1. JAHR	Dauergrünland	Buchweizen und Rotklee	Westfälische Furchenkohl
2. JAHR	Dauergrünland	Rotklee	Dauergrünland
3. JAHR	Dauergrünland	Westfälischer Furchenkohl	Hirse
4. JAHR	Dauergrünland	Westfälischer Furchenkohl	Hirse

Zu Saatmengen und Pflege s. Anhang, Seiten 146/147

Bestellung und Fruchtfolge des mehrteiligen Wildackers für Niederwild

Struktur machen eine Winterfütterung überflüssig! Heute setzt sich wieder die Einsicht durch, dass strukturierte Wildäcker mit einer Gliederung wirksamer sind als ein Wildacker auf der Gesamtfläche mit einer Mischung.

WILDSCHUTZMISCHUNG NR. 1

In der bis jetzt in tieferen Lagen erprobten Wildschutzmischung Nr. 1 (s. Tabelle ggü.) nächste Seite) des Landesjagdverbandes Nordrhein-Westfalen bilden Ölrettich, Senf und Raps im ersten Anbaujahr und Waldstaudenroggen, Liesch- und Knaulgras im zweiten Jahr mosaikartige trockene Horste den ganzen Winter über. Für diese Mischung wird eine Erneuerung alle drei Jahre empfohlen. Bei mehrjährig stillgelegten Flächen kann sie weitere Jahre im Einsatz bleiben, die zunehmende Monotonisierung lässt jedoch ihre Eignung als Wildlebensraum ab dem dritten Jahr zurückgehen.

Die Aussaat dieser Mischung erfolgt im Mai. Ihre Kosten wurden mit etwa 120 €/ha für die Anlage und Folgekosten von 60 €/ha/Jahr ermittelt.

Alle Wildäcker für das Niederwild müssen so bewirtschaftet werden, dass sie zum Ende des Winters bis in den Frühling hinein Deckung und Äsung bieten und dennoch nicht gerade vor oder in der Brutzeit umgebrochen werden.

VORGEWENDE NUTZEN!

In niederschlagarmen Gebieten und trockenen Sommern verursachen Hasen immer wieder Schäden an saftigen Rübenknollen. Solche Schäden lassen sich nicht nur durch Wasserangebote im Feld, sondern auch die Einsaat der Vorgewendeflächen mit Rotklee wirksam vermindern! Auch unabhängig von den Wildschäden ist dies eine ideale Möglichkeit, das Äsungsangebot wirkungsvoll und artgerecht aufzuwerten.

ZWISCHENFRUCHT-ANBAU

Als Zwischenfruchtanbau bezeichnet man den Anbau verschiedener Gründüngungs- und Futterpflanzen zwischen zwei Hauptfrüchten. Die Maßnahme dient aus Sicht der Landwirtschaft in erster Linie der Bodenverbesserung, lässt sich jedoch in ausgezeichneter Weise zur Verbesserung der Biotopqualität einsetzen. Hauptziel des Jägers ist die Schaffung von Winterdeckung für Rebhühner und anderes Niederwild zur Minderung der Prädatorenverluste.

Untersaaten Hierfür kommen Klee, Luzerne, Klee-Gras-Gemische, Weidelgras oder Serradella zum Einsatz. Zusammen mit Mineraldünger wird das Saatgut im Frühjahr breitwürfig mit einem Düngerstreuer oder mit der Drillmaschine in die Winter- oder Sommersaaten des Getreides eingesät. Roggen, Weizen oder Gerste dienen zunächst als Deckfrucht. Nach ihrer Ernte wächst die inzwischen gut bewurzelte Zwischenfrucht schnell zum dichten Bestand heran (z. B. Stoppelklee).

Stoppelsaaten Nach Abernten des Getreides wird Saatgut in die geschälte oder gefräste Stoppel eingesät. Besonders eignen sich hier Lupine, Futterraps, Stoppelrüben, Senf, Ölrettich und Schmetterlingsblütler wie Erbsen, Wicken, Ackerbohnen und Lupinen.

Winterzwischenfrüchte Hierzu eignen sich frostharte Pflanzen wie Winterrübsen, Winterraps, Grünroggen, Winterwicken und Welsches Weidelgras: Im Frühherbst in die abgeernteten Felder eingesät, wachsen sie im folgenden Frühjahr bis zur nachfolgenden Hauptfrucht heran und können dann als Grünfutter geerntet werden.

Für die Wildtiere bieten solche Flächen winterharte Äsung und gute Deckung, jedoch

☞ WILDSCHUTZMISCHUNG WSM 1

(LJV NORDRHEIN-WESTFALEN)

Aussaat: Mai
Wuchshöhe: bis 1,75 m
Anbau: mindestens zweijährig

SAATGUT	SORTE	KG	%-ANTEIL
Dauerroggen	Permontra	14,5	41,4
Buchweizen	Brauner	6,0	17,1
Buchweizen	Lifago	4,0	11,4
Gelbsenf	Silenda	1,5	4,3
Winterrübsen	Buko	0,5	1,4
Winterrübsen	Perko	0,5	1,4
Winterraps	Akela	0,75	2,1
Winterraps	Herzog	0,75	2,1
Ölrettich	Sileta	1,5	4,3
Futterkohl:			
Furchenkohl	Westfälischer	0,5	1,4
Blattstammkohl	Polycaul	0,5	1,4
Phacelia	Phaci	1,0	2,9
Rotklee	Nemaro	1,0	2,9
Weißklee	Huia	1,0	2,9
Knaulgras	Lidacta (mittel)	0,5	1,4
Lieschgras	Climax	0,5	1,4
Mehrjährige Einsaatmischung „WSM 1" für alle Wildarten			

Weidelgras eignet sich für Untersaaten.

nur unter der Voraussetzung, dass sie lange genug stehen bleiben. Vor allem in Räumen mit intensiver landwirtschaftlicher Nutzung, in denen kaum Flächen für die Anlage eigener Wildäcker zur Verfügung stehen, gibt es zum Zwischenfruchtanbau oft keine Alternative. Werden Zwischenfruchtflächen als sogenannte „Wandernde Deckungsflächen" angelegt, sollten sie rd. einen Hektar groß sein. Auf 100 ha Revierfläche sind etwa fünf dieser Flächen angemessen. Geeignet sind hierfür Ölrettich, Ackersenf und Lupine (s. „Service", Tab. S. 206/207).

STOPPELBRACHEN

Eine besondere Form der Lebensraumverbesserung sind Stoppelbrachen: Abgeerntete Getreidefelder werden bis Ende Februar als Stoppelbrache belassen, wobei die Höhe der Stoppeln 20 cm nicht unterschreiten sollte. Leichtes Grubbern ist zulässig, um das Keimen des Ausfallgetreides und der anderen Sämereien zu fördern.
Stoppeln, auflaufendes Ausfallgetreide sowie keimende Wildkräuter bieten Deckung und/oder Nahrung für Niederwild und Kleinvögel. Wo der Feldhamster vorkommt, schützt der Verzicht auf Tiefpflügen seine Baue, Ausfallgetreide steht ihm als Wintervorrat zur Verfügung. Verschiedene Insekten finden in den Ruheräumen der Stoppeln ein geeignetes Winterquartier.

STREIFENBRACHE – STILLLEGUNG

Durch die Teilung großer Felder lassen sich neue Grenzlinien schaffen und die Struktur der Feldflur aufwerten. Hierzu stehen grundsätzlich Maßnahmen aus den Agrarumweltprogrammen und dem Vertragsnaturschutz zur Verfügung. Getreideschläge von fünf Hektar Größe oder mehr werden unterparzelliert, indem ca. sechs Meter breite Streifen aus der landwirtschaftlichen Nutzung herausgenommen werden. Optimal sind Streifen aus drei Komponenten, d. h. einem Streifen mit einer frischen Einsaat, einer anschließenden Schwarzbrache und einem Streifen mit Vegetation vom Vorjahr. Aus Sicht der Lebensraumgestaltung ist die Kombination optimal, um den Prädatorendruck auf diese Flächen zu reduzieren – wenn dies in der freien Landschaft die wesentlichen Biotopelemente sind, ziehen sie den Fuchs und andere Prädatoren magisch an.
Eine Förderung von Strukturen in der Landschaft ist förderfähig als Agrarumweltmaßnahme oder nach dem Vertragsnaturschutz. Angesichts der unterschiedlichen Handhabung in den einzelnen Ländern ist im Hinblick auf die Förderung eine Beratung vor Ort unverzichtbar. Die einzelnen Maßnahmen sind zum Teil miteinander kombinierbar. Die Wirkung ergibt sich aus der Artenvielfalt und der Strukturdiversität.

Stoppelbrachen nützen nicht nur dem Niederwild. Auch Kleinvögel und Insekten finden hier Nahrung.

Dreijähriger Stilllegungsstreifen als einziges Strukturelement in ausgeräumter Landschaft. Das Vorgewende darf nicht mit einbezogen werden.

ANPACHT STREIFENWEISE

In vielen Regionen werden abgeerntete Felder routinemäßig umgepflügt. Wenn das Gespräch mit dem Landwirt nichts bringt, nicht gleich aufgeben: Vielleicht kann der Jäger Stoppelbrachen streifenweise anpachten und dann stehen lassen.

VORTEILE FÜR WILD UND VÖGEL

Die Stilllegungsstreifen erhöhen den Grenzlinienanteil in der Feldflur und damit das Nistplatzangebot für das Rebhuhn. Sie gewähren ihm Sichtschutz und bieten ihm die Möglichkeit, sich gedeckt fortzubewegen oder zu drücken. Solche Streifen schaffen mikroklimatisch günstige, trockenwarmsonnige Standorte, die als Kleinlebensräume für eine Vielzahl wirbelloser Tiere auch die Aufwuchsbedingungen für die Rebhuhnküken verbessern.

Artenreiche Grünstreifen wie dieser im Rebhuhnprojekt Wesel werten das Rebhuhnrevier deutlich auf.

Die (selbst-)begrünten Streifen bieten Brutplätze für Singvögel, z. B. die Feldlerche, Mäuse und andere Kleinsäuger. Fasanen und Feldhasen finden Nahrung und Deckung, dadurch werden diese Bereiche auch für Beutegreifer attraktiv. Je breiter die Streifen sind, desto geringer ist der Prädationsdruck. Für ihre Wirksamkeit ist es wichtig, dass sie nicht bis unmittelbar an den Weg herangeführt werden, sondern am Vorgewende enden, um Spaziergänger und frei laufende Hunde nicht gleichsam in diese Strukturen hineinzuleiten.

EINSAAT

Werden mehrjährige Stilllegungsstreifen eingesät, sollte dies nicht vor Ende April geschehen. Je nach Programm ist hierzu ein Ausnahmeantrag erforderlich. Eine dünne Aussaat gibt den Spätkeimern bessere Entwicklungschancen, mindert die Konkurrenz unter den Pflanzenarten und sichert zudem die Bewegungsfreiheit der Rebhühner. Eine lichte Streifenstruktur ist zur Verringerung der Vernässungsgefahr wichtig. Dazu reicht eine geringe Saatmenge, d. h. ein Gramm je Quadratmeter, aus. Günstig ist die Handeinsaat, die unregelmäßiger aufläuft und so eine schwache und ungleichmäßige Pflanzenentwicklung fördert. Dies begünstigt die Bodenerwärmung und die Insektenentwicklung.

SAATMISCHUNG

Im Rahmen des Rebhuhnprojektes Wesel hat sich die in der Tabelle gegenüber dargestellte Mischung bewährt. Das Beispiel eignet sich auch, die Funktion der einzelnen Pflanzenarten zu verdeutlichen: Die Mischung enthält ein- und mehrjährige Pflanzen.

Einjährige Pflanzen Buchweizen, Sommerraps und Phacelia haben eine Bodendeckungsfunktion und mindern das Eindringen von Ackerkratzdisteln und sonstigen unerwünschten Ackerwildkräutern. Die Streifen können bei gelungener Aussaat drei bis vier Jahre belassen werden.

☞ SAATMISCHUNG FÜR STILLLEGUNGSSTREIFEN REBHUHN

(PROJEKT WESEL; GEWICHTSANTEILE IN %)

Waldstaudenroggen	ca. 15 %
Hafer	5 %
Mais	4 %
Lieschgras	3 %
Knaulgras	3 %
Weidelgras	2 %
Rotschwingel	2 %
Markstammkohl	3 %
Furchen- oder Blattkohl	3 %
Raps Sommerraps oder Akela)	4 %
Ölrettich (Siletta)	5 %
Gelbsenf oder Rübsen	4 %
Lupine	4 %
Sommerwicke	4 %
Erbsen	8 %
Luzerne	3 %
Rotklee	5 %
Inkernatklee	35
Buchweizen	5 %
Phacelia	5 %
Kulturmlave	5 %
Sonnenblumen	5 %

Waldstaudenroggen, Knaulgras, Wiesenlieschgras und Kohlarten Diese Sorten entwickeln sich ab dem zweiten Jahr recht kräftig und bieten im Winter Deckung und Äsung für Rehwild und Hase.

Senf und Ölrettich Diese Sorten bringen während des Winters durch abfallendes Saatgut eine Vielzahl von Keimlingen hervor, die gerne von Rebhuhn und Fasan als Äsung genutzt werden.

Blühfreudige Pflanzen Die eingesäte Phacelia, Kulturmalve, Lupine, Klee und Kreuzblütler locken Insekten an und fördern damit die Ernährung , ganz gleich ob Insekten- oder Körnerfresser, die bei ihrer Jungenaufzucht auf tierisches Eiweiß angewiesen sind.

Ackerwildkräuter Der Anteil einjähriger Pflanzen geht in den Anfangsjahren trotz erfolgreichen Aussamens allmählich zurück. Ihren Platz nutzen bereits ab dem zweiten Jahr einwandernde Ackerwildkräuter.

Gute Blühmischungen ändern sich mit den Jahren und den Jahreszeiten (im Foto Spitzwegerich)

Schwach entwickelte, enggesäte Pflanzen werden durch die konkurrierenden Wildkräuter verdrängt.

Dieses Beispiel zeigt anschaulich, dass es auch bei der Reviergestaltung im Feldrevier nicht darum geht, eine perfekt „ordentliche" Struktur herzurichten, sondern darum, durch entsprechende Initialmaßnahmen natürliche Entwicklungen im Sinne einer Selbstoptimierung anzustoßen.
Zur räumlichen Struktur kommt die zeitliche: Die einzelnen Mischungen werden in Orientierung an den natürlichen Jahreszeiten ausgesät. Blühmischungen dürfen nicht zum Herbst ausgesät werden, dies gilt auch für Zwischenfruchtmischungen. Bei der in den letzten Jahren häufig warmen Witterung kommen dann Arten wie Phacelia oder Raps zu einer Herbstblüte. Diese führt dazu, dass die „auf Winterruhe eingestellten" Bienen noch einmal aktiv werden, die körpereigenen Vorräte aufbrauchen und dann nicht genügend Reserven für eine sichere Überwinterung übrigbehalten.
Mit zunehmender Streifenbreite steigt der Wert dieser Strukturen für das Wild. Dort, wo größere Stilllegungsflächen anfallen, haben sich in Projekten 18 m breite Stilllegungsstreifen mit einer zwölf Meter breiten zentralen Dauerbrache und säumenden Schwarzbrachen von drei Metern Breite als optimal erwiesen.

AGRARUMWELTMASSNAHMEN, VERTRAGSNATURSCHUTZ

Landwirtschaftlich genutzte Flächen bestimmen schon aufgrund ihrer Größe die Eignung des Feldreviers als Wildlebensraum. Die Lebensraumqualität wird nicht nur durch die Einzelmaßnahmen bestimmt, sondern durch die Flächennutzung insgesamt. Wegen der

Vertragsnaturschutz- und Agrarumweltmaßnahmen sind besonders wirksam, wenn die einzelnen Flächen nebeneinander liegen – also das Ideal der Dreifelderwirtschaft simuliert wird: Blühmischung, Brachestreife – daneben Sukuzession und extensive Getreideansaat.

Vielfalt der Programme, sehr anspruchsvoller Förderbedingungen und der regelmäßigen Änderungen empfiehlt es sich in jedem Fall, Kontakt zu den Dienststellen der Landwirtschaftskammer, des Agraramtes und gegebenenfalls auch der Naturschutzbehörde aufzunehmen.
Grundsätzlich ist zu unterscheiden zwischen

— **Agrarumweltmaßnahmen und**
— **Maßnahmen im Rahmen des Vertragsnaturschutzes**

GREENING

Greening-Maßnahmen dienen dazu, eine Mindestvielfalt der Nutzfläche zu erhalten. So werden z. B. bis zu einer Betriebsfläche von 30 ha Ackerland zwei Kulturen vorgeschrieben, ab 30 ha drei Kulturen. Bei Dauergrünland gilt für das normale Grünland, dass es in der Region nicht um mehr als fünf Prozent abnehmen darf. Für umweltsensibles Dauergrünland – das ist Grünland, das am 1. Januar 2015 als Dauergrünland im Fauna-Flora-Habitat-Gebieten (FFH-Gebieten) bestand – gilt ein vollständiges Umwandlungs- und Pflugverbot.

ARTENSCHWUND UND URSACHEN

Als entscheidende Ursachen für den Verlust an Vielfalt in der Agrarlandschaft gelten die verbesserte Saatgutreinigung und Bodenbearbeitung, die Düngung nährstoffarmer Böden, die Kalkung saurer Böden, die Drainage feuchter Böden, ein früher Stoppelumbruch und einseitige Fruchtfolgen, die Vergrößerung von Schlägen und die großen Bestandsdichten der Kulturpflanzen weitgehend ohne Fehlstellen. Dazu kommt der Einsatz von Pflanzenschutzmitteln, insbesondere von Insektiziden und Herbiziden. Auf 100 untersuchte Ackerwildkräuterarten kommen ca. 1 200 Tierarten. Die Verarmung der Pflanzenwelt zieht die Verarmung der Tierwelt nach sich. Dies ist auch die Ursache des Insektenmangels für die Rebhühner im Frühjahr.

☞ GREENING – ÖKOLOGISCHE VORRANGFLÄCHEN (ÖVF)

MASSNAHME	LAGE	MASSE
Stilllegung Acker (Brache)	alle Ackerflächen	keine
Pufferstreifen (inklusive Feldrand-streifen)	Acker oder Grünland an Acker angrenzend, mit und ohne Ufervegetationsstreifen	mindestens 1 m, maximal 20 m in Summe (ggf. inklusive Ufervegetationsstreifen)
Hektarstreifen an Waldrändern	am Wald und auf Acker	mindestens 1 m, maximal 10 m
Zwischenfrucht	alle Ackerflächen	keine
Untersaat	alle Ackerflächen	keine

MINDESTGRÖSSE	ZULÄSSIGE PFLANZEN
0,1 ha	keine Kulturpflanzen zu Erntezwecken (z. B. Getreide) Gräsermischungen, Wildblumen, krautartige Futterpflanzen (kein Mais)
keine	keine Kulturpflanzen zu Erntezwecken (z. B. Getreide) Gräsermischungen, Wildblumen, krautartige Futterpflanzen (kein Mais)
keine	keine Kulturpflanzen zu Erntezwecken (z. B. Getreide) Gräsermischungen, Wildblumen, krautartige Futterpflanzen (kein Mais)
0,1 ha	Siehe Liste, mindestens 2 Arten, maximal 60 % Anteil einer Art (Bezugsbasis Anzahl Samenkörner), maximal 6 % Grasanteil
0,1 ha	Grasarten oder Leguminosen

DAS MITEINANDER ZÄHLT

Dieses Szenario beschreibt auch die Aufgabenstellung für die Reviergestaltung im Feldrevier. Entscheidend ist, dass der Revierinhaber hier nicht gegen den Strom schwimmen kann, sondern durch eine gute Zusammenarbeit mit den Landwirten dabei helfen kann, die Agrarumweltprogramme und Maßnahmen des Vertragsnaturschutzes zu nutzen und gegebenenfalls durch kleinere Maßnahmen zu ergänzen. Die Förderbedingungen sind heute so komplex, dass eine Inanspruchnahme der Beratung durch die Landwirtschaftskammer für die Agrarumweltmaßnahmen und der Kreise für die Maßnahmen des Vertragsnaturschutzes Pflicht ist.

ÖKOLOGISCHE VORRANGFLÄCHEN

Die nachfolgende Übersicht zu den ökologischen Vorrangflächen zeigt auch, wie sich das Greening auch zur Reviergestaltung nutzen lässt.
Für Zwischenfrucht und Untersaat gibt es natürlich keine festen Zeiträume. Der Stilllegungszeitraum für Ackerbrache, Pufferstreifen und Streifen an Waldrändern umfasst das Kalenderjahr. Vom 1. April bis zum 30. Juni sind Schlegeln/Häckseln und Mähen auf Streifen an Waldrändern, Pufferstreifen und Stilllegungsflächen nicht möglich.

Getreidestoppeln bieten Deckung und Nahrung auf kleiner Fläche.

AKTIVES MANAGEMENT TUT NOT

Die Nutzung in der Landwirtschaft setzt die Rahmenbedingungen für Strukturvielfalt und Lebensraumqualität für Wildtiere in der Agrarlandschaft. Genauso, wie bis zur Mitte des 20. Jahrhunderts die landwirtschaftliche Nutzung – geprägt durch eine Vielzahl an kleineren Betrieben, geringere Spezialisierung, eine Vielfalt an Feldfrüchten und eine insgesamt geringere Nutzungsintensität – zur Vielfalt beitrug, haben die zunehmende Spezialisierung, die Trennung von Pflanzenbau und Viehhaltung und die insgesamt intensivere Nutzung heute dazu geführt, dass die Lebensraumqualität insgesamt gesunken ist. Die Vielfalt an Lebensräumen und Arten gab es nie „gratis" – so wie sie früher Folge der landwirtschaftlichen Nutzung war, muss sie auch heute durch aktives Management erreicht werden. Vielfalt ist Folge der Bewirtschaftung des Offenlandes.

GEZIELT UND FRÜHZEITIG PLANEN

Die Fördermöglichkeiten der Landwirtschaft, d. h. der Agrarumweltmaßnahmen der EU und die Maßnahmen des Vertragsnaturschutzes, bieten wertvolle Chancen für die Reviergestaltung. Die komplexen Förderbestimmungen lassen es geraten erscheinen, sich je nach Bundesland an die Ämter für Agrarordnung bzw. die Landwirtschaftskammern wegen der Agrarumweltmaßnahmen und auch die Kreise wegen des Vertragsnaturschutzes zu wenden. Wichtig ist es, die für das Wild besten Förderprogramme zu nutzen. Wesentlich ist hier die Gesamtsituation des Lebensraumes. So sind Wegrandprogramme an vielbefahrenen Straßen wegen der Gefahren durch den Straßenverkehr wenig sinnvoll, während sie abseits der Verkehrswege in in-

Wildacker mit unterschiedlichen Mischungen auf kleiner Fläche – so können Dauerbrachen für das Wild genutzt werden.

tensiv genutzter Agrarlandschaft eine wichtige Bereicherung darstellen. Bereits das Ökokatasterprojekt in den 1980er-Jahren hatte gezeigt, dass in intensiv genutzten Agrarlandschaften der Anteil der Graswege erhebliche Bedeutung für den Feldhasen hat.
Der Verpflichtungszeitraum beträgt für Agrarumweltmaßnahmen und Maßnahmen des Vertragsnaturschutzes fünf Jahre. Frühzeitige Absprachen sind hilfreich. Gerade der Sommer ist die richtige Zeit, nach Defiziten im Revier umzusehen und sich bereits Gedanken für das nächste Jahr zu machen.

MASSNAHMEN UND WILD-/TIERARTEN

Zur Orientierung sind die unterschiedlichen Maßnahmen, die aus Sicht des Wildes lohnend sind, in nachfolgender Tabelle zusammengefasst. Rebhuhn, Feldhase und Feldlerche haben ähnliche Ansprüche an ihren Lebensraum, sodass sie auch gemeinsam in der Tabelle auf der folgenden Doppelseite aufgeführt sind.
Für das Niederwild gilt es auch, die Beutegreifer im Auge zu behalten. Unregelmäßige Strukturen und weite Streifen – soweit mit den Vertragsbedingungen vereinbar – von 20 m sind günstig, Streifen von fünf Metern Breite dagegen deutlich zu schmal, denn eine solche „Sparausführung“ bietet dem Fuchs eine geradezu ideale Spürbahn.
Durch die einzelnen Maßnahmen lassen sich auch verschiedene Funktionen kombinieren: Schonstreifen am Rand von Feldern mindern den Düngereintrag in Gewässer und nutzen gleichzeitig dem Wild. Wegrain-Programme in der Feldflur dienen auch dem Erosionsschutz und kommen Pflanzen, Insekten und dem Wild zugute.

☞ GREENING-MASSNAHMEN UND ARTENEIGNUNG

ACKERLAND	FELDLERCHE	REBHUHN	FELDHASE
Ackerbrachen mit Selbstbegrünung	1*	1	1
Einsaatbrachen mit Blühstreifen/-flächen	2	1	1
Ackerrandstreifen	2	1	1
Artenreiche Ackersäume und Pufferstreifen	2	1	1
Extensive Äcker / Pufferstreifen	1	2	3
Ackerwildkraut-Schutzäcker	1	3	3
Mischkulturen, Gemengeanbau	3		
ACKERLAND (BESONDERE MASSNAHMEN)			
Seltene Kultursorten	3		
Stoppelbrachen	3	1	2
Lerchenfenster	1	3	
Kiebitzinseln	3		
Ernteverzicht auf Teilflächen im Getreide	2	2	3
Blühende Zwischenfrüchte		3	2
Anbau von Klee und Luzerne (kleinkörnige Leguminosen)		2	2
GRÜNLAND			
Extensive Wiesen	2	2	2
Extensive Weiden	2	1	2

ACKERLAND	FELDLERCHE	REBHUHN	FELDHASE
Puffer-, Uferrandstreifen am Grünland	2	2	2
Altgrasstreifen / überjährige Streifen		2	2
Streuobstwiesen			
GRÜNLAND (BESONDERE MASSNAHMEN)			
Naturverträgliche Mahd	1	2	1
Bearbeitungsfreie Schonzeiten	1		1
Reduktion der Düngung	2		2
Blänken			
LANDSCHAFTSELEMENTE			
Einzelbäume, Baumreihen, Obstbäume			
Totholzhaufen, Steinhaufen, Trockenmauern, Asthaufen			
Hecken-, Ufer-, Feldgehölze		1	2
Kleingewässer			
Nisthabitate (Wildbienen, Vögel)			
Rebgassen mit Artenvielfalt			

** 3 = geeignet; 2 = gut geeignet; 1 = beste Eignung*

FELDGEHÖLZE – INSELN DES LEBENS

„Feldholzinseln sind kleine Gehölze in der freien Landschaft aus Kräutern, Sträuchern und Bäumen, die durch Saat, Pflanzung oder natürliche Ansamung entstanden und dem Standort und der Landschaft angepasst sind. Ihr Gehölzanteil muss so gering gehalten werden, dass sie rechtlich nicht als Wald im Sinne des Forstgesetzes eingestuft werden.
Feldholzinseln sollen sich aus zahlreichen standortgerechten Arten zusammensetzen, damit sie den vielfältigen Aufenthalts-, Nahrungs-, Deckungs-, Zufluchts-, Schlaf- und Fortpflanzungsansprüchen der Tiere gerecht werden können.
Landschaftsökologisch verbessern sie die ‚Grenzlinien'-Situation und bereichern das Landschaftsbild sowie den Naturhaushalt … Feldholzinseln bilden ein Mosaik zurückgegebener Natur in einer vorwiegend nach wirtschaftlichen Zielsetzungen gestalteten Landschaft." (Graulich 1980).
Viele dieser Merkmale treffen auf Feldgehölze allgemein, also auch auf Hecken zu. Feldholzinseln und Hecken sind gewissermaßen verselbstständigte Waldränder und Strauchschichten aus den Wäldern.
Auch bei diesen Landschaftselementen ist zunächst die Sicherung und Erhaltung bestehender Strukturen wichtiger als die Neuanlage. Dies gilt auch für bestehende Gehölze entlang von Wegen, um Höfe und in Siedlungsbereichen.

Feldholzinseln sind wahre „Inseln des Lebens" in einer ausgeräumten und überdüngten Feldflur.

(1) Sonnige Plätze für Reptilien (Zauneidechse)
(2) Dickicht für Fallensteller (Kreuzspinne)
(3) Nistplätze für Bodenbrüter (Rebhuhn)
(4) Sitzplätze für Lauerjäger (Raubwürger)
(5) Nistplätze für Buschbrüter (Dorngrasmücke)
(6) Deckung für Niederwild (Hase)
(7) Äsung für Niederwild (Reh)
(8) Baumhöhlen für Höhlenbrüter (Star)
(9) Nistplätze für Baumbrüter (Ringeltaube)
(10) Schlafplätze für Nachtaktive (Waldohreule)
(11) Schlafplätze für Tagtaktive (Fasan)
(12) Schattige Verstecke für Amphibien (Erdkröte)
(13) Winterquartiere für Bilche u.a. (Haselmaus)
(14) Kinderstuben für Kleinsäuger (Igel)

Richtig aufgebaute Feldgehölze bieten der Tierwelt in ausgeräumter Landschaft überlebensnotwendige ökologische Nischen.

Feldholzinseln und Hecken können zusammen ein Netz über das Revier spannen, das die Lebensraumqualität für zahlreiche Arten deutlich erhöht. Ausgeräumte Feldlandschaften sind immer auch Anzeichen für starke Konkurrenz um landwirtschaftliche Nutzflächen im Revier. Dabei muss übrigens auch den Jagdgenossenschaften klar sein, dass Strukturreichtum den Wert eines Revieres steigert und in Gemengelagen von wald- und landwirtschaftlicher Nutzfläche die Verbissbelastung im Wald wesentlich senken kann. Angesichts der zahlreichen Flächenstilllegungsprogramme wäre der Gehölzanteil in manchen Feldfluren sicher beträchtlich höher, wenn es nach dem Gesetz auch einen Wald „zweiter Klasse“ gäbe, der als Reservefläche vom Eigentümer auch nach längeren Zeiträumen wieder umgenutzt werden dürfte. Nach bestehender Rechtslage ist aber die Aufforstung für den Landwirt nach wie vor ein „Weg ohne Rückkehr“.

STANDORTE

Für die Neuanlage von Gehölzinseln und Feldhecken eignen sich vor allem Rekultivierungsflächen wie Müllplätze und Erddeponien, die Umgebung von Wasserbehältern und Kläranlagen, ertragschwache Ackerflächen, die Randbereiche von Feldwegen, die für den Kraftfahrzeugverkehr gesperrt sind, und Reserveflächen, die noch nicht als schutzwürdig gelten.

An Straßen, entlang derer ohnehin Verkehrsschutzzäune errichtet werden müssen oder schon sind, lassen sich auch die Straßenböschungen zur Anpflanzung wildfreundlicher Gehölzstrukturen nutzen. Hierzu ist es nur erforderlich, die Verkehrsschutzzäune nicht am Fuß der Böschung, sondern weiter oben aufzustellen. Bei entsprechender Bauausführung lässt sich dies auch mit der Sicherheit von Zweiradfahrern vereinbaren und hat darüber hinaus den Vorteil, dass die aus den Autos geworfenen Abfälle im unmittelbaren Straßenumfeld liegen bleiben.

Feldholzinseln müssen möglichst weit entfernt von Siedlungsflächen liegen. In der Nähe von Sportanlagen, Ausflugszielen und Parkplätzen leidet ihr Wert erheblich unter der permanenten Beunruhigung. In unmittelbarer Nähe des Waldes ist ihre Bedeutung als Ausweichbiotop ebenfalls gering. Der Abstand zum Waldrand sollte deshalb mindestens 250 m betragen.

Idealerweise stehen Feldgehölze und Hecken miteinander in Verbindung. Trennende Freiflächen dürfen nur so groß sein, dass sie auch für weniger bewegliche kleine Tiere in der deckungsarmen Jahreszeit überwindbar sind.

Nicht bepflanzt werden dürfen schutzwürdige Pflanzengemeinschaften (nach § 20 c Bundesnaturschutzgesetz) wie Halbtrockenrasen, Heiden, Streuwiesen (einschürig), seggen- und schilfreiche Feuchtwiesen und alle vergleichbaren Standorte.

Schwarzdorn ist für den Unterwuchs der Kernzone einer Feldholzinsel gut geeignet.

ANLAGE UND GESTALTUNG

Die Vielfalt eines begrenzten Lebensraumes wird entscheidend durch seine relative Grenzlinienlänge bestimmt. Dies bedeutet für die Gestaltung einer Feldholzinsel, durch Einbuchtungen und auslappende Ränder eine Verzahnung mit der Feldflur herzustellen. Ovale Formen sind günstiger als langgestreckte, da sich im Inneren des Gehölzes eine stärkere Windberuhigung einstellt. An der schmalsten Stelle sollte die Breite des Gehölzes immer noch zehn Meter betragen.

Ähnlich einem Waldrand wird die Feldholzinsel stufig aufgebaut. An die zentrale Kernzone schließt sich nach außen eine mindestens fünf Meter breite Mantelzone an, auf die eine Saumzone von wenigstens zwei bis drei Metern Breite folgt.

- Die Kernzone wird durch niedrige Baumarten (z. B. Stockausschläge von Eiche, Hainbuche, Feldahorn, Hasel sowie Salweide) bestimmt. Als Unterwuchs eignen sich schattenverträgliche Sträucher wie die Heckenkirsche oder der Schwarzdorn (Schlehe).
- Die Mantelzone wird aus Sträuchern wie Schneeball, Rosen- und Weißdornarten, Faulbaum, Pfaffenhütchen und Hartriegel aufgebaut.

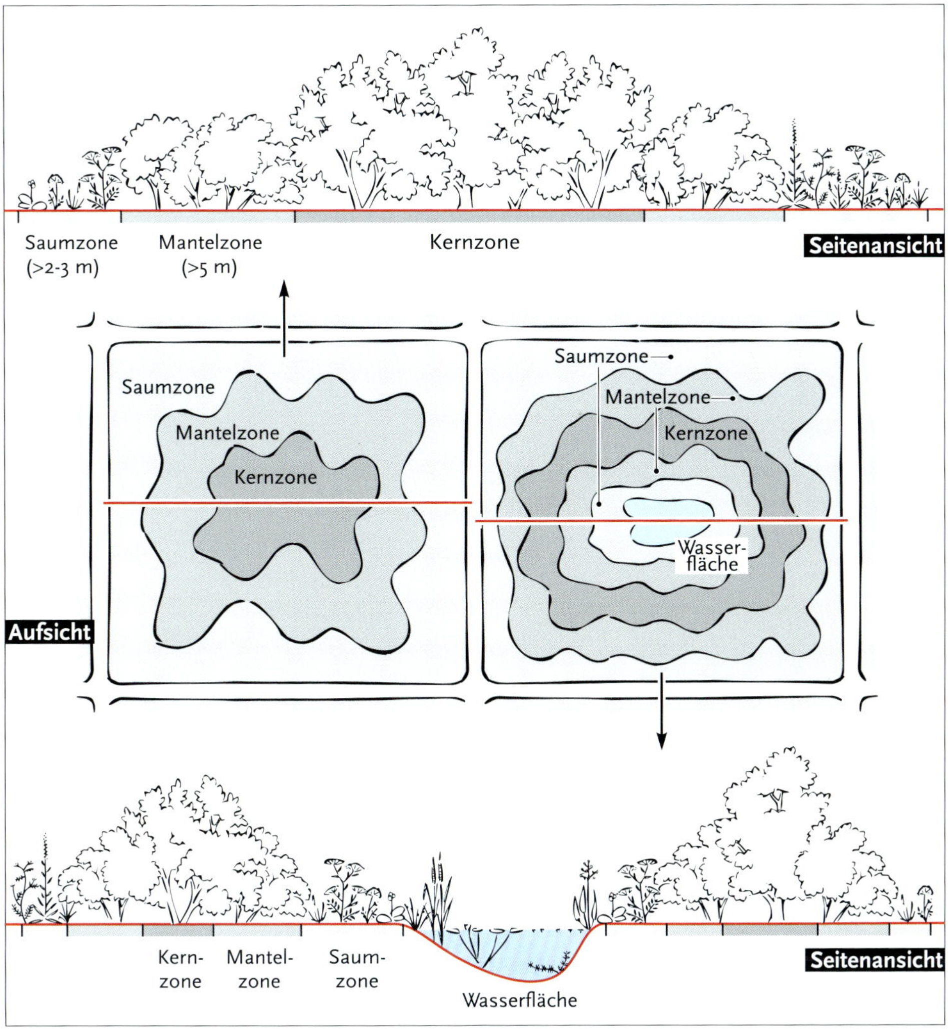

Aufbau einer Feldholzinsel. Liegt ein Gewässer in ihrem Zentrum, sind Mantel- und Saumzone auch nach innen wichtig.

— Die Krautschicht in der Saumzone und gegebenenfalls auch im Inneren der Insel siedelt sich von selbst an.

Wenn genügend Fläche zur Verfügung steht, kann der Wert einer Feldholzinsel zusätzlich erhöht werden, indem in ihr Zentrum noch ein kleiner Teich oder ein kleiner Wildacker integriert wird. Wird diese Aufwertung vorgenommen, müssen zum Gewässer hin ebenfalls eine Mantelzone und eine Saumzone ausgeformt werden. Zusätzliche Arbeit, deren Erfolg aber lohnt!

BODENVORBEREITUNG

Die beste Jahreszeit hierfür ist der Herbst. Sofern Müllkippen und stillgelegte Schuttplätze bepflanzt werden sollen, muss zunächst ausreichend Bodenerde ausgebracht werden. In jedem Fall ist eine Bodenanalyse erforderlich, nach deren Ergebnis die Fläche entsprechend gedüngt wird.

Durch Einsaat von Süßlupinen, Buchweizen und Winterraps (Impfen z. B. mit Radicin!) wird der Boden belebt und eine bessere Gare

erreicht. Erst im Frühjahr des zweiten Jahres wird die Fläche mit Gehölzen bepflanzt.
Die beste Pflanzzeit ist der Vorfrühling, wenn der Haselstrauch stäubt.

☞ *Checkliste*

FELDHOLZINSELN – BEGRÜNDUNGSMASSNAHMEN

Bodenvorbereitung

- ☐ Pflügen oder Fräsen der Pflanzfläche

Pflanzung

- ☐ Pflanzung im Spätherbst oder Frühjahr bei Frostfreiheit
- ☐ Gehölzmischung und -anordnung gemäß Artenliste und Pflanzschema einhalten
- ☐ Saumzone einplanen und Grenzabstände beachten
- ☐ Beim Ausheben der Pflanzlöcher Pflanzabstände einhalten
- ☐ Pflanzlöcher größer als Wurzelballen der Pflanzen ausheben
- ☐ Wurzelwerk bei Bedarf zurückschneiden

Verbissschutz

- ☐ Bei hohem Verbissdruck: Zaunschutz der ganzen Gehölzfläche
- ☐ Bei geringem Verbissdruck: Einzelschutz ausgewählter Gehölzarten

Pflege

- ☐ Künstliche Wässerung
- ☐ Baumscheibe (ca. 2 m Durchm.) 3–5 Jahre durch Freimähen oder Niedertreten der Begleitvegetation möglichst bewuchsfrei halten

Düngung

- ☐ Bei Bedarf Erhaltungsdünger (Kali und Phosphor) und Stickstoffdünger nur auf die Baumscheibe geben (keine chloridhaltigen Dünger!)

BAUM- UND STRAUCHARTEN

Je nach Standort bieten sich für die einzelnen Zonen zahlreiche Baum- und Straucharten an (siehe „Service“, S. 208/209). Nektar und Pollen liefern Weiden, Linden, Feldulme, die Ahornarten, Weißdorn, Schwarzdorn, Eberesche und Brombeere, als Deckungspflanzen sind Weißdorn, Faulbaum, Schwarzdorn, Brombeere, Ginster, Rote Heckenkirsche, Waldrebe, Windendes Geißblatt, Efeu und Fichte auch für brütende Vögel und Kleintiere wichtig. Die Fichte muss zu diesem Zweck geköpft und buschig gehalten werden.
Wildäsungspflanzen (Blätter, Zweige, Früchte) sind Eiche, Esche, Aspe, die verschiedenen Weiden, Hainbuche, Wildobst, besonders Apfelarten, Brombeere und Himbeere.
Für zahlreiche Vögel und Kleinsäuger liefern Eiche, Buche, Esche, Vogelkirsche, Hasel, Schwarzer und Roter Holunder und viele andere Baum- und Straucharten Nüsse und Beeren. Alte Eichen, Weiden, Buchen, Espen und Schwarzpappeln sind Nahrungspflanzen für seltene Großinsekten, die ihr Holz und ihre Blätter verzehren.
Nicht in die Feldholzinsel gehören Arten aus anderen Klimagebieten wie Robinie und Akazie. Vor allem dürfen auch keine auf Schnellwüchsigkeit gezüchtete Pappelhybride und andere Kreuzungsprodukte gepflanzt werden. Von den Nadelgehölzen passt der Wacholder auf trockenwarmen Standorten gut in das Feldgehölz.

PFLANZENAUSWAHL

Baumschulen bieten Pflanzen in verschiedenen Kategorien an. Zu Kleinpflanzen zählen
- — Saatpflanzen (S), ein- bis zweijährig, selten dreijährig,
- — Verschulte (V) Pflanzen, zwei- und mehrjährig

Bei der Kennzeichnung wird vor dem Schrägstrich die Anzahl der Jahre im Saatbeet, hinter dem Schrägstrich die Zeit im Verschulbeet

angegeben. Eine 2/2-Pflanze wurde im zweiten Jahr verschult und stand zwei weitere Jahre im Schulbeet, ist also vierjährig.
Großpflanzen werden nach Höhe gestaffelt als

— Halbloden, 0,30–0,50 m,
— Loden, 0,51–1,00 m,
— Starkloden, 1,01–1,50 m,
— Halbheister, 1,51–2,00 m,
— Heister, 2,01–2,50 m oder
— Starkheister, ≥ 2,50 m

angeboten.
Größere Pflanzen sind in der Anschaffung zunächst teurer als kleine. Wegen des höheren Anwuchserfolges und ihrer größeren Durchsetzungskraft gegenüber der Begleitvegetation rechnen sie sich aber in der Gesamtbilanz. Stärkere Pflanzen wachsen auch schneller aus dem Gras und aus dem Wildäser.
Wildlinge werden aus Naturverjüngungen gewonnen. Hierzu eignen sich vor allem die Wildrosen, die Eberesche, der Schwarze und der Hirschholunder, die Schlehe und die Brombeere.
Nach Wurzelzustand sortiert gibt es einmal Pflanzen mit mehr oder weniger nackter Wurzel, Ballenpflanzen und für schwierige Standorte Containerpflanzen. Letztere beide Sorten werden mit Erdballen an den Wurzeln verkauft.
Für den Pflanzerfolg ist gesundes Pflanzenmaterial und dessen Herkunft entscheidend: Günstig ist es, die Pflanzen von einer Baumschule in der Nähe zu beziehen und kurzfristig anliefern zu lassen. Wenn sie nicht innerhalb eines halben Tages gepflanzt werden können, müssen sie eingeschlagen werden: Die Wurzeln dürfen nie dem Wind oder der Sonne ausgesetzt sein. Die Pflanzen werden einzeln oder bundweise im Schatten eingeschlagen.

SAAT UND PFLANZVERFAHREN

Für ausgesprochene Rohböden empfehlen sich in erster Linie sogenannte Pionierhölzer oder Erstbesiedler wie Erle, Birken, Sal- und

Größere Pflanzen wie Apfelbäume kosten zwar mehr, rechnen sich unter dem Strich aber.

GEHÖLZAUSWAHL UND -KAUF

Augen auf bei der Wahl von Gehölzpflanzen: Benachbarte naturnahe Waldbilder und vorhandene Feldgehölze zeigen deutlich, welche Pflanzen in dem Revier besonders gut gedeihen. Wer gute Qualität von der Baumschule will, lässt sich keine Pflanzen am Montag anliefern, die häufig entweder aus der Kühlhalle kommen oder sogar schon am Freitag auf den Lkw gepackt wurden.

Die sogenannte Wiedehopfhaue mit Beilseite und Blatt ist das ideale Werkzeug für die Winkelpflanzung.

Strauchweiden, Aspen, Ebereschen, Schwarzdorn, Wildrosen, Brombeeren, Himbeeren und Ginster. Vor allem auf sandigen und steinigen Böden bietet sich der Ginster an.
Wird der Ginster gesät, erhöht eine Vorbehandlung des Samens dessen rasche Keimung: Vor der Aussaat im Frühjahr wird dieser zehn Stunden in eine zweiprozentige Salzsäurelösung gelegt und dann – nach gründlichem Abwaschen – bei nassem Wetter breitwürfig in die Fläche ausgebracht. In der Praxis einfacher ist die schon genannte Alternative, den Samen in kochendes Wasser einzutauchen. Auf der Fläche werden einige Eimer Muttererde verteilt, die man unter bereits vorhandenen Ginstersträuchern im Revier aushebt. Dadurch wird der Boden mit den für das Wachstum lebensnotwendigen Knöllchenbakterien geimpft.
Zur Pflanzung der übrigen Baum- und Straucharten bieten sich je nach Größe des Pflanzmaterials unterschiedliche Verfahren an:

WERKZEUG WIEDEHOPFHAUE

Die Winkelpflanzung klappt am besten mit Wiedehopfhauen. Nur nicht zu schüchtern: Der örtliche Forstbeamte leiht sie sicher einmal aus und zeigt, wie's geht! Wer gemeinsam mit anderen pflanzt, kommt schneller über die Fläche und mehr Spaß macht es auch. Ein Chaos lässt sich vermeiden, wenn vorher mit verschiedenfarbigen Fähnchen die für die einzelnen Arten ausgewählten Plätze jeweils markiert werden. Jeder muss wissen, was wohin kommt!

Winkelpflanzung Dieses Pflanzverfahren nach Reissinger ist für Kleinpflanzen geeignet.

Lochpflanzung Diese Methode empfiehlt sich für Halbloden- und Lodenpflanzen. Alle Pflanzen müssen mit dem Wurzelhals bodengleich gesetzt werden. Je größer das ausgehobene Loch, desto besser für die Pflanze. Nach dem Versenken der Pflanzenwurzel wird das Loch mit Erde gefüllt, auf steinigen Böden muss im Bedarfsfall auch zusätzlicher Boden herbeigeschafft werden. Große Steine dürfen nicht zur Auffüllung des Pflanzloches verwendet werden.

Ballenpflanzung Das Einsetzen der Pflanze mit Erdballen ist ein naturgemäßes, typisches Verfahren für die Pflanzung selbst gewonnener Sträucher oder Bäume. Der Ballen muss fest eingesetzt werden, damit sich die Wurzeln mit dem gewachsenen Boden verbinden können. Weil bei diesem Verfahren auch die Begleitlebewesen mit verpflanzt werden, ist es besonders empfehlenswert.

Die Pflanzenabstände bestimmen den Pflanzenbedarf. Sträucher sollten nicht unter 1 x 1 m, Bäume nicht unter 2 x 2 m gepflanzt werden.
Wurzelstränge müssen gekürzt werden: Verletzte, gequetschte oder nach oben umgeklappte Wurzelstränge verzögern das Anwachsen oder verhindern es sogar. Damit das Spross-Wurzel-Verhältnis in der richtigen Relation steht, kann es bei größeren Pflanzen auch nötig sein, den Spross einzukürzen.
Nach Möglichkeit sollten bei der Anlage von Feldholzinseln Pflanzgut oder Samen aus der heimischen Gemarkung gewonnen werden.
Bei Wildlingsgewinnung muss der Lichthabitus der Pflanzen den Lichtverhältnissen am späteren Standort entsprechen: Eine im Waldschatten erwachsene Jungpflanze ist der voll besonnten Freifläche nicht gewachsen.

SCHUTZMASSNAHMEN

Bei stärkerem Verbissdruck ist in der Anfangsphase ein 1,2 m hoher Zaun aus verzinktem Sechseckgeflecht mit sechs Zentimetern Maschenbreite sinnvoll. Für die notwendige Stabilität wird ein Spanndraht am oberen Ende des Sechseckgeflechts eingezogen und ein weiterer 30 cm darüber befestigt, sodass der Zaun eine Gesamthöhe von 1,50 m erhält. Beide Spanndrähte werden mit Spannern versehen und von Zeit zu Zeit neu nachgezogen. Gegen Kaninchenverbiss empfiehlt sich eine zusätzliche Sicherung der Fläche durch 80 cm hohen Maschendraht mit weniger als 32 mm Maschenweite am Boden, der mindestens 30 cm tief versenkt werden muss.
Sofern nur einzelne Pflanzen Schutz brauchen, kann dies gegen Verbiss und Fegen durch selbst gefertigte oder gekaufte Drahthosen an einem beigestellten Pflock geschehen. Einfache Kunststoffspiralen oder der sogenannte Pfisterpfahl schützen junge Gehölze wirksam gegen das Fegen des Rehbockes.
Größere Pflanzen müssen je nach Windexposition durch einen Stützpfahl gesichert werden. Daran werden sie so angebunden, dass das Bindematerial nicht einwächst.
Alle Vorrichtungen zum Schutz und zur Stabilisierung müssen, sobald die Pflanzen aus der Gefahrenzone herausgewachsen sind, umgehend wieder abgebaut werden. Vergessene Drahtreste sind gefährliche Wildfallen!

Der „Pfisterpfahl“ schützt vor dem Verfegen. Er ist preiswert, schnell montiert und wird auch im Wald verwendet.

PFLEGE IN DER STARTPHASE

In den ersten Jahren ist die Vergrasung für viele Pflanzungen ein Problem. Sie bedeutet nicht nur eine unmittelbare Nahrungs- und Wasserkonkurrenz für die jungen Holzgewächse, sondern stellt auch als Mäusebiotop eine zusätzliche Gefahr dar. Wenn Zeit und Geld keine Rolle spielen, können die Pflanzungen in der Vegetationsperiode zweimal durchgehackt werden.
Eine zeitsparende Alternative ist das Mulchen mit Grünschnitt, Stroh oder Rindenhäcksel. Der Grünschnitt fällt z. B. bei der Pflege öffentlicher Grünanlagen an, Rindenhäcksel bei der maschinellen Entrindung im Wald. Beide Naturmaterialien unterdrücken die Gräser und Stauden, halten die Feuchtigkeit im Oberboden und bieten Lebensraum für zahlreiche Kleinlebewesen. Die Mulchung mit Grünschnitt von Waldrändern oder den Säumen von Althecken erhöht gleichzeitig auch die Vielfalt der für den Lebensraum typischen Arten.

REINIGEN, PFLEGEN, HACKEN

Diese Pflegemaßnahmen sollen ein rasches Heranwachsen der Sämlinge und Pflanzen aus der Verdämmungszone garantieren. Fehlende Pflege vor allem im ersten Jahr lässt sich später kaum noch ausgleichen. Mit dem Hacken wird begonnen, sobald sich um die Sämlinge und Pflanzen herum Begrünung einstellt. Man darf nicht warten, bis die Pflanzen bereits unter Nährstoffkonkurrenz und Lichtentzug leiden oder in Gefahr geraten, von den in die Grasflächen eingewanderten Mäusen geschädigt zu werden. Weiter gilt:

— Sämlinge und Pflanzen dürfen nicht während der hochsommerlichen Hitzetage freigestellt werden.
— In frostgefährdeten Lagen darf ab September nicht mehr gehackt werden.
— Sind einzelne Pflänzchen bereits überwachsen, führt jähe Freistellung zu einem Lichtschock. Die Freistellung Zug um Zug – in mehreren Schritten also – ermöglicht den Schattenblättern, sich auf vollen Lichtgenuss umzustellen.
— Fehlstellen sind wegen der empfohlenen weiten Pflanz- und Saatverbände zu ersetzen, da sonst das Ziel einer großen Artenvielfalt auf engem Raum in Gefahr gerät.
— Zur Nachbesserung von Fehlstellen müssen Pflanzen verwendet werden, die im Alter zur Umgebung passen: In eine mehrjährige Feldholzinsel werden keine Kleinpflanzen eingepflanzt. Ausfälle durch Fege- und Verbissschäden oder sonstiger Art werden mit größeren Pflanzen nachgebessert, die dann entsprechend einzeln zu schützen sind.

WÄSSERUNG

Von elementarer Bedeutung ist natürlich die Wasserversorgung; dies umso mehr, je trockener der Standort und je größer die gesetzten Pflanzen sind. Rechtzeitige Wässerung reduziert die Ausfälle erheblich. Dabei ist es wichtig, nicht erst auf den Pflanzschock zu warten. Wenn die Pflanzen angewachsen sind und austreiben und wenn bei der Bodenvorbereitung auf eine Grunddüngung verzichtet wurde, kann mit geeigneten handelsüblichen Volldüngern für Laubholz in geringer Gabe das Wachstum gefördert werden. Im zweiten und dritten Jahr werden Volldüngergaben besser aufgenommen. Sie lassen die Holzgewächse schneller aus der Verdämmungszone herauswachsen.

PFLEGE – TEIL DER PLANUNG

Die Pflege muss rechtzeitig und von Anfang an mitgeplant werden! Wer pflegt wann und wie? Ist das Feldgehölz für Maschinen erreichbar? Wer zur Pflege zu spät oder gar nicht kommt, hätte sich besser gleich alle Mühen gespart … Doch kann weniger mehr sein. Die Pflege muss auf das Notwendigste beschränkt bleiben.

WEITERE PFLEGE

Die Pflege der Feldholzinsel sollte sich grundsätzlich auf das Notwendige beschränken und in den Monaten Oktober bis Januar erfolgen, um Pflanzen- und Tierwelt möglichst wenig zu beeinträchtigen. Sie besteht im Wesentlichen darin, die Gehölze auf den Stock zu setzen. Im Normalfall ist ein Pflegedurchgang alle fünf bis zehn Jahre erforderlich. Dabei werden nie das ganze Gehölz oder große Teile heruntergeschnitten, sondern einzelne Abschnitte als Ausweichmöglichkeiten für die Tierwelt jeweils belassen.

„OBEN LICHT, UNTEN DICHT"

In der Kernzone werden von Zeit zu Zeit alte Bäume an solchen Stellen entnommen, wo in unmittelbarer Nähe entsprechender Jungwuchs als „Ersatz" bereitsteht. Aus diesem Grund sollten in Feldgehölze fast ausschließlich stockausschlagfähige Baumarten gepflanzt werden. Markante und wichtige Einzelbäume (z. B. mit Brut- und Überwinterungshöhlen), biologisch wertvolle Sträucher (Bienenweide, Nistbüsche mit entsprechend zugeschnittenen Astquirlen) werden selbstverständlich stets belassen!
Das Entwicklungsziel einer Feldholzinsel lässt sich knapp formulieren: „Oben Licht – unten dicht".

WORAUF ES ANKOMMT

Darüber hinaus ist wichtig:

— Hoch wachsende, verdämmende Schlinggewächse lassen schützenswerten Bäume und Sträucher im Jugendstadium häufig absterben. Jungpflanzen müssen deshalb davon befreit werden.

— Regulierungsschnitte im Kronenbereich steuern die Beschattungsverhältnisse und verringern den Seitendruck. Stark vorwachsende Gehölze der Kernzone werden geköpft, um eine Verdämmung langsamer wachsender Arten in der Mantelzone zu verhindern.

Vielleicht hilft die Feuerwehr? Anfragen kostet nichts ...

— Freistellen, Pflege und Schutz begünstigt auf guten Standorten die natürliche Verjüngung standortgerechter Arten in der Feldholzinsel. Die Kronen fruktifizierender Baum- und Straucharten werden durch gezielte Eingriffe in das Kronendach gefördert.

— Sehr raschwüchsige oder kahl gewordene Gehölze werden auf den Stock gesetzt, damit sie sich von unten her wieder begrünen und neue Deckung liefern.

HILFE BEI DER BEWÄSSERUNG

Warum bei der Bewässerung nicht die Jagdgenossenschaft oder die örtliche Feuerwehr um Hilfe bitten? Fragen schadet nicht. Wenn die Geländeverhältnisse schwierig sind und die Bewässerung in größerem Umfang nur mit Eimern oder Kannen möglich ist, kann man auch mal bei der Schule am Ort um Hilfe bitten.

FELDHECKEN

Hecken bieten als „vorgelagerte Waldränder" in der Feldflur zahlreichen Arten Lebensmöglichkeiten. So wird z. B. die Brutpaardichte zahlreicher Vogelarten vom Heckenangebot bestimmt. Im rebhuhn- oder hasenreichen Niederwildrevier müssen Hecken mindestens zwei bis fünf Meter breit und dürfen nur 1,5 bis zwei Meter hoch sein.
Geht es vornehmlich um die Verbesserung des Rehwildbiotops, können diese Strukturen auch höher werden. Höhere Hecken kommen auch verschiedenen Vogelarten zugute. Durch geeignete Pflege ist in jedem Fall sicherzustellen, dass die Hecken unten dicht bleiben und so Deckung, Windschutz und zusätzliche Äsung bieten.

Feldhecken erhöhen die Lebensraumvielfalt in der Feldflur und sorgen für Windberuhigung.

BEGRÜNDUNG UND PFLEGE

Zu jeder Hecke gehören zwei bis drei Meter breite Säume aus Gräsern und Kräutern, die sich von selbst einstellen. Die am Beispiel der Feldholzinsel erläuterten Grundsätze und Maßnahmen bei der Anlage können sinngemäß auch auf Hecken übertragen und auf sie angewendet werden.
Für die Neubegründung von Hecken eignen sich in allen Lagen Feldahorn, Roter Hartriegel, Hainbuche, Weißdorn, Pfaffenhütchen, Schwarzdorn (Schlehe), Schwarzer Holunder, Salweide, Roterle, Faulbaum, Esche, Vogelbeere und Stieleiche.
Für windexponierte Westexpositionen sind besonders geeignet Weißdorn, Rotbuche, Schlehe, Stieleiche, Hundsrose, Schneeball, Feldahorn, Hainbuche und Roter Hartriegel; für die Ostseiten Hasel, Esche, Waldgeißblatt und Brombeere. In nordexponierten Lagen bieten sich Hasel, Ohrweide, Grauweide, Zweigriffliger Weißdorn, Rotbuche, Stechpalme, Waldgeißblatt und Himbeere an und für die Südseite Sandbirke, Stieleiche, alle Wildrosen, Brombeere und die langblättrigen Weidenarten.

BÄUME INS ZENTRUM

Um die Pflege zu erleichtern, erfolgt die Pflanzung der Hecke in Reihen mit einem Abstand von einem Meter. In das Zentrum werden die Bäume gepflanzt, die Sträucher

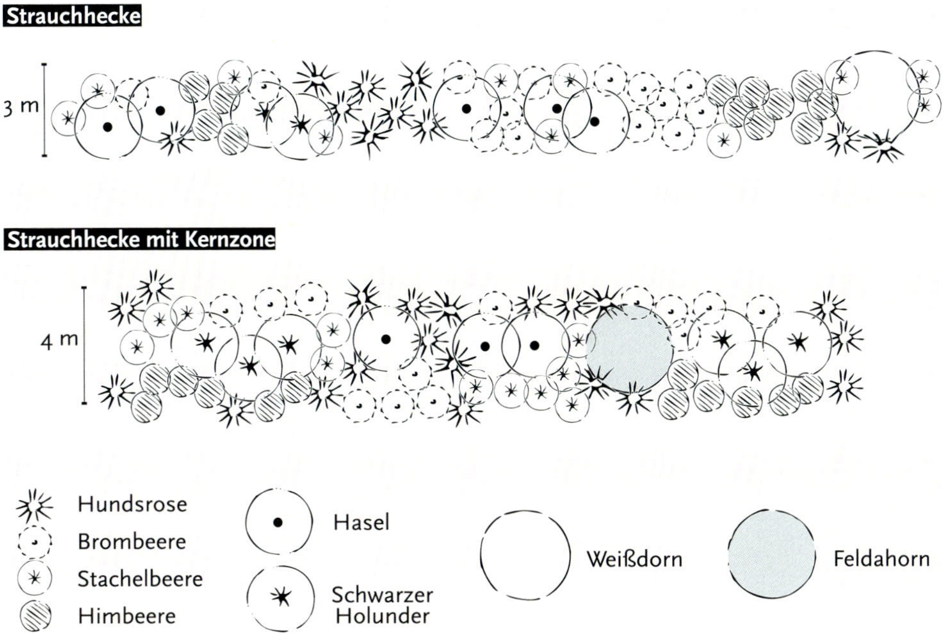

Die Hecke als Lebensraum für Pflanzen und Tiere

werden in Gruppen von fünf bis sechs im Meterverband in die beiden äußeren Reihen der Mantelzone gesetzt. Damit der Rand dicht und undurchdringlich ist, werden in die äußeren Reihen Sträucher wie Schwarzdorn, Weißdorn und Hundsrose in Gruppen mit eingebracht.

Die Erfahrung lehrt: Damit die Hecke am Ende so aussieht, wie sie geplant war, ist es wie bei der Anlage von Gehölzinseln ratsam, streng nach einem vorher angelegten Pflanzschema und einer zusammengestellten Gehölzliste vorzugehen.

Pflanz- und Pflegearbeiten lassen sich wesentlich vereinfachen, wenn der Streifen im Herbst vor der Pflanzung tief umgepflügt wird. Bei Verbissdruck, ggf. auch durch Nutzvieh, ist ein Zaunschutz notwendig.

WEITERE BEGRÜNDUNGSVERFAHREN

REISIGHECKEN

Auf Feldrainen, an Wege- und Gewässerrändern, ausreichend breiten Ackerrand- und Gewässerschutzstreifen lassen sich Heckenstreifen auch als Reisighecken anlegen. Der vorgesehene Flächenstreifen wird zunächst

WIRSCHAFTSFAKTOR FELDHECKEN

Hecken haben auch wirtschaftliche Vorteile! Als Windschutzstreifen beruhigen sie die Anbauflächen und senken die Bodenwasserverdunstung. Ergebnis: Höherer wirtschaftlicher Ertrag. So sind z. B. die „Schäden", die regelmäßig durch Sandstürme in der Norddeutschen Tiefebene auf den Getreide-, Rüben- und Rapssaaten entstehen, dort wesentlich geringer, wo ausreichend Heckenriegel eingestreut sind. Reden Sie mit dem Landwirt darüber!

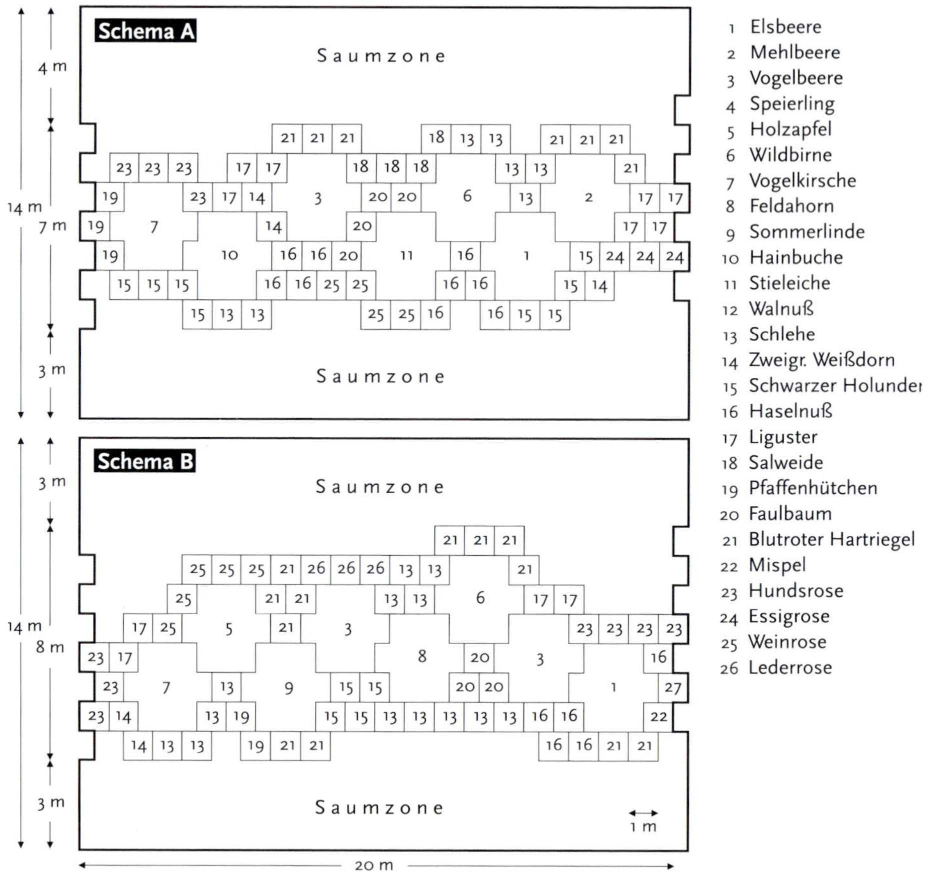

Pflanzschemata Hecke: Für den Erfolg der Pflanzaktion ist ein Vorgehen streng nach Plan sinnvoll. Wenn genügend Platz ist, sollte die Mindestbreite, wie auch in diesen Darstellungen geschehen, ruhig überschritten werden.

gegrubbert oder gefräst, gegebenenfalls auch gepflügt und als Saatbett hergerichtet. Im Herbst werden Apfeltrester, Eicheln, Bucheckern, die Samen von Ahorn, Esche und Hainbuche sowie roh ausgepresste Beeren von Schwarzem Holunder, Brombeeren, Ebereschen und Schneeball breitwürfig ausgestreut und mit Grubber oder Fräse wieder ins Erdreich eingearbeitet.

Die Aussaat erfolgt zwischen Frühwinter und Jahresende. Noch im Winter wird dieser Heckenstreifen durch Reisig abgedeckt. Die einzelnen Zweige und Äste werden in natürlicher Wuchsrichtung schräg versetzt und übereinanderliegend zu lichtdurchlässigen Reisigwällen aufgeschichtet. Sie müssen etwa drei bis fünf Meter breit und einen knappen Meter hoch sein. Die Reisigwälle schützen die Keimlinge vor Wildverbiss und Fegeschäden. Einzelne Sträucher, die sich durch Saat nicht vermehren lassen, können in die Wälle nachgepflanzt werden.

BENJESHECKEN UND HEGESTREIFEN

Benjeshecken entstehen nach der Reisigabdeckung durch Selbstbegrünung über den Sameneintrag von Vögeln. Sie wachsen jedoch deutlich langsamer als Reisighecken und entwickeln sich nicht immer wie gewünscht.

Zwei Hecken mit einem dazwischen freigelassenen Saum lassen sich auch zu einem Hegestreifen kombinieren. Eine solche sogenannte Doppelhecke bietet wesentlich mehr Arten Lebensraum als die doppelte Länge einer einfachen Hecke.

HECKENPFLEGE

Auch die Heckenpflege muss auf lange Zeit sichergestellt werden. Vorhandene Hecken kranken heute vielfach an Pflegemangel. Sinngemäß gelten die gleichen Grundsätze wie für Feldgehölze:

- Auch bei Hecken besteht Pflege vor allem darin, sie auf den Stock zu setzen. Stets nur maßvoll eingreifen, da Radikalkuren beim Zurückschneiden die Lebensgemeinschaften nachhaltig stören.
- Pflegeaktionen wie bei Feldgehölzen alle fünf bis zehn Jahre durchführen
- Bei Gehölzen den Stamm eine Handbreit über dem Boden so dicht wie möglich am Stockausgang abtrennen
- Zäune mindestens einen Meter (möglichst weiter) von der Hecke entfernt errichten, um Gräsern und Kräutern im Einzugsbereich der Hecke genügend Entwicklungsraum zu lassen
- Keine Drähte an der Hecke befestigen
- Keine Heckenpflege während der Brutzeit vom 1. März bis 30. September vornehmen.
- Totes Holz beseitigen. Meist kann das Holz – schonend niedergelegt – an Ort und Stelle bleiben.
- Kein Anpflügen der Heckenfüße: Die Krautschicht ist wichtiger Bestandteil der Hecke.
- Kein Ausbringen von Bioziden oder Düngemitteln in Heckennähe
- Zur Nachpflanzung nur heimische Gehölze verwenden
- Sofern genügend Fläche zur Verfügung steht: Unregelmäßige Heckenausformung hat Vorteile, ähnlich wie dies für die Feldholzinsel zutrifft.

Auch Hecken müssen eine Saumzone aufweisen. Sie darf nicht beackert werden.

Die Benjeshecke entsteht durch natürlichen Sameneintrag: Kleine Gehölze müssen durchwachsen können.

Dieser Feldweg kommt dem Ideal der Doppelhecke nahe.

STREUOBSTBAU

Unter „Streuobstbau" versteht man einmal den „Obstbau in Streulage", d. h. die gestreute Verteilung von Obstbäumen in der Landschaft, wie dies in der Schweiz oft zu sehen ist. Meist bezeichnet man damit jedoch hochstämmige, in größeren Abständen gepflanzte Obstbaumkulturen im Unterschied zu den Dichtpflanzungen in Intensivkulturen. Wichtiges Kennzeichen ist die extensive Nutzung der Bäume und vor allem auch des Bodenbewuchses.

Streuobstbestände sind also eine Kombination von Hochstamm-Obstbäumen (Obernutzung) und regelmäßiger Nutzung des Bodenbewuchses (Unternutzung). Hierzu zählen Streuobstwiesen mit Grünlandnutzung, ackerbaulich-gärtnerisch genutzte Flächen wie Baumäcker und -felder, Obstbaumpflanzungen entlang von Wegen, einzelne Obstbäume in der Landschaft und die Kombination der verschiedenen Anbauformen, z. B. als Streuobstgürtel um Siedlungen.

Mitunter lohnt sich die Übernahme von Streuobstwiesen durch den Jäger: Das Biotop bleibt erhalten, der Baumschnitt liefert Prossholz für den Winter.

Der Streuobstbau bietet attraktive Äsung für das Wild durch das Fallobst. Er wurde in vielen Gebieten zur Versorgung der Bevölkerung in der zweiten Hälfte des 19. und den ersten Jahrzehnten 20. Jahrhunderts gezielt gefördert. Nachdem der Streuobstbau in den vergangenen Jahrzehnten erheblich zurückging, zählen heute die ungedüngten oder zumindest ohne Stickstoff gedüngten und artenreichen Pflanzengemeinschaften der Streuobstwiesen zu den schutzwürdigen Lebensräumen.
Streuobstwiesen werden durch zahlreiche Maßnahmen gefördert. Je nach Bundesland sind eine bestimmte Mindestflächengröße und die Verwendung von Hochstämmen (über 1,60 m Stammhöhe) dazu Voraussetzung. Antragsberechtigt ist immer nur der Grundeigentümer. Der Jäger kann jedoch den Pflanzenkauf und die Pflanzarbeiten übernehmen.

STANDORTWAHL

Alle Kern- und Steinobstarten sind grundsätzlich wärmeliebend und auch empfindlich gegen Spätfrost. Die Apfelblüte zeigt uns den Beginn des Vollfrühlings an. Da bei der Reviergestaltung keine Höchsterträge angestrebt werden, eignen sich durchaus auch weniger optimale Standorte bis in Höhenlagen von 800 m. Untauglich sind für Obstbäume allerdings Geländemulden und Täler, in denen sich die Kaltluft staut. Tiefgründige frische Böden mit einem pH-Wert zwischen 5 und 7

Wichtig ist, dass das Prossholz nach dem Pflegeschnitt für den Winter auf der Fläche bleibt.

☞ STREUOBSTARTEN – PFLANZABSTÄNDE UND WUCHSMERKMALE

OBSTBAUMART	WUCHSHÖHE	STANDRAUM	PFLANZABSTAND
Apfel	bis 10 m	80 bis 100 m²	5 bis 10 m
Birne	bis 20 m	70 bis 90 m²	7 bis 10 m
Sauerkirsche	10 bis 20 m	60 bis 90 m²	8 bis 12 m
Sauerkirsche (Schattenmorelle)	5 bis 10 m	20 bis 25 m²	5 bis 6 m
Pflaume/Zwetschge	5 bis 8 m	40 bis 50 m²	6 bis 8 m

im Oberboden und pH 5 bis 6 im Unterboden bieten ideale Voraussetzungen. Eine Kalkung und Düngung des Pflanzloches fördern das Anwachsen. Geeignete Dünger hierfür sind kohlensaurer Kalk (rd. 100 g pro Pflanze), Thomasmehl (80 g) und dazu Hyperphos (40 g) und Kalimagnesia (40 g).
Pfirsich und Aprikose erfordern ein Weinbauklima und gedeihen in Höhenlagen über 250 m NN nicht. Besonders gut eignen sich dagegen Apfel, Birne und auch Pflaume. Diese Reihenfolge entspricht auch dem in Mitteleuropa gewachsenen Streuobstbau.
Wieder einmal ist es so: Erhalt und Pflege vorhandener Streuobstwiesen sind besser als Neuanlage. Gerade außerhalb der Ortschaften werden immer wieder einzelne Obstbäume, vorzugsweise Birnen, umgesägt, weil sie bei früher Ernte noch nicht schmecken. Nur wenige wissen, dass sie ihre volle Qualität erst als Lagerbirne im Winter entfalten.

SORTENWAHL

Spät reifende Sorten, die zum Teil noch im Dezember am Baum hängen, sind für das Wild besonders wertvoll. Das Obst wird in der Regel sofort nach dem Fruchtfall angenommen. Nur bei Dauerfrost werden die hart gefrorenen Früchte vorübergehend gemieden.
Für eine lange Nutzungsdauer durch das Wild ist es wichtig, dass Sorten mit unterschiedlichen Reifezeiten kombiniert und hier vorrangig robuste, extensive Pflege ertragende Obstsorten verwendet werden. Stein- und Kernobstarten und zweckmäßige Pflanzabstände sind der Tabelle zu entnehmen. Auf Seite 210 des Serviceteils findet sich außerdem eine Auflistung der mit für den Streuobstbau geeigneten Obstsorten und ihres Reifezeitpunkts. Einige der genannten Sorten, wie beispielsweise die Apfelsorte „Rote Sternrenette“, wurden in den letzten Jahren erheblich zurückgedrängt, da sie die EU-Größennorm nicht hinreichend erfüllen.
Wer sich für das Streuobst im Revier engagieren will, nimmt sinnvollerweise einmal Kontakt zu den örtlichen Naturschutzgruppen auf und fragt wegen der Pflege bei einem engagierten Gartenverein an.

KONTAKTAUFNAHME SINNVOLL

Wer sich für das Streuobst in seinem Revier engagieren will, nimmt sinnvollerweise einmal Kontakt zu den örtlichen Naturschutzgruppen auf. Wegen der Pflege fragt man am besten bei einem engagierten Gartenverein an.

Checkliste

STREUOBSTWIESE – PFLEGE UND ENTWICKLUNGS-MASSNAHMEN

Obstbäume

Allgemeines

- ☐ Kein Biozideinsatz
- ☐ Düngegaben bei Bedarf nur im Bereich der Baumscheiben
- ☐ Nur in Ausnahmefällen Säuberung der Baumrinde
- ☐ Gehölzschnitte zwischen Oktober und Februar bei Frostfreiheit
- ☐ Grenzabstände beachten
- ☐ Schnittgut im Winter auf der Fläche belassen (Prossholz); Abtransport im Frühjahr

Pflege

- ☐ Bis Alter 10 Jahre: Korrekturschnitte, außer Haupttrieb 3 bis 4 Seitentriebe entwickeln lassen
- ☐ Ab Alter 10 Jahre: Zu dicht stehende und kranke Äste nach dem Laubfall maßvoll auslichten

Wiederkehrende Maßnahmen

- ☐ Bis Alter 10 Jahre: Baumschnitt in 2-jährigem Turnus
- ☐ Ab Alter 10 Jahre: Baumschnitt in 3-jährigem Turnus

Arbeitsgeräte

- ☐ Baumschere, Motorsäge, Handsäge

Wiese

Allgemeines

- ☐ Mahd nur von einer Seite (Fluchtmöglichkeit für Kleintiere)
- ☐ Schnittgut auf der Fläche trocknen lassen und anschließend entfernen

Pflege

- ☐ Fette Standorte: 1. Mahd ab Mitte Juni, 2. Mahd vor der Obsternte
- ☐ Sonstige Standorte: eine Mahd vor der Obsternte

Arbeitsgeräte

- ☐ Schlepper, ggf. Einachsschlepper mit Mähbalken

GEWÄSSER

STEHENDE GEWÄSSER

Süßgewässer stellen in jedem Revier einzigartige Lebensräume für Tiere und Pflanzen dar. Zu den Stillgewässern zählen alle stehenden Wasserflächen vom kleinsten Tümpel bis zum großen See. Als Rückzugs-, Nahrungs-, Aufzucht- oder Überwinterungsorte sind sie nicht nur für die Arten wichtig, die ohne sie nicht existieren können, sondern bieten auch anderen Feuchtgebietsbewohnern vielfältige Überlebens- und Verbreitungsmöglichkeiten. Während Fließgewässer durch eine dauernd wirksame, gerichtete Strömung charakterisiert sind und Nahrungs- und Nährstoffe durch Einschwemmung oder aus der Luft beziehen, fehlt in stehenden Gewässern diese Strömung. Die Nahrungsgrundlage liefert hier das Plankton, d. h. die im freien Wasser schwebenden kleinen und kleinsten Lebewesen.

GEWÄSSER VERSTEHEN

In tieferen Stillgewässern ist der Austausch zwischen oberflächennahen und darunter befindlichen Schichten stark temperaturabhängig. Die kalten unteren Wasserschichten der tieferen Altwässer, Seen, Stauseen, Baggerweiher und Teiche sind schwerer als das darüber liegende wärmere Wasser und können deshalb nicht aufsteigen. Wer hat diese Wasserschichtung nicht schon einmal an einem heißen Sommertag beim Schwimmen im See oder in der Kiesgrube bemerkt: Solange man flach schwimmt, ist das Wasser angenehm warm – lässt man die Beine jedoch sinken oder stellt sich gar hin, wird es unten plötzlich sehr kühl. Das Tiefenwasser kann sich während des Sommers nur wenig mit Sauerstoff anreichern. Eine volle Umwälzung der

Typisches Rothalstaucher-Biotop: Stillgewässer sind v. a. auch für nicht jagdbare Tierarten wichtige Lebensräume.

Vegetationszonierung am Wolfgangsee

Wasserschichten findet in diesen Gewässern nur im Frühjahr und Herbst statt.
Stillgewässer füllen sich im Laufe der Zeit mit Geschieben, Schwebstoffen und organischen Resten. Ihre natürliche Entwicklung verläuft von nährstoffarmen zu nährstoffreichen Zuständen. Bei Verlandung eines Gewässers kann sich hieraus später ein Hochmoor bilden, das wieder durch Nährstoffarmut gekennzeichnet ist. Nährstoffreichere Stillgewässer verlanden schneller als nährstoffarme. In der Verlandungs- und Uferzone ist die Abfolge verschiedener Pflanzengemeinschaften charakteristisch.
Da Stillgewässer meist nährstoffreich sind, folgen im Saumbereich Unterwasserrasen, Schwimmblattgesellschaften, Röhricht, Großseggenried, Kleinseggenried, Feuchtwiesen und Bruchwald aufeinander. Für kleinere Gewässer ist ein unterschiedliches Vegetationsmosaik aus Armleuchteralgen, Fragmenten von Röhrichten, Zwergbinsengesellschaften und Trittrasengesellschaften typisch. An Teichen sind die Vegetationsgürtel nutzungsbedingt häufig verändert.
Stehende Gewässer werden nach ihrer Größe und Tiefe eingeteilt:

- Tümpel sind flache Süßwasseransammlungen mit stark schwankendem Wasserstand, die auch austrocknen können.
- Weiher sind Flachwasserseen geringer Tiefe, in denen Schwimmpflanzen mit ihren Wurzeln größtenteils den Gewässergrund erreichen.
- Seen weisen aufgrund ihrer Tiefe eine Temperaturschichtung auf.

Künstlich angelegte Teiche, unterirdische Binnengewässer sowie heiße Süßwasserseen und Quellen stellen Sonderformen dar. Hierzu zählen auch die zahlreichen durch den Menschen geschaffenen Gewässer in ehemaligen Abgrabungen, Kiesgruben oder Geländesenken in Bergbaugebieten.

LICHT, WIND UND WÄRME

Die Lebensbedingungen in den Stillgewässern werden vor allem von den Lichtverhältnissen bestimmt. Weitere Faktoren sind die Temperaturverhältnisse, das Nährstoffangebot und der Sauerstoffgehalt. Durch die Strahlungsenergie erwärmen sich Gewässer von oben her. Kleingewässer mit meist niedrigem Wasserstand, Tümpel also, künstliche Wasserlöcher oder flache Weiher, heizen sich bei Sonneneinstrahlung schnell auf. Die hohen Temperaturen beschleunigen den Stoffwechsel, in Tümpeln wird dieser jedoch durch kurzfristige Austrocknung auch zeitweise unterbrochen. In tieferen Gewässern wie natürlichen Seen oder Baggerseen entsteht in Zeiten fehlender Wasserbewegung eine stabile Temperaturschichtung, die regional und saisonal unterschiedlich ausfällt.

Wind- und Wärmeenergie sorgen aber periodisch für die Durchmischung von warmem und kaltem Wasser und für den Sauerstoffaustausch zwischen den Schichten. In den gemäßigten Breiten geschieht dies einmal in der ersten Jahreshälfte durch die Frühjahrsstürme. Sie durchmischen das schon leicht erwärmte Oberflächenwasser mit dem schweren kalten Tiefenwasser.

Zum Sommer hin nimmt die Menge des warmen Oberflächenwassers zu, nur in dieser Schicht findet noch eine Zirkulation statt. Ihre Temperatur stabilisiert sich. Eine Sprungschicht mit raschem Temperaturabfall trennt sie von der gleichmäßig kalten unteren Wasserschicht und unterbindet auch den Austausch von Sauerstoff weitgehend.

Im Herbst kühlt die oben liegende Wasserschicht aus, verdichtet sich und sinkt ab (Wasser hat seine größte Dichte bei 4° C). Unter Einfluss der Herbststürme wird das Gewässer, ähnlich wie im Frühjahr, ein zweites Mal vollständig durchmischt. Man spricht hier von einer Vollzirkulation, oder der Herbstzirkulation. Im Winter verliert das Oberflächenwasser durch weitere Abkühlung an Dichte. Hieraus entsteht eine instabile Temperaturverteilung, d. h. das Oberflächenwasser ist nun kälter als das darunter liegende, ca. 4° C warme Tiefenwasser. Winterliches Eis liegt deshalb obenauf, weil seine Dichte bei 0° C nur 90 % der Wasserdichte erreicht.

NÄHRSTOFFGEHALT

Stillgewässer werden nach ihrem Nährstoffreichtum eingeteilt:

Oligotrophe Gewässer sind nahrungsarm und enthalten vor allem kaum gelöste Nitrate und Phosphate.

Dystrophe Gewässer sind ebenfalls nahrungsarm, aber reich an gelösten Humussäuren.

Eutrophe Gewässer sind nahrungsreich und vor allem gut mit Nitraten und Phosphaten versorgt.

Im Unterschied zu Fließgewässern sind Stillgewässer vergleichsweise geschlossene Ökosysteme. Da sie Schadeinflüsse wie z. B. Düngereintrag nicht einfach „weiterreichen“ können, leiden sie stark unter ihnen. Sie müssen deshalb vor Außeneinflüssen besonders sorgfältig geschützt werden. Für die Gewässerbalance hat nämlich der Nährstoffeintrag von außen fatale Folgen: Er löst ein schubartig rasches Pflanzenwachstum aus – das Gewässer „verkrautet“. Als Folge davon erhält ein Teil der Pflanzen nicht mehr ausreichend Licht, stirbt ab und sinkt auf den Gewässerboden. Ihre Zersetzung im Bodenschlamm verzehrt viel Sauerstoff. In stark zugewachsenen Gewässern kann so der Sauerstoffvorrat völlig aufgebraucht werden: Faulschlamm bildet sich, die biochemische Selbstreinigung funktioniert nicht mehr. Das Gewässer stirbt im Extremfall ab und reichert sich schnell mit Schadstoffen an, die auch für den Menschen gefährlich werden. Faulschlammbildung, erkennbar am charakteristischen Geruch nach „faulen Eiern“ (Schwefelwasserstoff) kann jeder selbst feststellen, der mit einem Stecken im Gewässergrund rührt oder beim Schwimmen mit den Füßen darin wühlt.

NEUANLAGE VON STILLGEWÄSSERN

Entstehen im Zuge einer gewerblichen Nutzung Gewässerlebensräume neu (Kiesabbau o. ä.), ist es aus Sicht des Jagdrevierinhabers ganz entscheidend, bereits in der Planungsphase die spätere Gestaltung verbindlich zu vereinbaren: Beispiele hierfür sind Kiesgruben und Tonabgrabungen. Schon bei der Genehmigung geht es darum, wichtige Randbedingungen für die spätere Lebensraumqualität festzuschreiben. Zu diesen Bedingungen zählen:

- die Finanzierung der fortlaufenden und abschließenden Gestaltung – einschließlich des Kostenträgers,
- die genauen Abbaugrenzen und die Böschungsneigung,
- der Verlauf von Gewässerrändern und Wassertiefen,
- die Ausformung und Gestaltung von Inseln in der Wasserfläche im Zuge des Aushubs,
- die Verwendung bzw. Lagerung des Mutterbodens.

Erfahrungsgemäß muss die Einhaltung dieser Rahmenbedingungen während der Abbaumaßnahmen im Regelfall ständig überwacht werden.

Ökologisch wünschenswerte Verbesserungen an den künstlich entstehenden Gewässern lassen sich nur im Konsens aller Beteiligten erreichen: Einigkeit unter allen Interessierten ist die beste Garantie dafür, dass sich nicht einzelne Egoisten durchsetzen. Wenn Eingriffe vorhersehbar sind, geht es darum, den Verantwortlichen eine befürwortende Genehmigung und gleichzeitig die Durchsetzung sinnvoller Auflagen zu erleichtern.

Die Erfahrung zeigt, dass bei der Anlage neuer Gewässerlebensräume schnell Gewohn-

Kiesgrubenlandschaften bieten bei richtiger Planung Chancen zur Lebensraumverbesserung.

Bei der Rekultivierung von Sand- und Kiesgruben ist es wichtig, auch Steinsteilwände zu erhalten.

heitsrechte entstehen, die aus Sicht der Reviergestaltung nachteilig sind: Bei größeren Maßnahmen muss die Renaturierung daher fortlaufend eingeplant und eingefordert werden.

GEWÄSSERGESTALTUNG

Hauptlebens- und Fortpflanzungsbereich für Pflanzen und Tiere ist die Uferzone. Sie ist folgerichtig der Bereich, an dem die Gestaltungsmaßnahmen ansetzen.

Bei bestehenden Gewässern ist es in jedem Fall wichtig, zunächst die rechtlichen Randbedingungen abzuklären: Stillgewässer stehen in der Regel unter Schutz.

Bei der Rekultivierung abgebauter Ton-, Sand- und Kiesgruben, Erzgruben und Steinbrüche treten immer wieder die gleichen Zielkonflikte auf. Fremdenverkehr, Angler, Landwirtschaft und Naturschutz beanspruchen dieselbe Fläche. Meist findet sich auch noch jemand, der sie als Deponiestandort nutzen oder bebauen möchte. Gerade die nährstoffarmen Kiesbaggerseen sind aber angesichts der Überdüngung der Landschaft wertvolle, erhaltungs- und gestaltungswürdige Lebensräume.

Bei der Rekultivierung kann in der Regel auf Bepflanzungs- und Besatzmaßnahmen im und am Gewässer verzichtet und die Weiterentwicklung des Biotops der Natur überlassen werden. Standortfremde Fischarten und -rassen dürfen in keinem Fall eingebracht werden, auch wenn dies vielfach sogar noch vorgeschrieben ist. Eine Änderung der dies betreffenden Rechtsnormen ist längst mehr als überfällig!

NATURNÄHE IST DAS ZIEL

Sowohl bei der Neuanlage von Gewässern als auch der Erhaltung und Förderung vorhandener Gewässerlebensräume ist für deren Wert die Orientierung an natürlichen Vorbildern entscheidend.

Für größere Gewässer gelten daher folgende Grundsätze:

— Die Verbesserung und Pflege vorhandener Feuchtbiotope einschließlich aller Feuchtwiesen, Au- und Bruchwälder hat in jedem Fall Vorrang vor dem Aushub neuer Gewässer, der einen bedeutenden Eingriff in die Landschaft darstellt.

KRITERIEN HONORARABRECHNUNG?

Als Jäger sollte man bei größeren Planungen immer darauf achten, nach welchen Kriterien die Honorarabrechnung für die verantwortlichen Planer und Gestalter erfolgt. In Berufsbereichen, in denen nach den Kriterien „Streitwert" oder „Wert der Baumaßnahme" abgerechnet wird, besteht immer die Gefahr, dass nicht die naturverträglichste Variante gewählt wird, sondern diejenige mit dem höchsten Bauaufwand, da sie gleichzeitig das größtmögliche Honorar für den Planer garantiert. Auf vernünftige, also von den Investitionen unabhängige Regelungen muss deshalb gedrängt werden.

— Kleine stehende Gewässer erlauben keine Vielfachnutzung: An Wasserflächen unter 10 ha kann allenfalls ein Teilbereich für den Badebetrieb freigegeben werden.
— Aktionismus meiden: Gerade im Lebensraum Stillgewässer bietet es sich an, auf die natürliche Sukzession zu setzen. Bei bestehenden und gewerblich neu angelegten Gewässern wie Kiesgruben ist die natürliche Sukzession das beste Begrünungsverfahren (siehe unten).
— Möglichst lange und abwechslungsreich gestaltete Uferlinien sind für den Wert der Uferzone entscheidend! Dies lässt sich über eine möglichst buchtenreiche Uferausformung und den Wechsel zwischen normalgeneigten Uferstrecken (Normalneigung 1 : 10), flacheren und steileren Abschnitten erreichen. Uferbereiche mit einer möglichst geringen Böschungsneigung sind vor allem auch zur Entwicklung einer breiten Röhrichtzone notwendig.
— Neben einem hohen Grenzlinienreichtum im Uferbereich ist auch die vertikale Zonierung des Sees für seine Lebensraumqualität von Bedeutung: Flachwasserzonen sind für Schwimmenten wichtig, für durchziehende oder sogar brütende Tauchenten muss die Gewässertiefe entsprechend ausgebaggert werden. Wo die Gewässertiefe dies erlaubt, sollten solche Bereiche im Wechsel vorgesehen werden.
— Der Bodenaushub kann unregelmäßig um das Gewässer verteilt werden. Er darf aber nicht unmittelbar an dessen Rand zu hohen Wällen und damit Sichtbarrieren für Wasservögel aufgeschichtet werden.
— Wo möglich, ist für wechselnde Substrate im Wasser zu sorgen. Kies und Sand können durch eingeschobenen Lehm oder Tonboden ergänzt werden.
— Schnell aufgewärmte Flachwasserzonen sind ideale Laichbereiche. Hierzu werden vom Restgewässer isolierte Mulden ausgehoben oder unter Wasser begrenzende Wälle (Bermen) angelegt.
— Bei der Planung von Inseln im Wasser sind auch blanke Kiesinseln vorzusehen.
— Sandig lehmige Steilwände in sonniger Lage bieten Brutplätze für die Uferschwalbe, stärker beschattete Steilufer werden vom Eisvogel genutzt. Abbruchkanten im Uferbereich müssen also gefördert und langfristig erhalten werden. Besonders schutzwürdig sind sie, wenn sie in Ost-West- bzw. Südost-Nordwest-Richtung verlaufen und sich entsprechend leicht erwärmen. Für Eisvogel und Uferschwalbe müssen sie möglichst über zwei Meter hoch sein.
— Große Wasserflächen müssen klar nach den Nutzungsformen Badebetrieb, Fischerei und Jagd, allgemeine Erholungsbereiche und strenge Schutzzonen gegliedert werden. Mindestens ein Drittel der Fläche ist vor Segel- und Surfbetrieb wirksam zu schützen.

Je kleiner das Gewässer, desto wichtiger ist eine klare Abgrenzung der Erholungsbereiche von den Schutzzonen.

Die Brut des Eisvogels darf nicht dem Fuchs preisgegeben werden. Auch daran ist bei Gewässern zu denken.

- Die Abgrenzung der einzelnen Bereiche muss möglichst naturnah erfolgen: Feuchte Sumpfwiesen grenzen den Badebereich besser ein als Bojenketten etc. Der Weg zum Badestrand darf nicht durch den schutzwürdigen Schilfgürtel verlaufen. In Schutzzonen laufen Wege in Ufernähe dem Schutzzweck zuwider. Solche Bereiche werden durch Gräben und vernässte Stellen möglichst unattraktiv für Erholungssuchende gemacht.
- Gewässer unter drei Hektar vertragen keine Fischereinutzung. Ist diese in größeren Gewässern erklärtes Ziel, kommt allenfalls ein Erstbesatz mit dem natürlichen Artenspektrum in Frage. Späteres ständiges Aussetzen von Angelfischen muss unterbleiben.
- Sofern ein Badebereich ausgewiesen ist, muss dieser auch attraktiv sein: Er muss der Zufahrt am nächsten liegen, darf jedoch nicht unmittelbar mit dem Auto zu erreichen sein. Die Strandlinie verläuft hier gerade, damit sich in Buchten kein schmutziges Treibgut sammelt. Der Strand muss kindersicher sein, auf den ersten fünf bis zehn Metern darf er nicht mehr als zehn Prozent Gefälle haben. Die Liegewiese wird annähernd eben planiert und reicht nah an das Wasser heran. Bäume sorgen für den notwendigen Schatten. Sie dürfen im Uferbereich aus Gründen der Sicherheit (Kinder!) nicht die Sicht auf das Wasser versperren. Die Randbereiche der Liegewiesen werden durch Humusauflagen und Vernässungszonen begrenzt.

BEGRÜNUNG DURCH SUKZESSION

In den meisten Fällen ist natürliche Sukzession nicht nur das preiswerteste, sondern auch bestgeeignete Verfahren zur Gewässerbegrünung. Eine Impfung über Material aus einem vergleichbaren Gewässer bringt sie in Schwung: Bei großen Gewässern genügt es häufig, eine LKW-Ladung Teichaushub am flachen Ufer abzukippen. Die Zustimmung des Eigentümers, von dessen Gewässer das Material geholt wird, ist natürlich Voraussetzung. Wichtig ist zudem, dass an dem Entnahmegewässer keine nachteiligen Folgen entstehen: Die Selbstwerbung wird deshalb nicht flächig, sondern in Bahnen oder in kleinen Inseln vorgenommen. Seltene oder geschützte wie sämtliche See- und Teichrosenarten dürfen nicht verfrachtet, sondern müssen im Bedarfsfall vom Fachhandel bezogen und gepflanzt werden.

Natürliche Sukzession entwickelt sich auf den Abbauflächen über einen Zeitraum von zwei bis drei Jahrzehnten. Eingriffe des Jägers oder anderer Menschen sollten sich hier auf die Erhaltung von Vielfalt beschränken.

In Sonderfällen, d. h. wenn eine reguläre Pflanzung und Anlage beabsichtigt ist, orientiert man sich am besten an benachbarten naturnahen Gewässern. Die für naturnahe Teiche empfohlenen Pflanzen kommen in Deutschland in Gewässern überall wild vor, sodass die Gefahr einer „Florenverfälschung" nicht besteht. Die Pflanzen können bei gut sortierten Gartencentern, Wasserpflanzengärtnereien oder auf den Teichbau spezialisierten Firmen bezogen werden.

PFLANZUNG

Bei einer künstlichen Anlage ist auf die für das Kleingewässer charakteristische Vegetationsabfolge aus Schwimmblatt-Unterwasserpflanzen, Röhricht und Weidengebüsch zu achten. Selbstverständlich werden keine Zierpflanzen (Kulturformen) oder Neubürger wie die Kanadische Wasserpest eingebracht. Gehölze werden stets sparsam und nur am Nordufer gepflanzt. Ein dichter Gebüschstreifen in etwa 10 m Entfernung um das Gewässer ist ein wirksamer Schutz gegen Düngereintrag.

Wer Pflanzen aus der Nachbarschaft selbst beschaffen will, muss daran denken, dass viele Arten geschützt sind!

Für die Ansiedlung von Schilf und Rohrglanzgras hat sich die Halmpflanzung bewährt. Im Vollfrühling werden vom Schilf einzelne Pflanzen, wenn sie etwa 80 cm Höhe erreicht und an der Spitze maximal drei Blätter entfaltet haben, im Boden abgestochen. Man wählt die dicksten Halme aus. Sie dürfen nicht länger als 24 Stunden im Wasser lagern und beim Transport nicht knicken. Direkt an der Wasserlinie werden mit einem dünnen Pflanzstock oder Eisenstab möglichst schräge Löcher so in den Boden gestochen, dass die Schilfhalme bis zur Hälfte darin verschwinden. In jedes Pflanzloch werden drei bis fünf Halme gesteckt und danach festgetreten. In Weichböden ist der Pflanzstock entbehrlich. Bis zum Ende der ersten Vegetationsperiode haben sich die Halme um das Drei- bis Fünffache vermehrt, sind hochgewachsen und haben so viele Wurzeln ausgebildet, dass sie eine gute Basis für den sich dann rasch ausbreitenden Schilfbestand bilden.

Bei Gewässern unter 300 m^2 sollte auf die Pflanzung von Schilf wegen dessen rascher Ausbreitung verzichtet werden.

EISVOGEL, UFERSCHWALBE UND FUCHS

Der Eisvogel brütet zwar gelegentlich in Uferwänden, die weniger als einen Meter hoch sind, bevorzugt aber doch Wände über 1,5 m Höhe. Uferschwalben brauchen mindestens zwei Meter hohe Abbrüche. Wer dem Fuchs die Eier dieser Arten nicht auf dem Tablett servieren will, berücksichtigt dies! Füchse lernen nämlich sehr schnell, Eisvogel- und Uferschwalbennester aus Wänden geringerer Höhe auszugraben. Zur Sicherung der Vogelbrut vor Feinden ist noch etwas wichtig: Abrutschkegel, die am Fuß von Steilwänden entstehen, müssen immer wieder entfernt werden. Ansonsten dienen sie als willkommene Aufstiegshilfen!

☞ GEEIGNETE PFLANZEN FÜR DIE GEWÄSSERBEGRÜNUNG (LUTZ 1986)

ART	GÜNSTIGSTER PFLANZBEREICH[1]	AUSBREITUNG
WASSERPFLANZEN		
Tannenwedel *(Hippuris vulgaris)*	–20 bis –30	–20 bis –40
Weiße Seerose *(Nymphaea alba)*	–20 bis –50	–30 bis –90
Gelbe Teichrose *(Nuphar lutea)*	–20 bis –40	–10 bis –80
Wasserknöterich *(Polygonum amphibium)*	–50 bis –70	–30 bis –80
Laichkräuter *(Potamogeton-Arten)*	–50 bis –70	–30 bis –150
Krebsschere *(Stratiotes aloides)*	–20 bis –30	–10 bis –40
Wassernuss *(Trapa natans)*	–20 bis –30	–10 bis –40
SUMPFPFLANZEN		
Froschlöffel *(Alisma plantago)*	0 bis –20	+10 bis –30
Sumpfdotterblume *(Caltha palustris)*	+20 bis –10	+20 bis v20
Sumpfsegge *(Carex acutiformis)*	+30 bis –20	+40 bis –50
Gemeines Sumpfried *(Eleocharis palustris)*	0 bis –30	+10 bis –60
Knäuelbinse *(Juncus conglomeratus)*	+30 bis –10	+50 bis –10
Flatterbinse *(Juncus effusus)*	+30 bis –10	+50 bis –10
Pfeilkraut *(Sagittaria sagittifolia)*	–10 bis –20	–10 bis –30
RÖHRICHTPFLANZEN		
Kalmus *(Acorus calamus)*	+10 bis –20	+20 bis –30
Schwanenblume *(Butomus umbellatus)*	0 bis –30	0 bis –60
Steife Segge *(Carex elata)*	+20 bis –20	+20 bis –50

ART	GÜNSTIGSTER PFLANZBEREICH[1]	AUSBREITUNG
Spitzsegge *(Carex gracilis)*	+30 bis –20	+40 bis –50
Ufersegge *(Carex riparia)*	+30 bis –20	+40 bis –60
Großer *Schwaden (Glyceria maxima)*	+10 bis –30	+30 bis –40
Mannaschwaden *(Glyceria fluitans)*	0 bis –30	+10 bis –40
Sumpfschwertlilie *(Iris pseudacorus)*	+10 bis –20	+30 bis –50
Rohrglanzgras *(Phalaris arundiacea)*	+10 bis –10	+30 bis –30
Schilfrohr *(Phragmites communis)*	+10 bis –30	+40 bis –170
Flechtsimse *(Schoenoplectus lacustris)*	+10 bis –40	+10 bis –100
Ästiger Igelkolben *(Sparganium erectum)*	0 bis –30	+10 bis –70
Einfacher Igelkolben *(Sparganium simplex)*	0 bis –30	+10 bis –50
Schmalblättriger Rohrkolben *(Typha angustifolia)*	0 bis –40	+10 bis –100
Breitblättriger Rohrkolben *(Typha latifolia)*	0 bis –40	+10 bis –100
PFLANZEN BODENFEUCHTER STANDORTE		
Mädesüß *(Filipendula ulmaria)*	*+40 bis +10*	*+50 bis 0*
Strauß-Gilbweiderich *(Lysimachia thyrsifolia)*	*+20 bis –10*	*+30 bis –10*
Blutweiderich *(Lythrum salicaria)*	*+20 bis –10*	*+30 bis –10*
Bittersüß *(Solanum dulcamara)*	*+10 bis –10*	*+30 bis –10*

[1] 0 = Wasserspiegeloberkante
+ = Pflanzbereich in cm oberhalb der Wasserlinie; – = Pflanzbereich in cm unterhalb der Wasserlinie

Die Angaben zur Pflanztiefe beruhen auf Erfahrungswerten; die Angaben zur Ausbreitung geben nicht die maximal mögliche, sondern die durchschnittlich zu erwartende Ausbreitung an.

FLIESSGEWÄSSER

Auf den hohen Wert von Fließgewässern in der Landschaft wurde im Kapitel „Waldbäche – Lebensadern im Revier“ bereits hingewiesen. Sie sind das Netz, das die Landschaft zusammenhält, prägen den Landschaftscharakter, bestimmen das Geländeklima und üben nicht zuletzt eine starke Anziehungskraft auf den Menschen aus. Sie haben also auch Einfluss auf die Erholungsqualität einer Landschaft.

Jedes Fließgewässer hat seine individuelle Charakteristik. Sie sind offene Ökosysteme mit enger Verbindung zu den Landökosystemen und ständiger Gestaltänderung durch Abtragung (Erosion) und Aufschüttung (Akkumulation) des Bodens. Flüsse werden nach der Wasserspiegelbreite, der Wasserführung, der Fließgeschwindigkeit und den Strömungsverhältnissen eingeteilt.

EINTEILUNG UND MERKMALE

Nach der Wasserspiegelbreite unterscheidet man Quellbäche (bis ein Meter Breite, Wassereinzugsbereich unter zwei Quadratkilometer), große Bäche (ein bis drei Meter / zwei bis 50 km^2), kleine Flüsse (drei bis zehn Meter / 50 bis 300 km^2) und große Flüsse und Ströme (über zehn Meter / im Bergland 50 bis 500 km^2, im Flachland 300 bis 500 km^2).

Fließgewässer sind durch die Strömung und die sich daraus ergebende Längenzonierung charakterisiert. Bei Fließgeschwindigkeiten von ein bis drei Metern pro Sekunde schneiden sich Gewässer in die Gesteinsunterlage bis zur „absoluten Erosionsbasis“, d. h. dem Meer ein. Die Temperaturen sind grundsätzlich niedriger als die stehender Gewässer und erreichen in Gebirgslagen nur ein bis fünf Grad Celsius.

An den Oberlauf mit reiner Tiefenerosion (Temperaturbereich fünf bis zehn Grad Celsius) schließt der Mittellauf (10 bis 15° C) mit verringertem Gefälle und geringerer Strömungsgeschwindigkeit an. Hier gleichen sich Erosion und Akkumulation aus: Im Fließbereich des Stromstrichs und in den Außenbögen erodiert der Fluss (Tiefen- und Seitenerosion), in den beruhigten Zonen der Innenbögen lagert sich infolge der verringerten, strömungsabhängigen Schleppkraft lockeres Material an. Wird wie im Fall der Alpenflüsse viel Material mitgeführt, kommt es in breiten Schotterbetten zu Flussverlagerungen und Verzweigungen vor allem während der Frühjahrshochwässer.

Der Unterlauf eines Flusses ist Ablagerungsgebiet. Infolge von Seitenerosion bildet der Fluss Mäander, aus denen sich ökologisch wichtige Stillwassergebiete (Altwasser) bilden können.

Die Strömung prägt die Eigenschaften des Fließgewässers, das heißt die Schleppkraft, die Sauerstoffversorgung und die Temperatur.

BEISPIEL „ZÄHMUNG“ DES RHEINS

Ursprünglich war die Oberrheinniederung zwischen dem Baseler „Rheinknie“ und Rastatt von einem dichten Seitenarmgeflecht des mächtigen Rheins durchzogen. Der tiefer gelegene Auenbereich wurde regelmäßig überflutet. Zunächst von den „Weihnachtshochwassern“, die vor allem in den Monaten Dezember, Januar und Februar auftraten. Ihre Ursache war die Schneeschmelze in den im Einzugsbereich gelegenen Mittelgebirgen, die häufig mit länger anhaltenden Regenfällen einherging. Die zweite Überschwemmungsphase entstand durch die frühsommerliche Schneeschmelze in den Alpen. Die höher gelegenen Teile der Rheinaue, die sogenannte Niederterrasse, wurden nur episodisch überflutet. Die typische natürliche Vegetation dieses Bereiches war der Hartholzauenwald mit Feld- und Flatterulme, Stieleiche und Esche. Die tiefer gelegenen, regelmäßig überschwemmten Bereiche waren Standorte der Weichholzaue mit Silber-, Mandel-, und Purpurweide. Schilf- und Binsengesellschaften charakterisierten die unbeständigen und sehr oft überfluteten Sand- und Kiesbänke.

DIE RHEIN-„KORREKTUR“ DURCH TULLA

Zwischen 1830 und 1879 führte der Badische Oberst Tulla die Rheinkorrektur durch. Seine damals honorigen Ziele waren Hochwasserschutz, Gewinnung von Landbau- und Siedlungsfläche, Bekämpfung der Seuchengefahr (der Oberrhein war Malaria-Gebiet!) und Verbesserung der Schifffahrt. Hierzu wurden die Rheinarme zwischen Basel und Murgmündung zusammengefasst, der Stromlauf oberhalb der Murgmündung durch den Durchstoß von Mäanderschlingen um 80 km verkürzt und flussparallel Hochwasserdämme gebaut. Ergebnis: Der nun deutlich schneller fließende Strom fraß sich tief in sein verkürztes Bett, ihm folgte das Grundwasser in seinem Einzugsbereich. Die Grundwassersituation wurde durch den Bau des betonierten Rheinseitenkanals auf französischer Seite rund 100 Jahre nach der Rheinkorrektur noch verschärft. Dort, wo früher üppiger Auwald wucherte, stocken heute auf großer Fläche nahezu reine und damit risikoreiche Kiefernbestände. An manchen Orten ist es selbst

Der Oberrhein nordwestlich von Heitersheim. Im Zuge der „Rheinkorrektur“ verlor Deutschlands längster Fluss 80 km seines Bettes ab der Murgmündung.

für diese Baumart zu trocken. Dort kümmert nur noch Buschvegetation. Weitere „Segnungen“ der Rheinmanipulation sind regelmäßig wiederkehrende Überschwemmungen in den Regionen an Mittel- und Niederrhein.

GEFAHREN

Leider ist von diesen ursprünglichen positiven Kennzeichen zahlreicher Gewässer nicht viel übrig geblieben. Ausufernde Verrohrung und Befestigungsbauten, die Verdrängung der Ufervegetation und übertriebene Unterhaltungsmaßnahmen sind die wesentlichen Fehler vergangener Zeiten.

Von den etwa 3 000 Bächen, die es in Deutschland gibt, wurden in der Vergangenheit rund zwei Drittel begradigt, in Rohre gezwängt, betoniert oder durch die Einleitung von Schadstoffen erheblich geschädigt. Natürlich mäandrierende Fließgewässer haben heute weniger als zehn Prozent ihrer ursprünglichen Länge.

Das Beispiel des Oberrheins zeigt deutlich, wie sich die naturräumliche Situation nach massiven Eingriffen in ein Fließgewässersystem verändert.

DIE FISCHREGIONEN

Eine allgemein gültige Gliederung der Fließgewässer auf biologischer Grundlage ist wegen der zahlreichen strömungsbedingten Unterschiede schwierig und kann nur hilfsweise erfolgen, wie z. B. durch die Fischzonengliederung nach Illies.

Forellenregion Diese Region beginnt an der Quelle eines Fließgewässers. Hoher Sauerstoffreichtum und eine hohe Fließgeschwindigkeit sind ihre bestimmenden Merkmale. Das Substrat des Gewässerbodens besteht in der Regel aus grobem Gestein und kleinräumig eingestreuten Sand- und Kiesflächen. Leitfischart ist die Bachforelle, als Begleitarten kommen Koppe und Bachneunauge vor. In die untere Forellenregion stoßen vereinzelt Äsche und sogar Hecht vor. Charakteristischer Vogel dieser Region ist die Wasseramsel. Die Wassertemperatur liegt nie über 10° C.

Äschenregion Hierzu zählen überwiegend mittelgroße Bäche und kleinere Flüsse des Berglandes. Kühles und sauerstoffreiches Wasser, Mäanderbildung und der stete Wechsel stark durchströmter und ruhig fließender Bereiche kennzeichnen die Äschenregion. Neben der Äsche als Leitfischart kommen Forelle, Nase und Hasel vor. Die Wasseramsel wird hier seltener. An ihre Stelle tritt der Eisvogel. Die Wassertemperatur erreicht in dieser Region bis 15° C.

Barbenregion Sie markiert den Beginn des Mittellaufs der Fließgewässer. Die Strömung hier ist sehr ruhig und nur vereinzelt von turbulenten Abschnitten unterbrochen. Noch relativ sauerstoffreiches Wasser fließt über sandig kiesigen Grund, der an flachen Stellen mit Wasserpflanzen bewachsen ist. Bedingt durch die geringe Strömung kann diese Region im Winter schon zufrieren, zumindest in Randbereichen. Neben der Barbe kommen

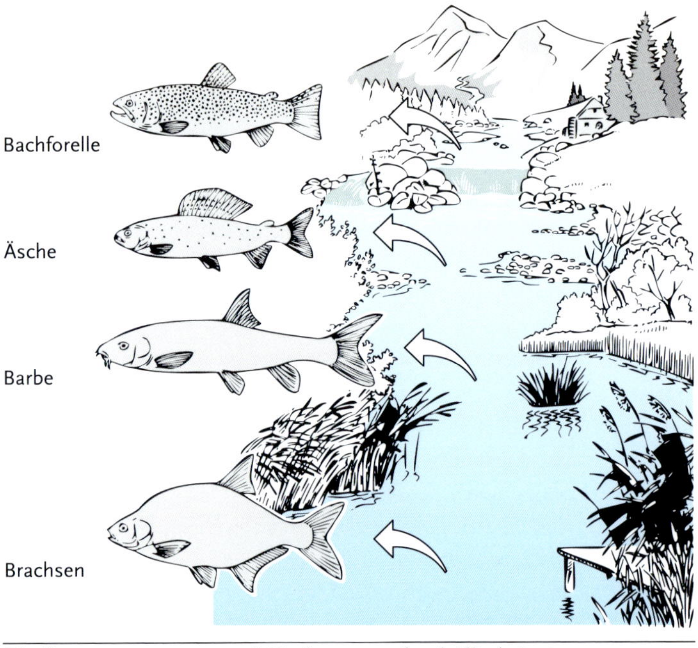

Fließgewässerzonierung nach Fischregionen (nach Illies). Strömungsgeschwindigkeit und Sauerstoffgehalt nehmen zur Mündung hin ab, die Wassertemperatur steigt.

In der Forellenregion – hier am Weissenbach – wird alles Feinmaterial vom Wasser mitgerissen.

Rotfeder, Aal und vereinzelt der Wels vor. Vögel der Barbenregion sind das Blässhuhn und die Wasserralle.

Brachsenregion Diese Region ist durch die weiter abnehmende Fließgeschwindigkeit des Gewässers gekennzeichnet. Die Wassertemperatur steigt hier bis über 20° C. Die Unterläufe großer Flüsse zählen zu dieser Region. Typisch für ihren Wasserkörper ist das temperaturabhängige Sauerstoffgefälle von der sauerstoffreichen Oberfläche bis zum sauerstoffarmen sandig schlammigen Grund. Neben den Brachsen sind für diese Region Rotauge, Güster, Aland, Rotfeder, Barsch und Hecht bezeichnend. Der träge Wasserfluss sagt auch dem Haubentaucher zu.

Kaulbarsch-Flunder-Region Sie umfasst die Flussmündungsbereiche, die von Ebbe und Flut beeinflusst werden. Trübes, sommerwarmes Wasser sowie schlammiges Bodensubstrat sind Merkmale dieser Region. Neben den Leitfischarten Kaulbarsch und Flunder ist der Dreistachelige Stichling typisch.

GESTALTUNGS-MÖGLICHKEITEN

Die Gestaltungsmöglichkeiten an kleineren Bächen und Gräben, mit denen der einzelne Revierinhaber einiges verbessern kann, wurden im Kapitel „Waldbäche – Lebensadern in Revier" schon näher beschrieben. Im Unterschied dazu bedeutet Reviergestaltung am Fluss mit Ausnahme einiger kleiner Maßnahmen vor allem Überzeugungsarbeit auf politischer Ebene und eine gute Öffentlichkeitsarbeit.

Auf Revierebene lassen sich kleinere Bepflanzungen zur Aufwertung von Flussufern durchführen und Feuchtbiotope in Flussnähe anlegen. Je nach örtlicher Situation sind auch die gezielte Pflege von Feuchtbiotopen und die Beruhigung wichtiger Lebensräume möglich. Denn auch an Flüssen ist es wichtig, dass die Ufer Erholungssuchenden nicht auf ganzer Länge zugänglich sind oder Weidevieh überall herangelangen kann.

Angesichts der Bedeutung und der Attraktivität von Flüssen erfordert Reviergestaltung dort aber immer eine enge Kooperation zwischen allen Beteiligten und Betroffenen. Dies gilt z. B. vor allem dann, wenn Flussläufe wieder für alle Lebewesen passierbar gemacht werden sollen. Der Rückbau von Wehren und der Einbau von Fischtreppen oder anderen Überquerungsmöglichkeiten in Staustufen lassen sich nur auf offiziellem Weg erreichen. In unmittelbarer Nähe von Fließgewässern darf der Boden nicht bewirtschaftet werden. Soweit überhaupt Äcker zulässig sind, ist ein Mindestabstand von 10 m zur Böschungskante notwendig.

UFERSCHUTZ

Für die Gestaltung der wassernahen Uferbereiche durch Pflanzmaßnahmen bieten sich verschiedene Weidenarten an, oberhalb der Böschung auch Erlen, Eschen und Ulmen sowie weitere Baum- und Straucharten. Je nach Lage des Gebietes müssen hierbei gegebenenfalls Gesichtspunkte des Hochwasserschutzes etc. berücksichtigt werden.

Von allen Pflanzen an Fließgewässern haben Erlen und Baumweiden die größte Bedeutung für den Uferschutz. Nur unmittelbar oberhalb der Mittelwasserlinie gepflanzt, kann das Wurzelwerk das Ufer wirksam schützen und der Gehölzschatten den Wasserpflanzenbestand kurz halten.

Die Erle ist hinsichtlich ihres Standortes nicht wählerisch. Sie verlangt nur eine genügende Bodenfeuchtigkeit und ein Mindestmaß an Nährstoffen. Von der Mittelwasserlinie reichen Erlen und Weiden mit ihrem Palisadenwurzelsystem bis zu einen Meter unter den Wasserspiegel in das Erdreich. Seitenerosion wird unter günstigen Bedingungen bis in etwa 2,50 m Entfernung zur Wasserlinie verhindert. Offenbar unterbinden die Pa-

lisadenwurzeln der Erle auch das Unterwühlen der Uferränder durch den Bisam.
Nach etwa 15 Jahren muss die Roterle dicht über dem Boden gekappt werden. Nur so ist gewährleistet, dass sie schnell und kräftig austreibt und einen dichten Gürtel bildet, der wirksam Wasserlauf und Böschung beschattet. Ziel der Pflege ist eine Art Dauerniederwald, in dem unterschiedlich hohe Erlen und Weiden nebeneinanderstehen. Das fallende Laub dieser Baumarten ist eine wichtige Nahrung für Bachflohkrebse, die das Substrat zersetzen. Gleichzeitig sind diese Flohkrebse Hauptnahrung der Fische. Neben der Roterle als Hauptbaumart eignen sich Silberweide, Salweide und Bruchweide. In Überschwemmungsgebieten wächst außerhalb der Uferzone auch die Schwarzpappel.
Pappeln allein – in den Weichholzauen der Flussunterläufe durchaus standortgemäß – schützen den Böschungsfuß nicht ausreichend. Ihre Wurzeln meiden dauernd vernässte Bodenschichten, streichen dort nur flach und werden deshalb leicht unterspült. Der spärliche Schatten dieser Bäume ist in nährstoffreichen Gewässern nicht in der Lage, den Massenaufwuchs von Stauden und Gräsern zu unterdrücken.
In landwirtschaftlich intensiv genutzten Bereichen ist in der Regel nur auf den Uferböschungen Platz für Baum- und Strauchbewuchs. Im Sinne einer Biotopvernetzung sollte versucht werden, die gewässerbegleitenden Gehölzbestände miteinander zu verbinden. In vorhandenen Altwässern, die im Laufe der Zeit verlandet sind, können nach Beseitigung des Bodenschlicks und ihrem Anschluss an das Flusssystem wertvolle Laichplätze für Fische und Röhrichtbestände für brütendes Wasserwild entstehen.
Die Sohlräumung in Fließgewässern zerstört den Lebensraum für unzählige Wasserlebewesen, die im Boden zwischen Geröll und Schlamm oder unter der Gewässersohle ständig leben bzw. Hochwasser und strenge Winter überdauern, laichen, ruhen, sich verstecken oder sich verpuppen. Zumindest in nicht schiffbaren Flüssen und Bächen müssen Sohlräumungen unterbleiben!
Für unvermeidbare Grabenreinigung dürfen, wie bereits erwähnt, nur eine jährlich wechselnde Uferseite und nur Abschnitte von etwa 50 m Länge geräumt werden. Dies muss zwi-

An der Wassermittellinie gepflanzt, ist die Roterle ideal zur Uferbefestigung und Gewässerbeschattung. Im Gebirge (im Bild) übernimmt die Grauerle diese Aufgaben.

schen Mitte September und Anfang Oktober geschehen, weil zu dieser Zeit die Amphibien ihre Winterruheplätze im Schlamm noch nicht aufgesucht haben.

KANÄLE MIT SPUNDWÄNDEN – TODESFALLEN ENTSCHÄRFEN

Das Leitbild der Naturnähe muss auch für Kanäle gelten. Alle Schiffswege mit über das Wasser ragenden Spundwänden sind bösartige Todesfallen, aus denen es für Säugetiere und flugunfähiges Wassergeflügel (Jungtiere) kein Entrinnen gibt. Spundbauweise steht damit im Widerspruch zu den Grundsätzen der Ethik und des Tierschutzes. Auch aus ökologischer Sicht sind die Zerschneidung der Landschaft und die Isolierung von Populationen durch Spundwände über längere Strecken nicht mehr akzeptabel. Naturnahe, flache und begrünungsfähige Ufer müssen auch an Schiffskanälen das Ziel aller Beteiligten sein. Alle hier skizzierten Renaturierungsmaßnahmen müssen sich zunächst auf noch vorhandene naturnahe Gewässer erstrecken und an der jeweiligen naturräumlichen Region orientieren. Gewässerrenaturierung ist in erster Linie Gewässerentwicklungshilfe, die der eigendynamischen Entwicklung genügend Spielraum lässt – also „Hilfe zur Selbsthilfe".

RENATURIERUNG – AUFGABE ALLER

Fließgewässer haben eine ökologische Schlüsselrolle. Über 90 % sind mehr oder weniger stark beeinträchtigt. Ihre Rettung kann und darf sicher nicht allein Aufgabe der Jäger sein. Gewässerverbände, Stadtdirektoren und Bürgermeister, Fremdenverkehrsinstitutionen, staatliche Forstverwaltungen und Gartenämter, Angler und Jäger und – nicht zu vergessen – Flurbereinigungsbehörden und -teilnehmer müssen sich hier gemeinsam für ihre Renaturierung einsetzen. Den Anstoß hierzu kann aber durchaus der Jäger geben.

Spundwandeinbau am Kanal: nicht nur trist, sondern auch das Todesurteil für viele Tiere.

Er sollte auch für ein Engagement der Bürgerschaft werben. Eine Möglichkeit hierzu stellt beispielsweise die Übernahme sogenannter Bachpatenschaften durch örtliche Vereine oder Schulen dar. Solche Patenschaften kommen nicht nur der Gewässerrenaturierung zugute, sondern fördern – und das ist fast noch wichtiger – das Verständnis und Verantwortungsgefühl für die Umwelt in der breiten Bevölkerung.

REVIEREIN-RICHTUNGEN

ANSITZEINRICHTUNGEN

Naturverträgliche Reviergestaltung erstreckt sich nicht nur auf die Lebensräume des Wildes und anderer Tiere, sondern verlangt folgerichtig auch, jagdliche Einrichtungen so wildgerecht wie möglich zu planen.
Reviereinrichtungen sind für die Betreuung des Revieres, d. h. für Hege und Jagd, unverzichtbar, letztlich aber auch Fremdkörper im Revier.

Eine gute jagdliche Einrichtung muss zunächst zweckmäßig sein. Außerdem muss sie so gebaut und aufgestellt werden, dass sie das Landschaftsbild nicht stört und den Ansprüchen des Wildes gerecht wird. Hochsitze und Ansitzmöglichkeiten sind beispielsweise für eine ordnungsgemäße Bejagung unerlässlich – als Hilfsmittel zur Markierung der Reviergrenzen taugen sie nicht! Wildgerecht

Frei stehende „Türme" mit kunststoffverkleidetem Oberbau sind keine Landschaftszier …

Passt der Standort des Hochsitzes zur Hauptwindrichtung? Das ist die wichtigste Frage …

sind sie, wenn ihre Nutzung möglichst wenig Störung verursacht und sie der effektiven Bejagung dienen. Bei Fütterungseinrichtungen kann es fallweise durchaus vernünftig sein, sie gemeinsam mit dem Nachbarn zu betreiben.
Auch an nichtjagdbare Tiere ist zu denken: Nisthilfen für Vögel und Fledermausquartiere lassen sich oft mit anderen baulichen Maßnahmen sinnvoll kombinieren.

STANDORTWAHL

Dem Ansitz kommt in dem meisten deutschen Revieren eine Schlüsselrolle für die

An der Wald-Feld-Grenze gehören Ansitzeinrichtungen an bzw. besser in den Waldrand.

Wildbeobachtung und -bejagung zu. Hier sollen nicht die Vielzahl möglicher Ansitzeinrichtungen nebst Montageanleitung und detaillierten Bauzeichnungen vorgestellt, sondern die grundsätzlichen Regeln genannt werden, die unabhängig von der Bauart zu berücksichtigen sind:

- Kanzeln, Leitern und Schirme müssen bezogen und verlassen werden können, ohne vom Wild bemerkt zu werden: Sie gehören somit nicht in die Wildeinstände.
- „Der Wind jagt mit!" Bei der Platzwahl kommt der Windrichtung eine besondere Bedeutung zu: Dabei sind nicht nur die Hauptwindrichtung wichtig, sondern auch deren tagesperiodische Änderungen, die sich bei schwach windigem Wetter gut feststellen lassen: So steigt am Tag infolge der Sonneneinstrahlung die Luft an den Berghängen nach oben, während sie nachts daran hinabfließt. In ähnlicher Weise weht der Wind an größeren Gewässern tagsüber vom See in Richtung Land, da sich dieses schneller erwärmt und die Luft darüber aufsteigt. Nachts kühlt die Luft über dem Land schneller ab, sodass sich die Windrichtung umkehrt.

In Waldgebieten und im Gebirge beeinflussen weitere Faktoren die Windrichtung: Hohe Bestandesränder verändern die Windströmung, lange Schneisen haben kanalisierende Wirkung. Bei schwer einschätzbaren Verhältnissen lohnt es sich durchaus, die Morgen- und Abendstunden einmal am auserwählten Platz zu verbringen und die Änderungen der Windrichtung zu verfolgen.

WICHTIGE KRITERIEN

Sehen und nicht gesehen werden – dies ist die Devise für Ansitzeinrichtungen. Die Beachtung der Sicherheitsstandards und einiger weiterer Grundregeln sind außerdem für die Zweckmäßigkeit von Hochsitzen entscheidend.

— Das Wild darf den Sitz und seine Funktion nicht entdecken. Hat der Jäger den Ansitz bezogen, muss er wirklich verschwunden sein. In Revieren, in denen austretendes Wild zuerst in Richtung Hochsitz sichert, stimmt etwas nicht!
— Gute Sicht ist notwendig. In die Hauptbeobachtungsrichtung muss man zu den Ansitzzeiten das Licht im Rücken haben, darf also z. B. nicht in die tief stehende Sonne schauen.
— Ein geeigneter Standort und ein Mindestmaß an Komfort sind notwendig: Mückenschwärme können Hochsitze ebenso wertlos machen wie ein steifer Nacken.
— Die Verhaltensbesonderheiten der jeweiligen Wildarten müssen berücksichtigt werden: So halten sich Rehe vor dem Austreten zunächst im dunklen Bestandesrand auf und überprüfen von hier aus die helle, sonnendurchflutete Fläche. An der Wald-Feld-Grenze ist es daher meist sinnvoll, den Sitz in den Waldrand zu integrieren oder an lichten Altholzbeständen sogar geringfügig zurückzuversetzen.
— Bei der Standortwahl gilt es auch die Wildfolge zu bedenken: Liegt das Wild nicht im Schuss, muss es noch vor der Grenze ins Wundbett gehen können. Dies setzt also eine geeignete Deckungsfläche zwischen Hochsitz und Grenze voraus.
— Zu jedem Ansitz gehört ein Pirschweg: Er muss nicht eigens freigeschnitten werden, sondern kann auch weitgehend auf den ohnehin vorhandenen Wegen verlaufen. Allerdings muss er so sauber gehalten werden, dass ein geräuscharmer An- und Rückmarsch möglich sind. Gezielt neu angelegte Pfade müssen immer blind vor öffentlichen Wegen enden.

STANDORT VOR KOMFORT!

Für alle Ansitzplätze gilt: Eine auf das Revier und das Wild abgestimmte Standortwahl ist wichtiger als eine komfortable Bauausführung! Nicht wenige Jäger machen die interessantesten Wildbeobachtungen von einfachen selbstgefertigten Bodenschirmen aus.

HOCHSITZTYPEN

SCHIRME

Größe und Ausmaß der Ansitzeinrichtungen werden natürlich stets durch die örtlichen Verhältnisse bestimmt.

Der Schirm ist die einfachste Ansitzeinrichtung. Ein trapezförmiger Grundriss ist unter den Gesichtspunkten Sichtschutz und Übersicht vor allem für zwei Personen günstiger als ein rechteckiger. Im Flachland ist der fehlende Kugelfang ein Nachteil, der sich jedoch im bergigen Gelände durch die richtige Standortwahl ausschalten lässt.

In steilen Lagen können richtig platzierte Schirme Hochsitze teilweise durchaus ersetzen. In lichteren Stangenhölzern lassen sich beispielsweise die Brunftplätze des Damwildes vielfach nur durch Schirme erschließen. Bei starkem Erholungsdruck eignen sie sich allerdings nicht zur Jagd an versteckt gelegenen Brunftplätzen. Denn Schirme in Wegnähe fallen auch anderen Waldbesuchern schnell auf. Müssen solche Ansitzeinrichtungen, aus welchen Gründen auch immer, unmittelbar neben vielbegangenen Wanderwegen aufgestellt werden, empfiehlt es sich, sie so einfach wie möglich zu konstruieren. Ein Tarnnetz zur Verblendung und ein Sitzstock werden jeweils zum Ansitz im Rucksack mitgebracht. Anstelle eines Tarnnetzes eignen sich beispielsweise auch tarnfarbene Armeeponchos. Wirkungsvolle Hilfsmittel für schnelle Verbesserungsmaßnahmen wie Tarnnetz oder -poncho, einfache Zeltheringe, eine starke Kordel und ein Messer haben in jedem Rucksack Platz. So kann man auch auf Gesellschaftsjagden den zugewiesenen Standplatz kurzfristig und ohne viel Aufwand verbessern.

Für Erdschirme ist ein trapezförmiger Grundriss zweckmäßig. In Steillagen oder an Brunftplätzen können sie eine sinnvolle Alternative zum Hochsitz sein.

Optimal eingebauter Hochsitz

ANSITZLEITERN UND KANZELN

Ansitzleitern werden so gebaut, dass sie von zwei Personen auch über größere Entfernungen transportiert werden und frei stehen können. Die Breite der Leiter richtet sich danach, ob eine oder zwei Personen auf ihr Platz finden sollen.

Die offene Kanzel mit Dach verbindet Witterungsschutz mit einer akustischen und optischen Orientierungshilfe. Auch hier richten sich Bauhöhe und -ausführung stets nach den Anforderungen des Geländes. Die Kanzel wird weitgehend am Boden vorgefertigt. Sowohl beim Bau als auch im Hinblick auf die spätere Standfestigkeit müssen die Sicherheitsvorschriften beachtet werden. Gerade Stürme sind immer wieder ein guter Testfall für die Standfestigkeit der Hochsitze.

Geschlossene Hochsitze bieten einen weitgehenden Witterungsschutz bei stundenlangem Ansitz. Sehr wichtig sind wieder gute Sicht, guter Sichtschutz, bequeme Sitzmöglichkeit und die Möglichkeit einer sicheren Schussabgabe, die durch ein innen umlaufendes Brett gesichert wird. Klappbare Doppelglasfenster haben den Vorteil, die Einsichtnahme von außen in die Kanzel zu verhindern. Läden werden außen so montiert, dass sie nach oben hochgeklappt und auf halber Höhe festgestellt werden können. Sind die Läden geschlossen, schützen sie die Fensterscheiben vor mutwilliger Zerstörung. Die geöffneten, vorragenden Läden verdunkeln den Innenraum des Hochsitzes und schützen die Fensteröffnung vor Regen und Schnee.

Die Tarnwirkung geschlossener Kanzeln gegenüber dem Wild darf übrigens nicht überschätzt werden: Für das Wild sind An- und Abmarsch bei Tageslicht oft weniger störend als stundenlange Nachtansitze, bei denen die Witterung den Jäger verrät.

SICHERE BAUWEISE

Sicherheit ist Trumpf: Dies gilt sowohl für eine stabile Bauweise von Ansitzeinrichtungen als auch für den Schutz des Jägers vor Gewitter und Sturm (Astbruch) und bei der Schussabgabe.

Die einschlägigen Sicherheitsregeln für den Bau von offenen und geschlossenen Kanzeln sind den meisten Jägern hoffentlich bekannt. Einige sollen hier dennoch schlaglichtartig wiedergegeben werden.

— Auslegerstreben erhöhen die Stabilität des Hochsitzes nur, wenn sie richtig angebracht werden: Der Abstand zu den tragenden Pfosten muss am Boden ein Viertel der Höhe des Kanzelbodens über Grund betragen.

- Pfosten und Streben werden 80 cm in den Boden eingegraben und durch Salzimprägnierung oder andere geeignete Maßnahmen gegen Fäulnis geschützt.
- Die meisten Unfälle ereignen sich durch brechende Leitersprossen und -holme. Die Sprossen müssen immer so weit überstehen, dass sie nicht ausreißen. Die zulässigen und geeigneten Methoden der Sprossenbefestigung in Anhalt an die neue Unfallverhütungsvorschrift (UVV) Jagd müssen angewendet werden!
- Holzverbindungen werden grundsätzlich mit langen Nägeln, die ausreichend tief in das hintere Holz eindringen, verbunden und überragende Nagelenden zu einem Widerhaken umgeklopft. Ein langer, hinten austretender Nagel ist belastbarer als mehrere kurze Nägel. In Stirnholz werden keine Nägel geschlagen.
- Bei der Verwendung von Grundsteinen oder auch Betonfundamenten muss stets Dachpappe zwischen Holz und Grundstein gelegt werden (Isolierung).

Geschlossene Hochsitze erleichtern das Durchhalten – kein unwichter Aspekt für den Nachtansitz auf Sauen.

FÜTTERUNGSEINRICHTUNGEN

Gemeinsames Fernziel von Jägern und Naturschützern muss es sein, die Winterfütterung überflüssig zu machen. Dort, wo Lebensräume unvollständig oder aber natürliche Wintereinstände für das Wild nicht mehr erreichbar sind – wie z. B. die Auwälder für das Rotwild –, wird die sachgerechte Winterfütterung jedoch zur notwendigen „Krücke“ in der Kulturlandschaft. Die Absicht einer Fütterung kann auch, wie im Fall des Schwarzwildes, in der Ablenkung dieser Wildart von schadensgefährdeten Feldfrüchten bestehen. Nachfolgend soll es nicht darum gehen, alle Formen und Varianten der Wildfütterung darzustellen. Vielmehr werden beispielhaft geeignete Fütterungseinrichtungen angesprochen und Tipps zu deren Standort und Ausführung gegeben.
Bei der Winterfütterung sind das Einhalten der rechtlichen Bestimmungen und die revierübergreifende Abstimmung Trumpf. Angesichts der hohen Schwarzwildbestände und des ASP-Risikos wird die Fütterung von Schwarzwild eher eine Ausnahme sein. Für das Rotwild reichen in den meisten Gebieten Heu und Anwelksilage aus. In hohen Mittelgebirgen und vor allem im Hochgebirge, wo das Wild dank der touristischen Erschließung bei höheren Schneelagen kaum ausweichen kann, muss die Fütterung den gesamten Energiebedarf decken – dies bedeutet in der Praxis auch Kraftfuttergaben, allerdings in begrenzter Menge. Rüben erfordern in jedem Fall die Ergänzung durch Raufutter und dürfen nie alleine angeboten werden.

SCHWARZWILD

Schwarzwildfütterungen müssen gegen die Nutzung durch anderes Wild gesichert werden, da in den meisten Bundesländern Getrei-

Sauklappen im Kulturzaun müssen richtig platziert sein.

In Sonderfällen – wenn die Fütterung zugelassen ist – sichern Frischlingsrechen auch den Kleinsten ihren Futteranteil.

de als Futtermittel für die Wiederkäuer nicht zugelassen ist. Zwischen Kraftfutteraufnahme und Wildschäden durch die wiederkäuenden Wildarten besteht nämlich ein enger Zusammenhang.
Idealerweise werden Schwarzwildfutterplätze als (zugelassene!) Ablenkungsfütterungen großräumig (auf 0,2 bis 0,5 ha) eingezäunt und auf den Wechseln Sauklappen in den Kulturzaun eingebaut. Wird eine Futterstelle neu eingerichtet und sind die Hauptwechsel des Schwarzwildes noch nicht bekannt, wird der Zaun anfangs nur lose montiert. Wenn später die regelmäßigen Wechsel bekannt sind, werden die Sauklappen endgültig eingebaut und der Zaun dicht geschlossen. Falsch platzierte Durchlässe nehmen die Sauen nicht an. Im Zweifelsfall passieren sie das Knotengeflecht fünf Meter nebendran!
In störanfälligen Bereichen wird der Zaun durch den Rand einer angrenzenden Dickung gelegt, sodass die Rotte bei Gefahr erst die Deckung annehmen und dann ungestört auswechseln kann. Wird dies nicht beachtet, lösen plötzliche Störungen häufig regelrechte Panik aus.
Geeignete Futtergeräte für Schwarzwild sind niedrige Tröge, Tonnen oder auch Streueinrichtungen. Besondere Vorrichtungen wie der Frischlingsrechen sichern den Frischlingen auch in großen Rotten einen ausreichenden Futteranteil.

In groß konstruierte Heutristen lässt sich der Heuballen mit einem Traktor hineinsetzen.

WIEDERKÄUER

Zur Fütterung der wiederkäuenden Schalenwildarten mit Heu haben sich in der Praxis die sogenannten Tristen besser bewährt als die klassischen Heuraufen. Sie bestehen aus einem kniehoch montierten quadratischen Brett mit einem Dach in entsprechender Höhe darüber, auf dem ganze Heuballen angeboten werden. Tristen gewähren dem Wild eine Rundumsicht und ermöglichen großen Rudeln, von allen Seiten an das Heu zu gelangen. An den üblichen Raufen muss das Wild vor einer Wand äsen, sodass es sie aus Sicherheitsgründen meist nur unzureichend annimmt.

HEU

Heu kann im Revier auch gleich auf den Reutern angeboten werden, auf die es zum Trocknen gehängt wurde. Spezielle Trocknungssysteme wie die Heustadel oder die slowenische Heuharfe haben sich gleichfalls bewährt.

RÜBENMIETEN

Silage- oder auch Rübenvorräte müssen im Hochwildrevier schwarzwildsicher eingezäunt werden. Zur Einmietung von Rüben wird zunächst auf einer trockenen Stelle, also nicht in einer Wasser führenden Senke, der Boden zu einer glatten Fläche hergerichtet. Günstig ist ein leicht geneigter Standort, damit das Wasser am Boden abfließen kann. Die Rüben werden auf einem Haufen abgekippt und nach einer witterungsabhängigen Trocknungszeit von zwei bis vier Wochen mit einer Strohpackung von einem halben Meter Höhe abgedeckt. Über diese Strohlage wird eine wasserdichte Folie (Silagefolie) gelegt. Zur Tarnung werden auf die Folie noch einmal rund 30 cm Laub geschichtet. Um

„Eingegatterte" Rübenmiete mit außen umlaufenden Futtertischen

Vorlagetische aus Rundhölzern: Schmutz fällt hindurch, die Rüben liegen nicht im Regenwasser oder Schnee.

RUNDE HÖLZER, NIEDRIGE WÄNDE

Stark verschmutzte oder gar aufgeweichte Rüben nimmt das Wild nur ungern. Wer solch eine Entwertung der Früchte verhindern will, baut Rübenvorlagen oder Futtertische nur aus runden Hölzern. Der Dreck kann herunterfallen und das Wasser ablaufen. Futtertische dürfen nie als Tröge mit hohen Seitenwänden konstruiert werden: Das empfindliche Rotwild nimmt die Rüben nur dann auf, wenn es noch über den Rand des Futtertisches äugen kann.

die Schwitzwasserbildung zu vermeiden, schneidet man in die Plane im Zwei-Meter-Abstand zwei Löcher, in die ein kleiner Strohballen als „Kamin" eingesetzt wird.
Besonders bewährt haben sich Mietenformen mit außen umlaufenden Futtertischen: Die Rüben werden auf dem ebenen Boden abgelagert und wie beschrieben beschichtet. Außen herum laufen dann in etwa 60 cm Höhe die Rübenvorlagen. Sie können einfach aus drei bis vier nebeneinander genagelten Fichtenstangen oder aber langen Futtertischen aus zusammengenagelten Rundhölzern bestehen. Für Rehe werden die Tröge entsprechend niedriger montiert, d. h. auf eine Höhe von rund 40 bis 50 cm.
Bei sehr intensiver Annahme von Futterplätzen kann es vorteilhaft sein, die Rübentische im Winter ein paar Meter zu versetzen, sodass das Wild nicht im Morast steht. Je nach Intensität und Umfang der Winterfütterung und verfügbaren Maschinen werden die Futtertische so gebaut, dass sie im Bedarfsfall mit einem Frontlader leicht versetzt werden können.
Für alle Wildarten ist wichtig, dass die eintreffenden Stücke gleichzeitig die Fütterung annehmen können. Kleinere Tröge werden deshalb so im Kreis aufgestellt, dass möglichst alle Tiere gleichzeitig an das Futter gelangen. Dies mindert die Äsungskonkurrenz und wirkt Wildschäden in der Umgebung der Fütterung entgegen. Bei großen Rudeln empfiehlt sich der Bau eines Kälberstalles.

NIEDERWILD

Bei der Fütterung kleinerer Wildarten geht es vor allem darum, den Zugriff von Beutegreifern auszuschließen. Als Fasanenschütte hat sich das Pultdach von rd. 2,50 m Länge, das auf vier Pfähle in Höhe von etwa 50 und 20 cm genagelt wird, bewährt. Geeignete Futtermittel sind Winterkorn von Weizen, Hafer, Gerste, Körnermais, Kolbenmais, Soja-

Fasanenfallrohrfütterung mit Tränke am Rand eines Wildackers. Der Draht verhindert den Zugriff von Rehwild. Als Schutz gegen Sauen werden ggf. Baustahlgeflechtmatten um den Platz gelegt.

bohnen, Buchweizen und Eicheln, die mit Druschabfällen (Kaff) gemischt werden. Dazu kommen Magensteinchen. Praktischer und wegen der besseren Rundumsicht sicherer bei gleichzeitigem Schutz vor Mäusen und Ratten sind die im Handel erhältlichen Fasaneneimer oder entsprechende Selbstbauten aus PVC-Fallrohren, die für Fasanen 30–40 cm über dem Boden und für Rebhühner in 15–20 cm Höhe aufgehängt werden. Geeignete Standorte sind z. B. breite Hecken, die von oben Schutz gegen Überraschungen durch den Habicht und am Boden eine gute Rundumsicht gewährleisten. Als Saftfutter bieten sich für den Fasan durchschnittene Rüben, Kartoffeln, Topinambur, Knollen, Kohlblätter und Vogelbeeren an.

REBHUHN UND HASE

Rebhühner lassen sich mit einer Mischung aus Weizen und Spreu, zur Not auch mit klein gehäckseltem, kornhaltigem Stroh füttern. Anders als Fasane lassen sie sich nicht mit der Fütterung an ungewohnte Plätze locken. Die Futtergaben sind also dort auszubringen, wo man eine Rebhuhnkette beobachtet hat. Wichtig ist es, dabei Abstände zur nächstgelegenen höheren Deckung von rund 200 m einzuhalten, damit diese Futterplätze dem Zugriff von Habicht und Krähen entzogen sind.

Fütterung hin oder her: Gerade dem Rebhuhn kann sie keine Lebensraumdefizite, also den Mangel an Feld- und Wegrainen, Stoppelbrachen und Randsäumen niedriger Hecken ersetzen.

Hasen nehmen in strengen Wintern mit hohem oder verharschtem Schnee auch Futterplätze an. Hier eignen sich als Futtermittel Zucker-, Kohl- und Futterrüben, Topinamburknollen, Möhren, Kartoffeln, Kohl, Obstbaumverschnitt, Weichhölzer und Getreidesorten wie Weizenkörner, Hafer und Roggen. Auf verdorbenes Futter reagieren Hasen sehr empfindlich.

TRÄNKEN

Eine unmittelbare Wasseraufnahme ist dem Wild nur an Wasserstellen möglich. Wo daran Mangel herrscht, kann durch künstliche Tränken Abhilfe geschaffen werden: In geeignetem Gelände – in Mulden und Senken also, an Hangfüßen oder auch im Talwiesengrund – werden flache, 10 bis 20 m² große Löcher ausgehoben und mit einer Lehmschicht ausgekleidet. Steht ausreichend dichtes Bodenmaterial nicht zur Verfügung, werden die Vertiefungen mit einer stabilen Teichfolie

ausgelegt und deren Ränder eingegraben oder mit Grassoden bedeckt.
Wird die Tränke von den größeren Schalenwildarten angenommen, deren Schalen eine Folie nicht standhält, muss die Mulde mit Beton ausgekleidet werden. Diese landschaftlich bedenkliche Maßnahme kommt jedoch erst dann in Frage, wenn alle übrigen Möglichkeiten untauglich sind.
In Revieren, in denen schutzwürdige kleinere Moorbiotope in längeren Trockenperioden die letzten Rückzugsräume für Sauen bieten, ist die Anlage von Suhlen und Tränken in weniger sensiblen Landschaftsbereichen gleichzeitig ein Mittel des praktischen Biotopschutzes.
Fasanentränken sind leicht mit Futterstellen zu verbinden. Eine Regenrinne am Dach der Fasanenschütte leitet Regenwasser in eine nebenan gelegene Tränke.

VÖGEL

Das Jagdrevier ist nicht nur Lebensraum jagdbarer Wildarten. Mit wenig Aufwand kann an Jagdhaus, Jagdhütte und auch Kanzeln etwas für Vögel und Fledermäuse getan werden. Eines jedoch vorweg: Künstliche Nisthilfen sind immer nur ein Notnagel, der den Mangel an toten und morschen Bäumen mit natürlichen Höhlen im Wirtschaftswald nicht vollständig ausgleichen kann. Wirksamer Vogelschutz verlangt daher vor allem kleinräumige Strukturvielfalt im Wald und ein ausreichendes Alt- und Totholzangebot auf großer Fläche. Morsche Bäume sind überdies auch für das Überleben zahlreicher, sogenannter Totholzinsektenarten wichtig.

NISTHILFEN FÜR HÖHLENBRÜTER

Vogelnistkästen lassen sich leicht aus den Resthölzern herstellen, die beim Hochsitzbau oder der Errichtung von Fütterungen anfallen. Neben der auf gegenüberliegenden Seite abgebildeten einfachen Dreieckshöhle gibt es weitere künstliche Nisthilfen, die entweder nach einschlägigen Anleitungen selbst angefertigt oder fertig im Handel bezogen werden können.
Beim Eigenbau von Rechteckshöhlen sind je nach Vogelart, der mit dem Brutangebot eine entsprechende Hilfe angeboten werden soll, unterschiedliche Abmessungen zu berücksichtigen (siehe Tab. S. 164).
Gute und trockene Bretter garantieren eine lange Haltbarkeit der Nistgeräte. Die verwendeten Bretter müssen auf der Innenseite unbedingt sehr rau sein, damit die Vögel daran heraufklettern können.
Es empfiehlt sich, die Außenseiten der Kästen mit einer giftfreien, wasserlöslichen Lasur zu streichen, wie sie auch im Hausinnenausbau verwendet wird.

WANN UND WO AUFHÄNGEN

Wer dem Mangel an natürlichen Bruthöhlen im Revier durch Nistkästen abhelfen will, sollte sich an bestimmte Regeln halten. Generell können Nistkästen zu jeder Jahreszeit aufgehängt werden. Sie dürfen weder von der prallen Mittagssonne beschienen werden noch den ganzen Tag im Schatten liegen. Den richtigen Beschattungsgrad findet man heraus, wenn man die Nistgeräte im Früh- und Vollherbst in die dann noch belaubten Bäume hängt. So bietet man zugleich den Meisenarten Übernachtungsmöglichkeiten während der Wintermonate. Bereits bekannte Übernachtungshöhlen werden später dann bevorzugt zur Brut benutzt.
Halbhöhlen können auch an Kanzeln, Jagdhütten und Scheunen – vorzugsweise an Ost- und Nordseiten angebracht werden. Das Flugloch darf nicht zur Wetterseite weisen. Westseiten eignen sich allenfalls, wenn das Gebäudedach weit übersteht; Südseiten nur dann, wenn sie nicht zu stark besonnt werden. Nistkästen müssen gerade oder leicht nach vorne geneigt hängen, sodass keine Niederschläge durch das Flugloch ins Innere gelangen.

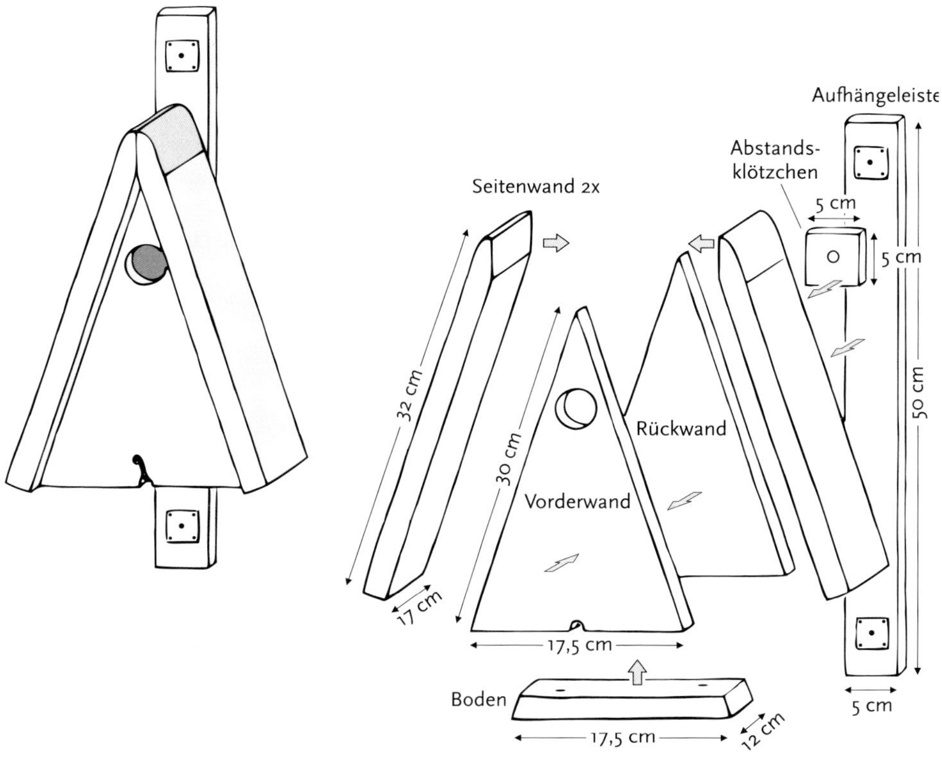

Die einfache Dreieckshöhle ist leicht zu bauen und bietet höhlenbrütenden Vogelarten geeignete Niststätten.

Den Vögeln reicht es grundsätzlich, wenn die Nistgeräte in Augenhöhe aufgehängt werden; dies kann man im eigenen Garten durchaus tun. In öffentlichen Anlagen und im Wald sollten sie jedoch so hoch aufgehängt werden, dass sie ohne Leiter nicht zu erreichen und vor Störungen durch neugierige Zweibeiner geschützt sind.

Die optimale Anzahl der Nistgeräte richtet sich nach den örtlichen Gegebenheiten: In Laubwäldern und offener Kulturlandschaft sollten Nistgeräte mit 35 mm Fluglochdurchmesser rund fünfmal so zahlreich wie kleinere 27-mm-Kästen für die Meisenarten sein. Zur Ermittlung der geeigneten Nistkastendichte werden zunächst in einem Teil des Revieres nur wenige Nistgeräte, etwa ein bis zwei pro Hektar angeboten. Werden hiervon zwei Drittel von den Vögeln angenommen, reicht das Angebot aus. Bei intensiverer Annahme kann die Zahl erhöht werden.

Die verschiedenen Vogelarten stellen unterschiedliche Anforderungen an den Lebensraum und konkurrieren auch um die Nistkästen. Die stärkeren Arten vertreiben die schwächeren. Aus dem Grund ist es wichtig, sowohl Kästen mit kleinen als auch Kästen mit großen Fluglochweiten vorzusehen. Nur so wird für alle Vogelarten ein ausreichendes Angebot sichergestellt.

Nistkästen dürfen jedoch nicht so verteilt werden, dass einzelne Vogelarten in ungeeignete Lebensräume gelockt werden. Der begrenzende Faktor für die Ansiedlung von Vögeln ist das vorhandene Nahrungsangebot. Wie für alle Tiere ist viel Wohnraum ohne entsprechend ausreichende Nahrung auch für Vögel wertlos.

ABMESSUNGEN (IN MM) FÜR NISTKÄSTEN NACH VOGELARTEN

VOGELART	WANDSTÄRKE	FLUGLOCH-WEITE	VORDERWAND	RÜCKWAND	SEITENWÄNDE	BODEN	DACH
Alle einheimischen Meisenarten, Kleiber, Trauerschnäpper	20	27–36	120 x 230	160 x 285	140 x 250 x 280	120 x 130	190 x 250
Gartenrotschwanz	20	30–45	120 x 230	160 x 285	140 x 250 x 280	120 x 130	190 x 250
Wendehals, Mauersegler, Star	20	46–50	140 x 260	180 x 310	150 x 275 x 310	140 x 140	210 x 250
Steinkauz	20	60–70	170 x 310	210 x 375	180 x 325 x 375	170 x 170	240 x 310
Hohltaube	25	74–85	250 x 340	300 x 380	263 x 360 x 380	250 x 250	340 x 360
Waldkauz	25	120–130	250 x 400	300 x 440	280 x 420 x 440	250 x 268	340 x 380

Nisthilfen gibt es in unterschiedlichen Ausführungen. Hier eine Steinkauzröhre in einer Streuobstwiese.

KONTROLLE UND REINIGUNG DER NISTGERÄTE

Bei vorsichtigem Vorgehen nehmen die Altvögel in der Brutzeit eine Kontrolle pro Woche nicht übel. Sind die Jungen jedoch voll befiedert, dürfen sie nicht mehr gestört werden! Ab diesem Alter verlassen Jungvögel bei Gefahr das Nest. Wenn sie noch nicht flügge sind, werden sie dann zwar auch außerhalb der Nisthöhle von den Altvögeln weiter gefüttert, die Verluste sind jedoch sehr hoch.
Unter durchschnittlichen Revierverhältnissen reicht es im Regelfall, den Nistkasten nur einmal im Herbst zu kontrollieren und hierbei gleichzeitig zu reinigen. Die höhlenbrütenden Kleinvögel bauen im Allgemeinen für jede Brut ein eigenes Nest, entfernen aber das alte nicht. Damit die Nistgeräte nicht allmählich mit Nistmaterial zugestopft und unbrauchbar werden, wird im Herbst das alte Material entfernt. Gleichzeitig wird die Höhle mit einer Kochsalzlösung ausgesprüht, um Vogelflöhe und andere Parasiten kurzzuhalten. Insektenmittel sind wegen ihrer chemischen Rückstände nicht geeignet.

ANDERE NUTZER

Mitunter nutzen auch andere Bewohner die Vogelnistkästen. Sieben- und Gartenschläfer bauen ihre Nester aus Moos, Laub und Wurzelfasern und ziehen darin teilweise bis Dezember ihre Jungen auf. Diese Kästen dürfen erst danach gereinigt werden.
Besetzen Hummeln, Wespen oder Hornissen einzelne Kunsthöhlen, werden auch diese erst im November/Dezember nach dem Tod des Volkes gesäubert.
Von europaweit über 50 Fledermausarten leben über 20 Arten in Deutschland. Manche sind vom Aussterben bedroht. Auch der Jäger sollte sich den Schutz und die Förderung von Fledermäusen auf seine Fahnen schreiben. Fledermäuse dürfen nicht gestört werden. Wenn sie in Nistkästen auftauchen, lohnt es sich, spezielle Fledermaushöhlen in der Nähe anzubringen.

In der Regel reicht eine Nistkastenkontrolle und -reinigung im Spätjahr.

NISTKÄSTEN NUR MIT SACHVERSTAND

Wer Vogelkästen „falsch bedient", richtet eher Schaden als Gutes an: So ist z. B. die Kohlmeise nicht an den Lebensraum des reinen Fichten-Tannen-Waldes im Gebirge angepasst. Werden dort zu viele Nistgeräte mit entsprechender Fluglochweite angeboten, lässt sich der Vogel in diesen ungeeigneten Lebensraum locken. Bei wetterbedingten Nahrungsengpässen sind die Brutverluste dann besonders hoch. Deshalb dürfen in reinen Fichten-Tannen-Wäldern nur höchstens 25 % der Nistgeräte die der Kohlmeise zusagende Fluglochweite von 34 mm aufweisen. Übrigens: Nistgeräte dürfen nur mit Zustimmung des Grundeigentümers aufgehängt werden!

FLEDERMÄUSE

Fledermäuse gehören zu den meistbedrohten Säugetierarten Deutschlands. Über die Hälfte unserer Fledermausarten sind seit langer Zeit als Bewohner in menschlichen Bauwerken bekannt. Vom Keller bis zum Dachboden werden je nach Jahreszeit die unterschiedlichsten Unterschlüpfe genutzt. Bereits ein fingerdickes Einschlupfloch genügt der Zwergfledermaus, um in einen Mauerhohlraum oder hinter Fassadenverkleidungen zu gelangen. Die Mausohren bevorzugen dagegen einen offenen Dachboden, wo sie sich frei sichtbar in typischer Fledermausmanier an den Dachlatten aufhängen.

Geeignete Quartiere für Fledermäuse haben stark abgenommen, da beim Technischen Umweltschutz (Wärmedämmung) häufig nicht an deren Erhalt gedacht wird und es auch im Wald meist natürliche Höhlen kaum noch gibt. Wir kennen in Deutschland 20 verschiedene Fledermausarten. Die kleinste unter ihnen, die Zwergfledermaus, findet mit ihren fünf Gramm bequem in einer Streichholzschachtel Platz.

Die größte ist das Große Mausohr. Es ist etwa sperlingsgroß und hat eine Flügelspannweite von 40 cm. Gerade Jagdhütten und Kanzeln können Quartiere für die Fledermäuse bieten. Wer sich ernsthaft für den Fledermausschutz interessiert, sollte sich weitere Informationen bei Spezialisten holen. Nähere Fragen zum Fledermausschutz beantwortet z. B. das Fledermaustelefon des Arbeitskreises Wildbiologie an der Justus-Liebig-Universität Gießen e.V. in Gießen.

DAS FLEDERMAUSBRETT

Das einfache oder doppelwandige Fledermausbrett wird von Spalten bewohnenden Fledermausarten wie Zwergfledermaus, Rauhautfledermaus, Großer und Kleiner Bartfledermaus, Breitflügelfledermaus und Kleinem Abendsegler genutzt.

Dieser Quartiertyp wird aus sehr rauem, unbehandeltem Holz gefertigt. Auf einer Rückwand von ca. 100 cm Breite und 60 cm Höhe

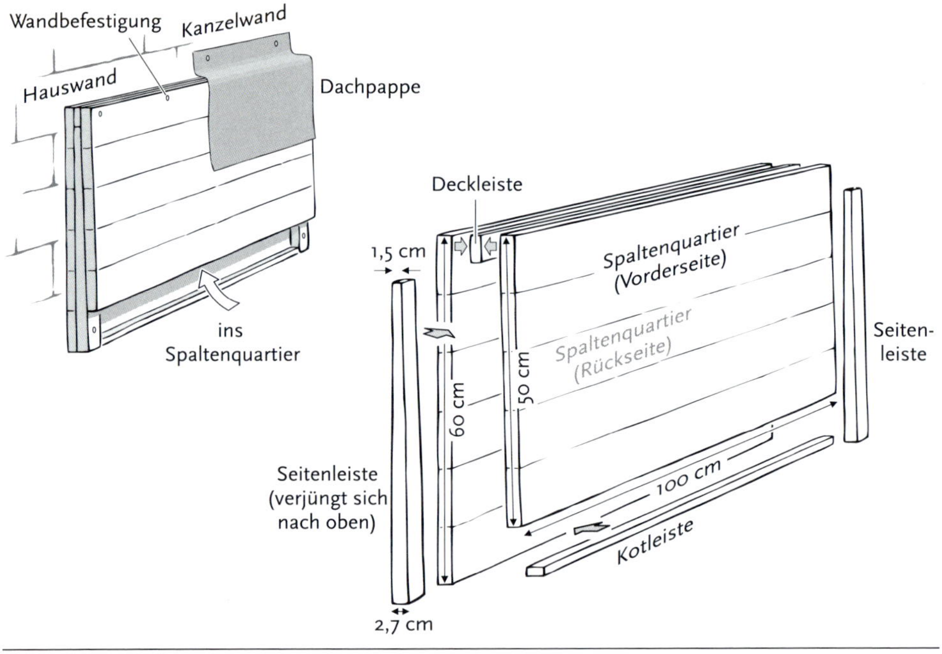

Das Fledermausbrett

Auch für Fledermäuse – hier die Fransenfledermaus (Myotis nattereri) – kann und muss der Jäger im Interesse des Artenschutzes etwas tun.

werden oben und an den Seiten Dachlatten als Abschluss angebracht. Die seitlichen Latten verjüngen sich von unten nach oben von 27 mm auf 15 mm Stärke. Darauf wird die nur 50 mm hohe Vorderwand so geschraubt, dass sie oben mit Rückwand und Deckleiste abschließt. Der untere Überstand der Rückwand dient den Fledermäusen als Landebrett. Die einzelnen Bretter von Vorder- und Rückwand sollten durch einen Falz miteinander verbunden werden, damit bei Schrumpfungsprozessen keine Schlitze entstehen. Alternativ werden Nut- und Federbretter verwendet.
Das Fledermausbrett wird möglichst hoch (mindestens vier Meter über dem Boden) am Gebäude angebracht. Direkt unter dem Haus- oder Kanzeldachüberstand befestigt, ist es etwas gegen Witterungseinflüsse geschützt. Für einen Schutzanstrich der Außenseiten eignen sich ungiftige Holzlasuren auf Wasserbasis oder Mittel mit dem Hinweis „auch für Innenräume geeignet". Innen wird das Quartier nicht gestrichen!

Fledermäuse lieben die Sommerwärme, das Quartier sollte daher wenigstens über gewisse Tagesabschnitte von der Sonne beschienen sein. Ideal ist es, wenn es zur Mittagszeit zum Teil auch beschattet wird, damit die Tiere bei zu großer Wärme auch kühlere Ecken finden. An sehr griffigen Haus- oder Holzwänden aus rauem Putz beziehungsweise sägerauen Brettern kann das Fledermausbrett auch ohne eigene Rückwand gefertigt werden. Die Fledermäuse hängen sich hier direkt an die Wand. Beim Bau geschlossener Kanzeln kann der obere Teil des rechtzeitig mitbedachten Fledermausquartiers auch teilweise unter die Dachpappe geschoben werden, wenn diese Verkleidungsform geplant ist.
Das Fledermausbrett eignet sich in der beschriebenen Form für alle Wohnhäuser, Jagdhütten, Scheunen, Hochsitze etc., die eine geeignete Befestigungsfläche aufweisen. Die Maße sind grundsätzlich variabel, sollten jedoch nicht unter der Hälfte der genannten Werte liegen.

DER JÄGER AUF DEM PRÜFSTAND

BOMATIK

JÄGER UND WILD

Zu einem wildfreundlichen Jagdrevier gehört neben geeigneten Lebensräumen und einer durchdachten jagdlichen Infrastruktur ganz besonders auch eine wildgerechte Jagdausübung. Wanderer, Jogger und Mountainbiker werden von vielen Jägern gern als Hauptstörungsquelle des Wildes betrachtet. Doch nicht nur sie beunruhigen unsere Wildtiere.

Alarmbereitschaft kostet Äsungs- und Ruhezeit. Auch ohne zu schießen, kann der Jäger „stressen".

STRESSFAKTOR JAGD

Der Jäger muss sich darüber klar sein, dass er selbst und seine Tätigkeit zu einem ganz wesentlichen Stressfaktor für das Wild werden können. Bei der Konfrontation mit dem Menschen ist es für die Reaktion des Wildes natürlich völlig unerheblich, mit welcher Absicht der „Feind" in seinen Lebensraum eindringt. Der „normale" Waldbesucher bewegt sich allerdings meist auf eingefahrenen Bahnen und ist daher für das Wild relativ gut berechenbar. Der Jäger aber stellt ihm gezielt nach und tut dies natürlich in Revierteilen, in denen Jagderfolg zu erwarten ist.
Es ist also die Aufgabe des Jägers, durch geeignete Jagdstrategien die „Störgröße Jagd" möglichst gering zu halten. Hierzu zählen einmal zeitliche und räumliche Bejagungsschwerpunkte anstelle eines gleichbleibend hohen Jagddrucks von Mai bis Januar. So muss zur Setz- und Aufzuchtzeit auf die Jagd in den Einstandsbereichen des Wildes konsequent verzichtet werden. Störungsarmut hat hier Priorität vor der Abschusserfüllung. Die Auswahl geeigneter Jagdtechniken, vor allem aber das Verhalten bei der Jagdausübung selbst sind weitere Faktoren, die über den Jagdstress des Wildes entscheiden.
Der Mensch hat den Tieren unter anderem die Fähigkeit voraus, gleichsam aus sich herauszutreten und die Auswirkungen seines Verhaltens auf die Umwelt zu erkennen. Nicht zuletzt begründet dies seine Verantwortung den Tieren gegenüber.
Wer sich als Jäger in die Rolle des Wildes hineinversetzt, wird keine Schwierigkeiten ha-

ben, sich im Revier wildtierfreundlich zu verhalten und anderen Besuchern der Natur ein Vorbild zu sein.

FEINDVERHALTEN – BESTIMMENDES VERHALTENSMERKMAL

Damit Wildtiere überleben können, müssen ihre Ansprüche an die Umwelt erfüllt werden. Aus diesen Ansprüchen, aber auch umgekehrt den Einwirkungen der Umwelt auf das Wild, lassen sich verhaltensspezifische „Funktionskreise“ ableiten. Sie charakterisieren Ursachen und Wirkungen der Verhaltensmuster. Wichtige Funktionskreise sind

- **Nahrungsaufnahme,**
- **Feindverhalten,**
- **Fortbewegung,**
- **Sozialverhalten, z. B. Spielen.**

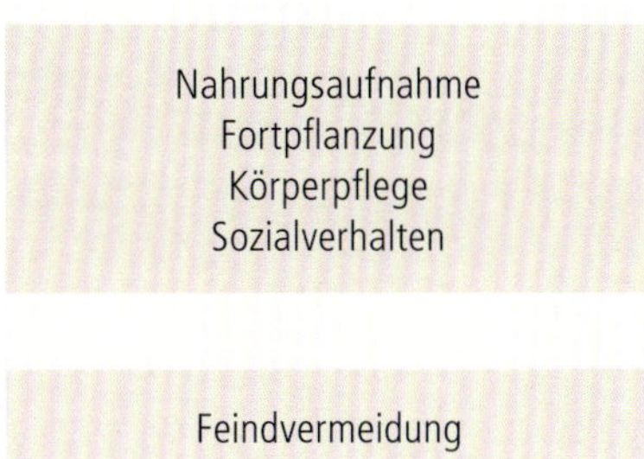

Funktionskreise des Verhaltens: Die Feindvermeidung überlagert alles.

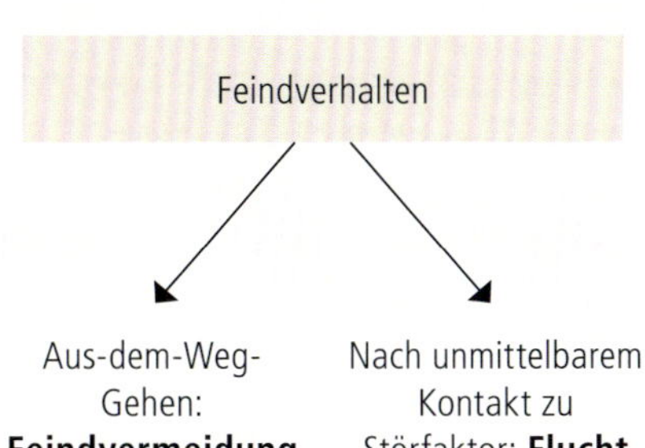

Feindverhalten umfasst die Feindvermeidung und das Fluchtverhalten.

Das Feindverhalten der Wildtiere umfasst natürlich einmal das Fluchtverhalten bei Auftreten einer Gefahr – der Jäger kennt es gut. Hierzu zählt aber auch das vorbeugende Ausweichverhalten des Wildes zur Vermeidung gefährlicher Situationen, das naturgemäß dem Beobachter nicht besonders auffällt.
Die Wahrscheinlichkeit einer unmittelbaren Konfrontation mit dem Menschen wird räumlich durch die Auswahl störungsfreier Einstände, Äsungsplätze und Wechsel, zeitlich durch angepasste Aktivitätsphasen (Nachtaktivität), aber auch durchgehende Verhaltensmuster wie häufiges orientierendes Sichern verringert. Der Mensch ist für das Wild ein fluchtauslösender Reiz, hat aber kein typisches Jagdverhalten entwickelt, das für das Wild eindeutig wäre. Dies erschwert den Tieren die Feindvermeidung erheblich.
Das Feindverhalten nimmt im gesamten Verhaltensspektrum des Wildes eine besondere Stellung ein: Es ist ständig aktiviert und hat einen wesentlichen Einfluss auf alle anderen Funktionskreise. Im Unterschied zu Äsen, Wiederkäuen und Spielen darf das Feindverhalten nie aufgeschoben werden.
Feindverhalten gegenüber dem Menschen kann auch, entgegen seinem Zweck, unmittelbare Verluste zur Folge haben: So nutzen z. B. Rabenkrähen die Flucht- oder Verleitreaktionen von Rebhühnern, um deren versteckte Neststandorte auszumachen und anschließend die Gelege zu rauben.

REGELN DER STÖRUNGSMINIMIERUNG

Störungen verändern das Verhalten: Sie führen einmal zur Verlagerung der Aktivitätsphasen. Nahezu alle unsere Wildarten sind ursprünglich tagaktiv und erst unter dem Einfluss der Bejagung zu Nachtwild geworden. Störungen führen dazu, dass das Wild mehr Zeit für spontanes Sichern aufwenden und zum Teil unter Zeitstress seine Nahrung

Feindreize, in der Regel mit Flucht verbunden, bedeuten Stress und Energieverlust für das Wild.

aufnehmen muss. Sie ziehen aber auch die Verschiebung der Lebensraumnutzung nach sich: Das Wild meidet attraktive, aber deckungslose Äsungsflächen.

Wildtierfreundliches Verhalten verlangt also vom Jäger zuerst, dass er sich seiner Bedeutung als „Feindreiz" bewusst wird. Daraus folgen allgemeine Regeln, die an sich selbstverständlich sind, häufig jedoch nicht ausreichend bedacht werden:

— Der Hund muss in der Setz- und Aufzuchtzeit sowie in der Notzeit in jedem Fall bei Fuß folgen.
— Autos werden von Rotwild, aber auch einigen anderen Wildarten erkannt und mit Mensch, Schuss und Jagd verknüpft. Es ist deshalb alles zu unterlassen, das diese Verbindung herstellt. Immer wieder ist die Unsitte zu beobachten, dass das Auto beim Abendansitz vor den Blicken anderer im Bestandesrand versteckt wird. Wenn das Wild bei einsetzender Nacht dann auf den Läufen ist, wird das Fahrzeug unter lärmenden Rangiermanövern aus dem Revier gefahren. Der Wagen muss bei der Jagdausübung also immer so geparkt werden, dass man nach beendetem Ansitz rasch auf einem befestigten Feld- oder Waldweg das Revier verlassen kann.
— In der Dämmerung wird zumindest Standlicht eingeschaltet. Es ist ein Irrglaube, dass „Dunkelfahrten" das Wild weniger beunruhigen. Je besser der Störfaktor Auto erkennbar und damit berechenbar ist, desto weniger Unruhe löst er aus.

Störungsarmes Pirschen will gelernt sein.

JAGDARTEN

PIRSCH

Pirschen setzt voraus, sehen, riechen, fühlen, hören und gehen zu lernen. Der gute Pirschjäger passt sich der Situation an. Klare Sicht erfordert langsame Pirsch, feuchtes Wetter erlaubt geräuschlose Fortbewegung. Bei Nebel, knackender Trockenheit oder Frost ist Pirschen nicht möglich. Die Pirsch darf die verbliebenen kurzen ungestörten Ruhezeiten des Wildes nicht weiter beschneiden. Daher eignet sie sich nur für die Zeiten, in denen erfahrungsgemäß auch Erholungsuchende und Waldarbeiter im Revier sind. Einstände werden auf der Pirsch gemieden, der Wind immer berücksichtigt. Das Auto bleibt möglichst stehen. Die Pirsch ist in den meisten Revieren angesichts der vielen Störungen durch Menschen eine wenig geeignete Jagdart.

ANSITZ

Der Ansitz eignet sich für die ruhigeren Stunden im Revier, wenn er richtig durchgeführt wird. Wichtig sind störungsfreier An- und Abmarsch, gute Sicht, Berücksichtigung des Windes und die Tageszeit. „Wer Niederwild schießen will, muss etwa eine Stunde vor der Dämmerung sitzen. Dann ist die Störung durch den Anmarsch überwunden und der Jäger selbst zur Ruhe gekommen. Wer Hochwild schießen will, muss zwei Stunden vor Dämmerungsbeginn den Hochsitz beziehen. Das unerfahrene Wild muss ungestört durchgewechselt sein, wenn der Jäger erfahrene Stücke zu Gesicht bekommen will. Der Ansitz darf den Rhythmus im Revier nicht unterbrechen, wenn er erfolgreich sein soll.“ (BEHNKE 1983)

Die Ansitzjagd ist nicht allein auf die Morgen- und Abenddämmerung beschränkt. Sie kann durchaus auch in den Mittagsstunden oder unmittelbar nach einem heftigen Regenguss Erfolg bringen.

EFFEKTIVITÄT BEI MINIMALER STÖRUNG

BEJAGUNGSZEITEN

Wildgerechte Jagd muss ein Maximum an Effektivität und ein Minimum an Störung gewährleisten. Wie hier für Rot- und Rehwild dargestellt, ist für alle Wildarten der jeweils artspezifische Bejagungskalender einzuhalten, der die Zeiten sinnvoller, weil erfolgreicher Jagd ausweist.

Wildbiologisch sinnvolle Jagd verlangt auch, in echten Notzeiten die Bejagung einzustellen, auch wenn die Jagdzeit noch nicht zu Ende ist. Die Notzeit ist beispielsweise beim Rebhuhn natürlich anders zu definieren als beim Schalenwild.

JAGD AUF ROTWILDKÄLBER

Die Wirkung des Feindreizes Mensch muss über die Beachtung weiterer Grundregeln möglichst gering gehalten werden.

Wer früh mit der Jagd auf weibliches Rot- und Rehwild beginnt, darf keine Kälber oder Kitze von den Tieren wegschießen: Über Untersuchungen an markiertem Rotwild ist bekannt, dass der Verlust eines Jungtieres für das führende Stück gravierend ist: Zuvor regelmäßig beobachtete Alttiere waren anschließend für mehrere Jahre nahezu verschwunden. Wer also bereits im August Rotwildkälber erlegen möchte, tut dies besser nur dann, wenn er sich einer Doublette Kalb – Alttier nahezu sicher ist. Gleiches gilt für das Rehwild, wenn dies in der Praxis auch alles andere als einfach ist. Familiensprünge sollten, wenn beschossen, vollständig erlegt werden. Scheint dies situati-

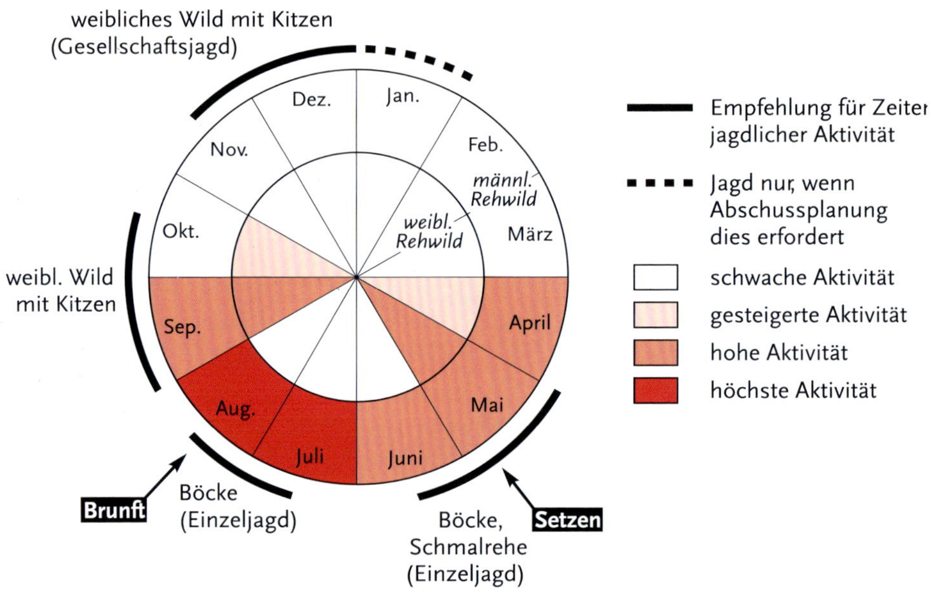

Bejagungskalender Rehwild: Aktivitätsphasen des weiblichen und männlichen Wildes (Kreisflächensegmente) und Jagdempfehlung

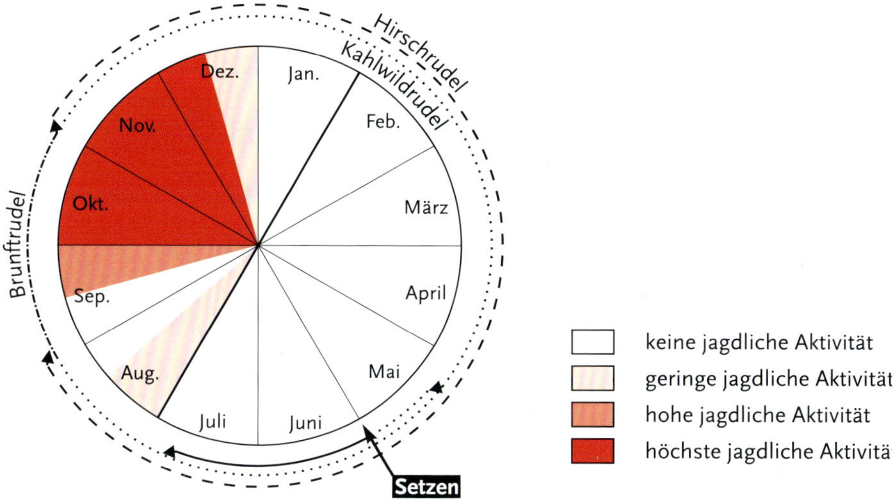

Bejagungskalender Rotwild: Rudelbildung im Jahresverlauf (äußere Kreise) und Jagdempfehlung (Kreisflächensegmente)

onsbedingt unmöglich, schont man besser alle Stücke. Hat das Leittier eines Rotwildrudels oder die führende Rehgeiß den Jäger bereits wahrgenommen, ist die gesamte Gruppe für dieses Mal tabu!

SELBSTBEHERRSCHUNG BEIM SCHUSS

Beim Schuss ist Disziplin ein Muss! Dies gilt besonders auch für die Einhaltung vertretbarer Schussentfernung. Die Gamsjagd im Hochgebirge erfordert zum Teil sehr weite Schüsse mit der Kugel. Unter durchschnittlichen Bedingungen kann und sollte sich der Jäger aber freiwillig auf rund 100 m beschränken. Und dies nicht nur, weil auf größere Distanzen das Risiko schlechter Schüsse steigt. So erstaunlich es klingen mag: Alle Wildtiere von der Krähe bis zum Rothirsch lernen rasch, auf welche Entfernung üblicherweise im Revier geschossen wird. Wer die vermeintlichen Vorteile der modernen Ballistik voll ausschöpfen will und oft auf größere Entfernungen schießt, erhöht zwangsläufig die Fluchtdistanz des Wildes, also den Radius, innerhalb dessen das Wild auf Gefahr mit energiezehrender Flucht reagiert. Der Anteil störungsfreier Rückzugsräume für das Wild nimmt ab.

NACH DEM SCHUSS

Jedes beschossene Stück Wild muss natürlich zur Strecke kommen, auch wenn dies einen zweiten oder dritten Schuss erfordert. Liegt das Stück jedoch und war es nicht allein, wird der Hochsitz nicht eher verlassen, als bis das übrige Wild ausreichend weit weggezogen ist. Zur Bergung des Wildes darf nicht lautstark und weithin wahrnehmbar abgebaumt werden. Den Sitz verlässt man stattdessen so unauffällig, wie man ihn bezogen hat, um dann auf dem regulären Weg ganz offen wie ein Spaziergänger zum Stück zu treten, oder aber mit dem Fahrzeug heranzufahren.

Bei einer dünnen, geschlossenen Schneedecke bricht für das Rebhuhn bereits die Notzeit an.

Eine Dauerbelagerung von Wildäsungsflächen ist kontraprodutkiv.

ÄSUNGSFLÄCHEN

Jagd darf das Wild nicht zu waldbaufeindlichem Verhalten zwingen. Ständige Belagerung der Äsungsflächen führt zwangsweise dazu, dass das Rehwild, und noch schneller das Rotwild, die sichtgeschützten Einstände kaum noch verlässt. Hierdurch sinkt nicht nur der jagdliche Erfolg. Vermehrte Verbiss- und Schälschäden sind eine weitere unvermeidliche Konsequenz.

SELEKTION VERMEIDEN

Vom Rotwild sind Verhaltenstraditionen bekannt: Die Äsungsgewohnheiten sind nicht nur Ergebnis äußerer Einflüsse, sondern werden von Generation zu Generation weitergegeben. Erlegt also der Jäger die leicht bejagbaren Stücke, die bei noch gutem Tageslicht in offene Flächen austreten und dort vermehrt Gräser und Kräuter äsen, selektiert er also systematisch das Wild heraus, das sich auch im Sinne des Waldes optimal ernährt. Mit dem Überleben der Stücke, die bis in die Dunkelheit hinein im sichtgeschützten Bestand schälen und verbeißen, nimmt dieses unerwünschte Verhaltensmuster also „traditionell" zu.

WAIDGERECHTIGKEIT FÜR ALLES WILD

Die Kriterien der Waidgerechtigkeit gelten für alle Wildarten: Wer an Ablenkungsfütterung für Schwarzwild einen ständigen Wechsel der Rotten feststellt, sollte prüfen, ob dort nicht verbotenerweise gejagt wird.

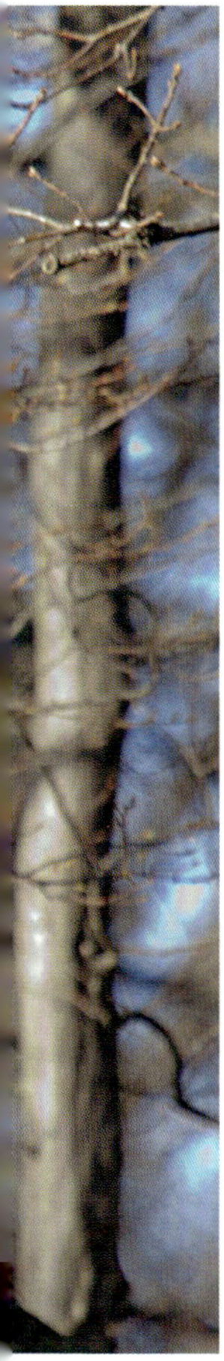

Auch auf der Niederwildjagd gelten Obergrenzen für die Schussentfernung!

In Revieren, in denen verschiedene Wildarten auf engem Raum vorkommen, müssen etwaige Unverträglichkeiten bei jagdlichen Maßnahmen berücksichtigt werden. In gut besetzten Rotwildrevieren kommt maximal eine Schwarzwildkirrung auf 200 bis 300 ha in Frage. Sie darf nicht in den Einstandsbereichen des Rotwildes liegen.

NIEDERWILDJAGD

Waidgerechtigkeit und Minimierung des Jagdstresses für das Wild gelten selbstverständlich auch im Niederwildrevier: Wildtierfreundliches Verhalten im Revier bedeutet auch hier sachgerechte, dem Wild angemessene Jagdmethoden. Auf den Feldhasen darf z. B., sofern der Besatz dies überhaupt zulässt, jährlich nur eine Jagd auf großer Fläche abgehalten werden. Sie muss möglichst früh in der Jagdsaison erfolgen, bevor der Besatz durch winterliche Mortalität bereits ausgedünnt ist. Sogenannte Klepperjagden oder gar Kesseltreiben auf großer Fläche sind alles andere als hasenfreundliche Jagdarten!
Bei der Suchjagd auf Fasan, Rebhuhn oder Hase dürfen nur Hunde zum Einsatz kommen, die zuverlässig vorstehen und sicheren Appell haben. Der nimmermüde Hasenhetzer, der zudem auch Fasan und Rebhuhn regelmäßig außerhalb der Flintenreichweite aufscheucht, hat auf einer waidgerechten Niederwildjagd nichts zu suchen!

VORBILD JÄGER

Wer als legitimer Nutzer des „Naturgutes Wild" und als dessen Interessen-Sachwalter anerkannt werden möchte, muss sich seiner Vorbildfunktion für Nichtjäger im Umgang mit der Natur jederzeit bewusst sein und ihr gerecht werden!

UMWELTVERTRÄG-LICHES VERHALTEN

Dies fängt beim Umweltschutz an: Technische Hilfsmittel sind zweifelsohne auch im Jagdrevier unverzichtbar. Ihr Einsatz muss jedoch durchdacht erfolgen und auf das notwendige Mindestmaß beschränkt werden. Bodenverdichtung, Luftverschmutzung und Gewässerverunreinigung sind keine hohlen Schlagworte, sondern durchaus greifbare Schäden, an die der Jäger bei jedem Revierbesuch denken sollte.

Wenn das Auto nicht außen vor bleiben kann, muss es zumindest den Bedürfnissen angemessen sein.

DAS AUTO IM REVIER

Wenn irgend möglich, ersetzt der Reviergang die Revierfahrt. Unabhängig davon, ob Revierarbeiten durchgeführt, Fallen kontrolliert oder Wege und Dickungen abgefährtet werden sollen. Für viele Reviere eignet sich auch das Fahrrad, das einzelne Hersteller auch in der Ausführung „Jagd" anbieten.
Der Revierwagen muss zum Revier passen. Überdimensionierte Fahrzeuge belasten den Boden unnötig. Die meisten Reviere sind ohnehin gut durch ein Fahrwegenetz erschlossen. Querfeldeinfahrten stellen zweifelsohne die Leistungsfähigkeit des Allradfahrzeugs unter Beweis – der glaubwürdige Jäger beschränkt sie dennoch auf wirklich begründete Ausnahmen. Nicht nur für den Geldbeutel, sondern auch das Revier gilt außerdem: Geringer Treibstoffverbrauch ist Trumpf.
Dass Fahrzeuge technisch in Ordnung sein müssen, ist selbstverständlich. Ölverluste sind in Feld und Wald besonders schädlich.

DIE ASP FÄHRT IM WAGEN!

Autos können übrigens auch Krankheiten übertragen: Aktuell ist das Risiko einer Einschleppung der Afrikanischen Schweinepest (ASP) besonders hoch. Der Mensch ist der Schlüsselvektor für diese für den Menschen selbst völlig ungefährliche Krankheit. Die lange Lebensdauer des Virus in Erde, Fleischprodukten und an Gebrauchsgegenständen

Gut durchgeführte Bewegungsjagden überzeugen auch den normalen Waldbesucher.

von weit über einem Jahr stellt ein extrem hohes Risikopotenzial dar: Grundsätzlich muss von der Mitnahme eigener Fahrzeuge ins Revier in ASP-Gebieten abgeraten werden. Ist dies aus anderen Gründen geschehen, ist eine gründliche Fahrzeugreinigung, vor allem eine Unterbodenwäsche nach der Rückkehr, Pflicht. In Regionen mit Schweinepest dürfen keine landwirtschaftlichen Fahrzeuge in den Wald und umgekehrt gefahren werden!

GLAUBWÜRDIGKEIT

Die Jäger sind in unserer Zivilisationsgesellschaft eine Minderheit. Sie müssen die Mehrheit zumindest so weit für die Jagd einnehmen, dass die Möglichkeiten hierzu auch langfristig erhalten bleiben. Dies heißt Verständnis wecken für die Bedürfnisse des Wildes und auch die Bedeutung der Jagd in unserer Kulturlandschaft.
Die Revierinhaber unter den Jägern bestimmen wesentlich das Bild der Jagd in der Öffentlichkeit. Rücksichtnahme gegenüber Waldbesuchern, verständnisvolle, nicht schullehrerhafte Aufklärung dort, wo Korrekturen angezeigt sind, und das Werben um Verständnis bestimmen letztlich die Akzeptanz der Jagd bei Nichtjägern.

VORBILD SEIN!

Fast noch wichtiger ist aber das Vorbild des Jägers selbst. Wer gut besuchte Wanderwege mit Geländewagen und frei folgendem Hund blockiert, Wildruhezonen im Revier ausschildert und sie dann selbst vor den Augen anderer mit Jagdbeute verlässt, überzeugt nicht. Er schadet vielmehr sich, seinem Revier und der Jagd insgesamt.
Besonders bei Gesellschaftsjagden steht das Tun der Jäger im Blick anderer Waldbesucher. Hier überzeugt Professionalität. Eine gut organisierte Ansitzdrückjagd lässt sich z. B. selbst bei normalem Erholungsbetrieb durchführen, wie Beispiele in den stark frequentierten Erholungswäldern des Rheinlandes zeigen. Sie wird dann auch toleriert.
Wie für alle Interessengruppen gilt auch für Jägerinnen und Jäger: Nur die Übereinstimmung zwischen Reden und Handeln erzeugt Glaubwürdigkeit.

REVIERÜBERGREIFENDE ZUSAMMENARBEIT

ARBEIT IN HEGE-GEMEINSCHAFTEN

Maßnahmen zur Verbesserung von Wildlebensräumen sind umso Erfolg versprechender, je großflächiger sie umgesetzt werden können. Für die kleinen Niederwildarten, deren Aktionsradius vergleichsweise begrenzt ist, lässt sich auf Revierebene schon einiges bewirken. Soll das Niederwild wirklich nachhaltig gefördert werden, sind revierübergreifende Konzepte aber auch hier wesentlich wirkungsvoller als einzelne „Oasen der Seligen". Ein Vorbild für Kooperation im Interesse des Wildes liefert z. B. die Hegegemeinschaft „IG Hase" im Hessischen Ried.

Wenn für die großen Schalenwildarten, vor allem das Rotwild, wirklich sinnvoll etwas getan werden soll, müssen die Reviere ganzer Regionen an einem Strang ziehen. Diese Forderung leitet sich ganz schlicht aus der Größe der genutzten Streifgebiete dieser Arten ab. Stückwerk nützt hier nichts. Im Idealfall kennt jeder Jäger die Reviere der Nachbarn so gut wie das eigene.

Eine effektive Grundlage für die grenzübergreifende Lebensraumgestaltung bieten Hegegemeinschaften, wie sie das Bundesjagdgesetz vorsieht. Lebendige Hegegemeinschaften beschränken ihr Engagement nämlich nicht nur auf die Verteilung von Abschüssen!

ORGANISATION

In § 10 BJG ist der Zusammenschluss mehrerer Jagdreviere zu Hegegemeinschaften vorgesehen. Die Details regeln die Länder.

Der Erfolg von Hegegemeinschaften hängt von ihrer räumlichen Abgrenzung ab. Sie müssen das Verbreitungsgebiet einer Wildart vollständig umfassen oder aber sinnvoll gliedern. Die Grenzen von Rotwildhegegemeinschaften in den großen Rotwildgebieten dürfen nicht durch die Kerngebiete verlegt werden, sondern müssen in den Randgebieten verlaufen. Wie der Grenzverlauf hat sich auch die Größe der Hegegemeinschaften am Verbreitungsgebiet der in Frage stehenden Wildarten zu orientieren.

Neben diesen wildökologischen Voraussetzungen ist es wichtig, gewachsene Strukturen wie bereits bestehende Gemeinschaften zu berücksichtigen. Dies ist eine wesentliche Grundlage zu einer vertrauensvollen Zusammenarbeit, die unter einem rücksichtslosen und schematischen Vorgehen nur allzu schnell leidet.

Weitere Kriterien für den Zusammenschluss sind die Bedürfnisse der Mitglieder und eine möglichst hohe Arbeitseffektivität. Erfahrungsgemäß gewährleisten 35 (bis 40) Teilnehmer noch eine gute und annähernd persönliche Zusammenarbeit. Bei größeren Gemeinschaften lässt das persönliche Engagement der Beteiligten schnell nach. In großen Verbreitungsgebieten, die für das Rotwild der Regelfall sind, muss also ein Kompromiss zwischen den Anforderungen der großräumigen Wildbewirtschaftung und einer effektiven Zusammenarbeit der Jäger gefunden werden. Hier bietet es sich an, die Hegegemeinschaften in Untereinheiten zu gliedern. Diese können Basisarbeiten, z. B. für die Abschussplanung, übernehmen. Die Teilergebnisse werden dann zu einem Gesamtbild zusammengefügt.

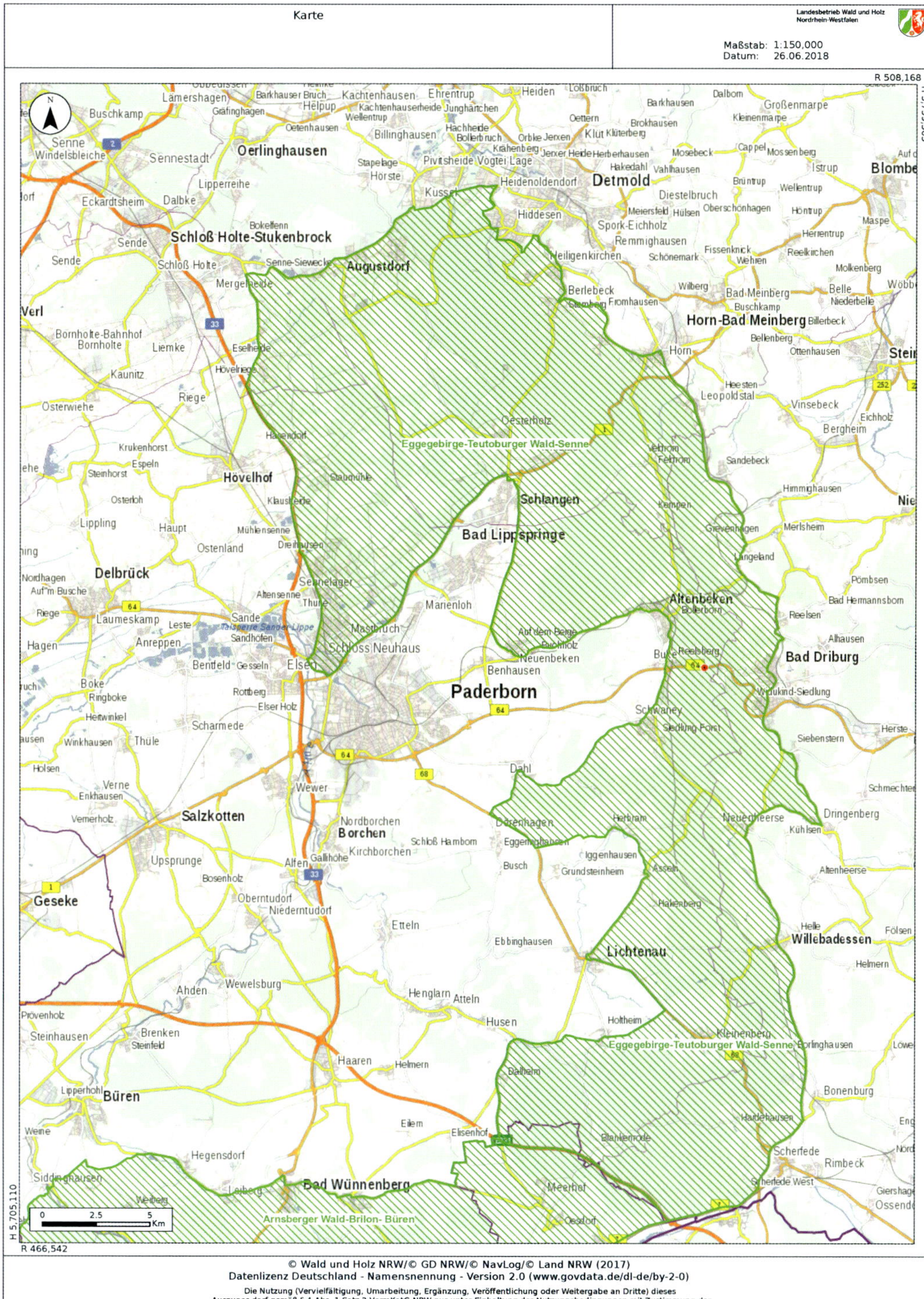

Die Rotwildhegegemeinschaft Eggegebirge-Teutoburger Wald-Senne im gleichnamigen Verbreitungsgebiet. Im Süden schließt sich das Rotwildgebiet Brilon-Büren an.

Checkliste

DIE AUFGABEN DER HEGEGEMEINSCHAFT

- ☐ Revierübergreifende Inventur des Lebensraums
- ☐ Abstimmung der Bejagungspläne
- ☐ Erarbeitung eines Bejagungskonzeptes
- ☐ Jagdstreckenanalyse
- ☐ Durchführung einer jährlichen Lehr- und Hegeschau im Frühjahr
- ☐ Entwicklung eines Wildlebensraumkonzeptes zur Verbesserung der Äsungs- und Deckungsverhältnisse.

Zu den im Kasten genannten Aufgaben einer Hegemeinschaft treten gebietsweise weitere Aufgaben, die nur gemeinsam sinnvoll verfolgt werden können, wie z. B. die Erholungslenkung.

DAS LEBENSRAUMGUTACHTEN

Zielorientierte Planungsarbeit in der Hegegemeinschaft setzt, wie auch auf Revierebene, eine Analyse des Ist-Zustandes voraus. Nur wer weiß, was aktuell ist, kann planen, was getan werden muss.

Die Ergebnisse einer solchen Bestandsaufnahme werden nach den Erfahrungen der Wildforschungsstelle des Landes Nordrhein-Westfalen sinnvollerweise in einem Lebensraumgutachten für die ganze Hegegemeinschaft zusammengestellt. Wenn diese Daten revierweise und vollständig vorliegen, wie im Kapitel „Revierbeschreibung – Schlüssel zur Planung“ (s. S. 16 ff.) beschrieben, ist dies eine ideale Voraussetzung für die Gesamtschau über die Hegegemeinschaft. Die Angaben müssen in diesem Fall nur noch zusammengetragen werden.

WERTVOLLES INSTRUMENT FÜR PLANVERFAHREN

Der Wert eines revierübergreifenden Lebensraumgutachtens wird vor allem dann deutlich, wenn es z. B. darum geht, die Belange des Wildes bei Planverfahren, z. B. für den Bau einer Straße, begründet zu vertreten oder darum, mit den Trägern des Tourismus Vereinbarungen zur zeitweiligen Beruhigung von Lebensräumen abzuschließen. Das Gutachten, das sich je nach Gebiet und Fragestellung fallweise auch auf Teilaspekte beschränken kann, sollte im Interesse einer hohen Akzeptanz von den Beteiligten selbst erarbeitet werden. Es kann der Sache durchaus dienen, zur Beratung, Moderation oder auch zur Erstellung einen externen Sachverständigen oder eine Wildforschungsstelle zu beauftragen.

ARBEITSPLAN

Ein übersichtlicher Arbeitsplan zur Festlegung von Arbeitsabläufen und Bearbeitungsprioritäten und vor allem die eindeutige Bestimmung der jeweiligen Bearbeiter erleichtern die Erstellung des Gutachtens wesentlich.

Die Federführung bei der Erarbeitung einzelner Teilbereiche übernehmen je nach Fragestellung sinnvollerweise die Hegegemeinschaft selbst oder die örtlichen Forstämter. Wesentlich erleichtert wird das Vorhaben auch, wenn eine besonders sachkundige Person, z. B. ein Berufsjäger oder ein Forstmann, die Gesamtkoordination aller Arbeiten übernimmt.

FORTSCHREIBUNG

Für die Aussagekraft des Lebensraumgutachtens ist seine Aktualität von großer Bedeutung. Das einmal erstellte Gutachten muss kontinuierlich fortgeführt und im Abstand von 10 bis 15 Jahren grundlegend aktualisiert werden. Gebietsrelevante Gutachten oder Planungen anderer Fachbereiche, wie das turnusmäßig erstellte Forstliche Verbissgutachten, sind jeweils einzuarbeiten. Bestimmte Daten werden im Sinn eines Monitoring sinnvollerweise langfristig und regelmäßig erhoben. Hierzu zählen beispielsweise die Ermittlung von Verbiss- und Schälschäden in bestimmten Bereichen des Lebensraums, die Analyse der Erholungsnutzung zu festgesetzten Stichzeiten und auch die Entwicklungstendenzen, die den Wildlebensraum unmittelbar beeinflussen. Beispielhaft sei hier die rapide Zunahme des Maisanbaus in den letzten 15 Jahren angeführt.

ZIELE DEFINIEREN

Die Zielsetzung des Lebensraumgutachtens wird gebietsspezifisch von der Hegegemeinschaft erarbeitet. Je nach Region können etwa

- **die allgemeine Lebensraumverbesserung in einer Niederwildregion,**
- **die Sicherung des Wildlebensraumes im ballungsnahen Umfeld,**
- **die Lebensraumvernetzung oder**
- **der Ausgleich zwischen Wald, Wild und Tourismus oder Wintersport vorrangig sein.**

Das Lebensraumgutachten umfasst Analyse, Bewertung und Planung. Im Mittelpunkt der Betrachtung stehen der Wildlebensraum und der Wildbestand. Hieraus lassen sich im Planungsstadium dann notwendige Maßnahmen zur Steuerung des Wildbestandes und zur Lebensraumgestaltung ableiten. Je nach den Ergebnissen des Gutachtens können beispielsweise Wildfreundlichkeit, Naturnähe und die Entflechtung verschiedener Nutzungsansprüche die bestimmenden Planungsvorgaben sein.

Das Lebensraumgutachten liefert letztlich die Grundlage für gezielte Steuerungsmaßnahmen im Gebiet der Hegegemeinschaft.

Ein Lebensraumgutachten, das unter Einschaltung aller Betroffenen und Beteiligten gemeinsam erarbeitet wird, bietet eine ideale Grundlage für die Arbeit in einer Hegegemeinschaft.

GEBIETSBESCHREIBUNG

Die Charakterisierung des Planungsgebietes erstreckt sich auf das gesamte Gebiet der Hegegemeinschaft und wird zweckmäßigerweise von ihr selbst durchgeführt. Analog zur Datenerhebung auf Revierebene werden folgende Angaben zusammengestellt:

- Die Lage im Raum: Erfasst werden Gebietsgrenzen, naturräumliche Lage, Beziehung zu Verdichtungs- und Ballungsräumen, wichtige Landschaftstypen, Gewässer, Verkehrsverhältnisse etc.
- Klimatische Verhältnisse (Makro- und Mesoklima, Phänologie): Die örtlichen Forstämter verfügen über zahlreiche Klimadaten und können diese ohne viel Aufwand beisteuern. Diese Angaben sind z. B. für die Definition objektiver Notzeiten für das Schalenwild wichtig.
- Geologie und Bodenverhältnisse: Wenn diese Angaben nicht bereits von den einzelnen Revieren der Hegegemeinschaft erarbeitet wurden, kann man in der Regel auch dazu entsprechende Unterlagen beim Forstamt oder den Landwirtschaftsämtern einsehen. Sie werden zur Beurteilung der Äsungsverhältnisse als wesentlichem Merkmal für die Lebensraumqualität herangezogen.
- Heutige potenzielle natürliche Vegetation: Sie ist ein Maßstab für die natürliche Biotopkapazität, das Entwicklungspotenzial von Lebensräumen und die Naturnähe von Waldgesellschaften.
- Historische Entwicklung der Landnutzung: Die Nutzungsgeschichte bestimmt auch die aktuelle Lebensraumqualität einer Kulturlandschaft. Dies gilt für größere Regionen ebenso wie für das einzelne Revier. Wie bereits ausgeführt, gehen zahlreiche schutzwürdige Lebensgemeinschaften wie die Heiden- und Rasengesellschaften auf eine extensive landwirtschaftliche Nutzung zurück. Hieraus können wichtige Hinweise auf eine optimale Kombination aus Biotoppflege und Äsungsverbesserung

gezogen werden. Die Geschichte der Landnutzung hängt außerdem oft mit aktuellen Problemen zusammen: Die nach dem Zweiten Weltkrieg notwendigen Aufforstungen großer Kahlflächen bestimmen noch heute die Schälschadensproblematik ganzer Regionen.

- Bodennutzung nach Typen (Wald, Landwirtschaft, Siedlung etc.)
- Struktur der Landwirtschaft (Anbauarten, Feldergröße, Gehölzstrukturen, Wegenetz etc.): Diese Merkmale sind für die Qualität der Feldflur als Lebensraum besonders wichtig.
- Struktur der Forstwirtschaft und des Waldes (Holzarten- und Altersklassenverteilung etc.): Standort, Holzarten, und Altersklassenverteilung sowie die Wirtschaftsweise bestimmen wesentlich die Qualität des Waldes als Lebensraum für das Schalenwild.
- Erholung und Tourismus (Klassifikation der Waldbesucher – Wanderer, Skiläufer etc. –, Wanderwegenetz, Loipen, Erholungseinrichtungen, aktuelle Erholungsplanung): Anhand von Wanderkarten, Radwanderführern, Loipenverzeichnissen und anderen Unterlagen, aber auch mit den Informationen der Fremdenverkehrsvereine lässt sich der Erholungsdruck im Untersuchungsgebiet gut dokumentieren.
- Naturschutzvorhaben: Naturschutzbezogene Planungen setzen Rahmenbedingungen für die Hege und bieten Ansatzpunkte für eine Verknüpfung von Reviergestaltung und naturschutzrelevanten Pflegemaßnahmen. Frühzeitige Information darüber ist hier allerdings unbedingte Voraussetzung.

WILD UND JAGD

Ergänzend fließen darüber hinaus folgende Daten zu Wild und Jagdbetrieb in das Gutachten ein:

- Streckenanalyse/Streckentafel: Die Abschussergebnisse aller Reviere müssen über einen aussagekräftigen Zeitraum von rückwirkend zehn Jahren ausgewertet werden.

Blick vom Hohen Venn in die Rureifel, d. h. vom Hochwildring Hohes Venn in Belgien zum Rotwildgebiet Nordeifel in Deutschland

- Raumnutzung der Schalenwildarten: Wechsel, Sommer- und Wintereinstandsbereiche, Feisthirscheinstände etc. werden erfasst und kartografisch dargestellt. Auf einen Blick sind so intensiv genutzte und damit sensible Bereiche innerhalb des Gebietes der Gemeinschaft zu erkennen.
- Einfluss des Wildes auf die Umwelt (Wildschäden in Land- und Forstwirtschaft, Nutzung naturschutzrelevanter Äsungsflächen)
- Vorkommen weiterer Wildarten
- Maßnahmen der Reviergestaltung (Dokumentation des Ist-Zustandes): Äsungsflächen, Deckungsflächen, Fütterungseinrichtungen etc. werden auf einer Übersichtskarte eingetragen.
- Bejagungspraxis der einzelnen Reviere: Jagdarten, zeitliche und räumliche Bejagungsschwerpunkte, tatsächlich genutzte Jagdzeit etc. lassen interessante Rückschlüsse auf optimale Jagdstrategien zu.

Mit der Bewertung des Gebiets als Lebensraum für alle vorkommenden Wildarten anhand der zusammengestellten Daten wird die Bestandsaufnahme abgeschlossen. Maßgeblich sind dabei vor allem Quantität und Qualität des Äsungs- und Deckungsangebots, Belastungen des Wildes durch den Erholungsverkehr und der Zusammenhang zwischen Stressfaktoren für das Wild und Wildschäden.

ENTWICKLUNGSPLANUNG

Die Planung der Hegegemeinschaft muss die absehbaren Entwicklungen in Land- und Forstwirtschaft, Siedlungs- und Verkehrswesen, Tourismus etc. berücksichtigen. In Land- und Forstwirtschaft werden sie unter den Gesichtspunkten Einstand, Äsung und Deckung bewertet. In der Landwirtschaft können sich z. B. negative Tendenzen in Richtung zunehmender Schlaggrößen abzeichnen, aber auch Chancen aus absehbaren Flächenstilllegungen ergeben. In der Forstwirtschaft ändern großflächig geplanter Bestockungsumbau oder die Hinwendung zu naturnahen Wirtschaftsformen auch die Biotopkapazität für das Wild. Die Konsequenzen aus der Lebensraumentwicklung werden in Szenarien durchgespielt und dargestellt.

Möglichkeiten und Empfehlungen für die Reviergestaltung müssen vor diesem Hintergrund erarbeitet werden. Wenn in waldarmen Gebieten beispielsweise weitere Waldverluste durch Straßen- oder Siedlungsbau zu erwarten sind, ist die erhöhte Gefahr von Wildschäden in den verbleibenden Einstandsgebieten absehbar. Hier wären also frühzeitig entlastende Maßnahmen wie Aufforstungen oder die Anlage von Feldgehölzen in der Feldflur zu planen und Fördermöglichkeiten im Rahmen bestehender EU-Programme zu sondieren.

REVIERGESTALTUNG OHNE GRENZEN

Weiterer wesentlicher Bestandteil der gemeinschaftlichen Planung muss ein integriertes Konzept zur Lebensraumgestaltung einschließlich Winterfütterung und Äsungsflächen sein.

Aus dem Lebensraumgutachten lässt sich im Regelfall schnell die Notwendigkeit eines revierübergreifenden Maßnahmenkatalogs ablesen. Er ist als Ergänzung zur Entwicklungsplanung unverzichtbar. Hierbei geht es in erster Linie darum, gezielt den Lebensraum für die Wildtiere zu verbessern und Defizite auszugleichen.

DIE GESAMTSCHAU IST WICHTIG

Die Zusammenstellung der bestehenden wild- und jagdrelevanten Revierstruktur ist die wesentliche Voraussetzung für eine vernünftige Planung. Die Revierinhaber werden gebeten, die bestehenden natürlichen und angelegten Äsungsflächen in ihrem Jagdbezirk mit ihren wesentlichen Merkmalen zusammenzustellen („Service" S. 217–220) und die Flächen sowie alle jagdlichen Einrichtungen in eine vorbereitete Revierkarte einzutragen. Wichtig sind außerdem die Winterfütterungsstandorte der Reviere und die dort eingesetzten Futtermittel und -mengen. Wer selbst keine Unterlagen geführt hat, aus denen er diese Informationen einfach übertragen kann, wird nun vielleicht damit anfangen. Aus den verschiedenen Revierkarten wird dann eine Übersichtskarte für die Hegegemeinschaft im Maßstab 1 : 50 000 erstellt. In der Gesamtschau werden plötzlich bislang unbekannte Zusammenhänge deutlich, nicht selten lassen sich Phänomene im eigenen Revier in Kenntnis der Verhältnisse im Nachbarbezirk erklären: So kann z. B. unvermittelte Wildarmut oder auch die drastische Zunahme von Schälschäden in einem Jagdbezirk durch unsachgemäße Winterfütterung im Nachbarrevier ausgelöst worden sein. Die zusammenhängende Darstellung der vorhandenen Äsungsflächen lässt auf einen Blick Räume mit Nachbesserungsbedarf und grenzüberschreitende Vernetzungsmöglichkeiten erkennen. Ein gemeinsames Äsungsflächenkonzept erlaubt dann auch eine Optimierung des Arbeitsmitteleinsatzes.

Die revierüberschreitende Erfassung der Lebensraumstrukturen macht auch in Niederwildrevieren Sinn. Wo sich z. B. starke Unterschiede im Rebhuhnbesatz verschiedener Reviere trotz gleichbleibender naturräumlicher Voraussetzungen ergeben, kann ein Vergleich der durchschnittlichen Feldergröße in der Landwirtschaft aufschlussreich sein. Bestätigt sich dabei die Vermutung, dass zu große Felder die Ursache des Übels sind, ist dies ein klarer Hinweis auf die Notwendigkeit ergänzender Grenzlinien. Entsprechende Maßnahmen in verschiedenen Revieren können dann aufeinander abgestimmt werden.

Einfallslose Verbotshinweise liest niemand.

ERHOLUNGSLENKUNG

Eine Hegegemeinschaft sollte sich auch stets die Erholungsplanung zur Aufgabe machen. Lenkungsmaßnahmen erfordern in der Regel eine Abstimmung mit Behörden, betroffenen Grundstückseigentümern und Interessenvertretern aus Tourismus oder Freizeitsport. Der Dialog zwischen allen Beteiligten muss deshalb frühzeitig angekurbelt werden.

Auch für diesen Planungsbereich ist zunächst eine Bestandsaufnahme notwendig, auf deren Grundlage die Bedeutung verschiedener Störgrößen bewertet wird. Die Planungsschwerpunkte müssen sich im Einzelnen an den jeweiligen Lebensraumverhältnissen orientieren: So geht es in der Nähe von Ballungsgebieten vorrangig darum, die Siedlungsrandbereiche zu beruhigen, die bevorzugt zur Naherholung und als Hundeauslauf-Areale genutzt werden. Im Feldrevier steht oft die Sicherung ungestörter Rückzugsflächen im Vordergrund, während in Waldrevieren das Ziel meist lautet, ausreichend große Einstandsbereiche zumindest jahreszeitlich störungsfrei zu halten.

Die Abstimmung mit den Grundeigentümern, Behörden und weiteren Betroffenen ist für größere Maßnahmen zur Beruhigung der Wildlebensräume zwingende Voraussetzung oder zumindest sehr zu empfehlen. Dies gilt z. B. für die Ausweisung von Loipennetzen, deren Unterhaltung überdies geklärt werden muss, oder die Ausweisung von Reitwegen in Verdichtungsräumen.

Für einfachere Lenkungsmaßnahmen bedarf es aber nur das Einvernehmen des Grundstückseigners. Hierzu zählen

- **die Markierung von Wanderwegen,**
- **die Markierung attraktiver Reitwege in Waldgebieten, in denen das Reiten grundsätzlich auf allen Wegen mit einer bestimmten Mindestbreite gestattet ist,**
- **ansprechende Informations- und Hinweisschilder,**

Eine ansprechende Beschilderung erregt Aufmerksamkeit und weckt Verständnis.

- **die besondere Pflege „erwünschter", weil unkritischer Wanderwege und die Beschränkung der Wegeunterhaltung auf das sicherheitsbedingte Mindestmaß in anderen Bereichen,**
- **die Renaturierung von Wegen, die für die Wald- oder Landbewirtschaftung entbehrlich sind,**
- **die Erschwerung des Zugangs zu Äsungsflächen oder wichtigen Einstandsbereichen durch Blindzäune, Reisigwälle oder anderes Material,**
- **die Pflanzung von Sichtschutzgehölzen und nicht einsehbare Anlage von Äsungsschneisen.**

In diesen Zusammenhang gehört auch eine engagierte Öffentlichkeitsarbeit, die für die Interessen von Wild und Jagd gerade in Hinblick auf etwaige Planungen wirbt. Hierfür muss allerdings die Unterstützung durch Kreis und Gemeinden, Forstämter, Fremdenverkehrs- und Sportvereine konsequent eingefordert werden.

Nur wenn diese Maßnahmen nicht ausreichen, ist die Ausweisung von Wildruhezonen zu empfehlen.

WILDRUHEZONEN

Wildschutzgebiete können aus Gründen der Wildhege und Wildforschung, zum Schutz gefährdeter Wildarten oder zur Verhinderung von Wildschäden ausgewiesen werden. Die formalen Voraussetzungen zur Ausweisung von Wildschutzgebieten sind im Bundeswaldgesetz (Betreten des Waldes), den Forstgesetzen der Bundesländer und den Landesjagdgesetzen geregelt.
Die Grundregeln für eine effektive Lebensraumberuhigung leiten sich aus den wildbiologischen Zielsetzungen ab. Ruhezonen sollen den Energieverbrauch des Wildes senken, eine stärkere Orientierung der Raumnutzung der Tiere am saisonalen Äsungsangebot ermöglichen und so störungsbedingte Wildschäden merklich reduzieren.

ZWÖLF GEBOTE

In Wildruhezonen sind daher ein Betretungsverbot oder zumindest Wegegebot und die Beschränkung der Jagd auf das unbedingt erforderliche Mindestmaß unverzichtbar.
Für Wildschutzgebiete zur Reduktion von Wildschäden im Wald lassen sich aus den Untersuchungsergebnissen der Wildforschungsstelle NRW verschiedene Grundsätze für die Ausweisung von Ruhezonen ableiten.

1. Wo immer dies möglich ist, empfiehlt sich die Ausweisung zeitlich befristeter Ruhezonen, z. B. in den Wintereinstandsbereichen oder in bevorzugten Setz- und Aufzuchtbiotopen. Sie erreichen ihr Ziel, schränken den normalen Waldbesucher aber nur saisonal ein und sind deshalb auch leichter durchzusetzen.
2. Damit Wildruhezonen von Waldbesuchern akzeptiert werden und ihre Aufgabe erfüllen können, müssen dort für alle grundsätzlich dieselben Regeln gelten. Werden Ruhezonen eingerichtet, um dort in Ruhe zu jagen, verfehlen sie diese Ziele. Wildruhezonen sind zunächst auch Zonen der Jagdruhe. Nachstehend genannte notwendige Ausnahmen müssen diszipliniert befolgt und gegenüber der nichtjagenden Bevölkerung gut begründet werden, wenn man seine Glaubwürdigkeit nicht verlieren will.
3. Ein flächendeckendes Jagdverbot das ganze Jahr hindurch führt langfristig zu hohen Wildkonzentrationen und entsprechenden Wildschäden. Auch bei guter Biotopausstattung reicht dann die Nahrungskapazität dem Wild zur Deckung seines Grundbedarfs nicht mehr aus. Lässt sich der Zweck der Ruhezone nur über eine ganzjährige Ausweisung erreichen, muss der unvermeidliche Jagdbetrieb zielorientiert erfolgen, zeitlich straff gesteuert und gut begründet werden.
4. Bewährt haben sich zusammenhängend beruhigte Schutzgebietsflächen zwischen knapp 100 ha und knapp 300 ha. Markierte Wanderwege und Langlaufloipen in diesen Arealen müssen je nach Geländesituation so verlaufen, dass in den artspezifischen Fluchtdistanzen ausreichend Deckung vorhanden ist. Wenn sie dem Rotwild in etwa 200 m bis 300 m Entfernung, dem Rehwild in 50 m bis 100 m zur Verfügung steht, verursachen solche Erholungslinien den geringsten Lebensraumverlust. Voraussetzung ist na-

Wenn sich das Rotwild sogar tagsüber aus dem Einstand traut, hat die Wildruhezone ihren Zweck erfüllt.

türlich, dass nicht nur der Waldbesucher selbst, sondern auch sein Hund diese Linien nicht verlässt …

5. Wildschutzgebiete bergen immer die Gefahr, eine besondere Anziehungskraft auf Erholungssuchende auszuüben. Denn hier ist die Wahrscheinlichkeit, einmal Wild in Anblick zu bekommen, mutmaßlich wesentlich größer als anderswo. In der Praxis ist es deshalb wichtig, solche Gebiete möglichst großzügig auszuweisen und breite Pufferzonen um das eigentlich schützenswerte Kerngebiet mit einzuschließen. Sonst wird schnell das Gegenteil dessen bewirkt, was ursprünglich beabsichtigt war!
6. Für die Jagd selbst müssen Bejagungskalender für jede Wildart erstellt und genau eingehalten werden. Die zeitliche Jagdplanung orientiert sich an der störungsempfindlichsten der vorkommenden Wildarten. Die Wiederkäuer können nach abnehmender Empfindlichkeit gereiht werden: Rotwild > Muffelwild > Damwild/Sikawild > Rehwild. Schwarzwild nimmt hier eine Sonderrolle ein, reagiert jedoch gleichfalls sehr nachhaltig auf Störungen.
7. Die Abstimmung der Bejagungskalender muss auch völlige Ruhezeiten für das Wild gewährleisten. In der Praxis wird leider chronologisch immer wieder so gejagt: vier Wochen Bockjagd – vier Wochen Jagd auf Frischlinge – vier Wochen Jagd auf Schmalspießer – Bockjagd zur sommerlichen Blattzeit – Jagd auf Kahlwild und weibliches Rehwild – und dann Drückjagden auf Schwarzwild und anderes Schalenwild im Spätjahr zum Abschluss der Saison. So macht es nirgendwo Sinn, von Ruhezonen ganz zu schweigen …!

Gemeinsame Exkursionen geben Anregungen: Äsungsflächen müssen in Wildruhezonen versteckt angelegt sein.

8. Vor dem Jahreswechsel muss „Hahn in Ruh" sein, die Bejagung also eingestellt werden. Die wildbiologisch fragwürdige Bejagung des Wildes in der Notzeit kann zumindest in Ruhezonen nicht toleriert werden. Wenn eine Zone die Aufgabe hat, die Setz- und Aufzuchteinstände des Rotwildes zu beruhigen, darf im Mai und Sommer hier auch nicht auf den Rehbock gejagt werden! Das Wild kann nicht am Schuss erkennen, wem die Jagd gilt. Und auch ohne Schusslärm stört die Witterung des Jägers in den Einständen.
9. In beruhigten Bereichen sind Schwarzwildfütterungen und -kirrungen grundsätzlich fehl am Platz. Allenfalls in großflächigen Ruhezonen ist maximal eine Saukirrung auf 200 bis 300 ha vertretbar. Wenn wie mancherorts allerdings alle 20 bis 50 ha eine Kirrung betrieben und diese in vierwöchigem Turnus mit den Jagdfreunden abgesessen werden, hat diese Form der Schwarzwildjagd gerade auf die empfindlichen großen Hirscharten katastrophale Auswirkungen.
10. Im Einzugsbereich der Fütterungen muss in Wildschutzgebieten der Lebensraum vollständig beruhigt werden. Dies senkt die Wildschäden erheblich.
11. In der Vegetationsperiode müssen dem Wild die Grünäsungsflächen zur Verfügung stehen. Dies gelingt nur, wenn diese Flächen vom Erholungsverkehr abgeschirmt und auch nicht von den Jägern „belagert" werden.
12. Vor allem das Rotwild lässt sich im Winter über Ruhezonen effektiver steuern als im Sommer. Hauptursache hierfür ist der typische Wechsel dieser Wildart zwischen Sommer- und Wintereinständen. In der kalten Jahreszeit konzentriert sich das Wild gerne in geeigneten Einstandsbereichen. Nach dem Winter verteilt es sich wieder stärker über den Lebensraum und ist deshalb schwerer zu lenken.

SCHUTZGEBIETSTYPEN

Grundsätzlich sollten Wildruhezonen die „ultima ratio" darstellen und nur dort ausgewiesen werden, wo sich andere Maßnahmen zur Besucherlenkung und Lebensraumberuhigung als wirkungslos erwiesen haben.
Viele Voraussetzungen müssen für alle Wildschutzgebiete erfüllt sein: Hierzu zählen das Wegegebot für Waldbesucher, die Leinenpflicht für Hunde, der Verzicht auf die Schwarzwildjagd an Kirrungen oder zumindest deren starke Beschränkung und die zeitliche Steuerung des Jagdbetriebes (s. S. 174 f.). Darüber hinaus lassen sich Wildruhezonen für das Schalenwild nach Wildart, Zielsetzung und gegebenenfalls saisonalem Schwerpunkt aber in verschiedene Typen einteilen. Dies soll nachstehend an einigen beispielhaften Typen verdeutlicht werden. Deren Einteilung liegen die Projektergebnisse der Wildforschungsstelle NRW zugrunde. Die skizzierten jagdlichen Richtlinien lassen sich übrigens auch freiwillig, also ohne gesetzliche Ausweisung eines Schutzgebietes, von den verantwortlichen Jägern und Forstleuten umsetzen!

SCHUTZTYP REHWILD

Schutzzonen Hochfrequentierte Naherholungsgebiete in Ballungsräumen bzw. Einzugsbereichen größerer Städte mit Beschränkung geeigneter Rehwildeinstände auf wenige Restflächen

Schutzziel Entlastung des Rehwildes; Auflösung lokaler Verbissschwerpunkte im Wald durch gleichmäßigere Raumnutzung des Wildes

Jagd Weitgehende Beschränkung der Einzeljagd und Steuerung nach örtlich angepasstem Bejagungskalender, Bejagungsschwerpunkt für weibliches Rehwild im September, anschließend nur noch kleinräumig organisierte Gemeinschaftsjagden

In Rotwildschutzgebieten sind Schwarzwildfütterungen und -kirrungen fehl am Platz.

Erläuterungen Die Erfüllung der Zielvorgaben erfordert eine exakte örtliche Feinabstimmung. Beispiele in NRW zeigen, dass kleinräumige Ansitzdrückjagden bei durchdachter Organisation ohne Sperrung des bejagten Bereiches für den Erholungsverkehr möglich sind. Die Einzeljagd muss sich in diesen Bereichen zwangsläufig auf die wenigen verbliebenen Rückzugsgebiete des Wildes konzentrieren und ist deshalb bei intensiver Durchführung kontraproduktiv.

SCHUTZTYP ROTWILD – WINTER

Schutzzonen Rotwildgebiete mit Einstandsbereichen, die während des Winters bevorzugt werden

Schutzziel Beruhigung der Wintereinstände des Rotwildes und gegebenenfalls der Fütterungsbereiche sowie Senkung von wirtschaftlichen Schäl- und Verbissschäden im Wald durch Berücksichtigung des rotwildtypischen Äsungsrhythmus

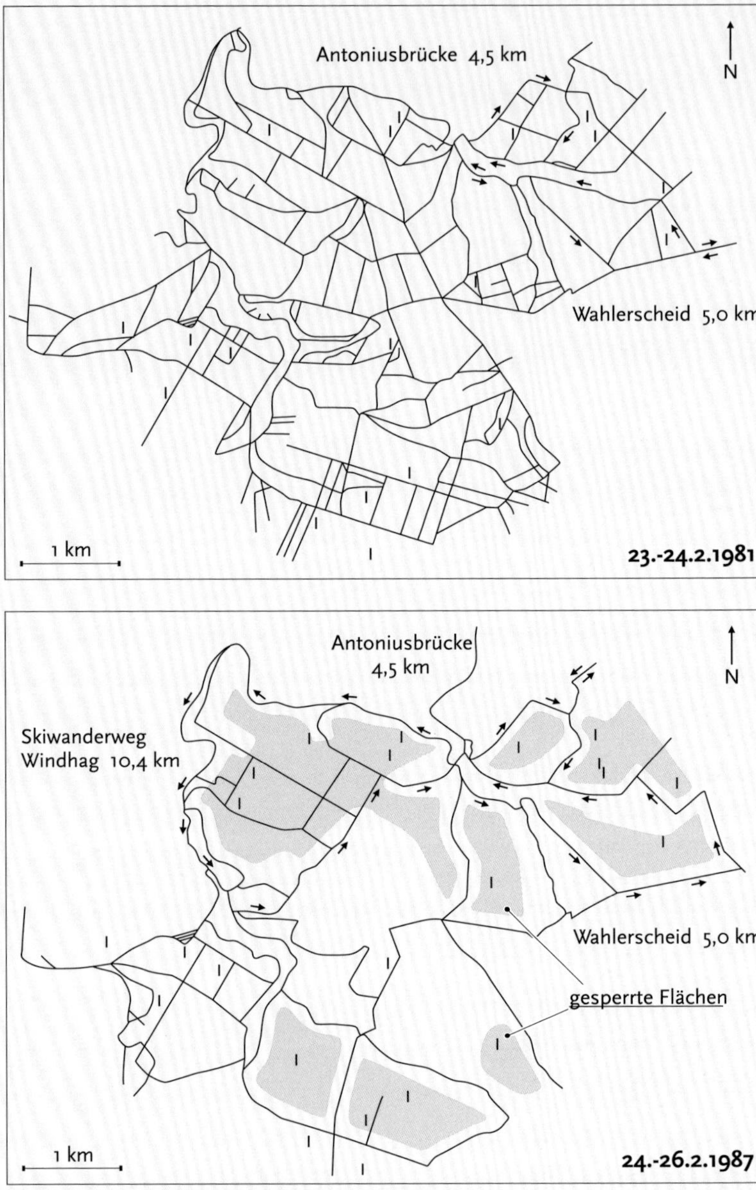

Beispiel Wintersportgebiet Monschau (Deutschland/Belgien): Ein länderübergreifendes Ruhezonen-Konzept erhöhte den nutzbaren Lebensraum von 4 auf 50 % der Fläche. Es ist heute Grundlage für den Wintersport im Nationalpark Eifel.

Jagd Abschussplan muss vor Beginn der Schutzsaison erfüllt sein, vollständige Jagdruhe von Januar bis Mai, auch keine Schwarzwildjagd, Fuchsjagd etc. mehr

SCHUTZTYP ROTWILD – SOMMER

Schutzzonen Rotwildgebiete mit Setz- und Aufzuchteinständen von zentraler Bedeutung und in stark frequentierten Erholungsräumen

Schutzziel Störungsminimierung zur Setz- und Aufzuchtzeit, möglichst gleichmäßige Verteilung des Rotwildes im potenziell nutzbaren Sommerlebensraum und damit bessere Ausnutzung des Äsungsangebotes

Jagd Verzicht auf Einzeljagd im Kernbereich der Schutzzone, Einzeljagd ist auch in den Randbereichen nur in geringem Umfang vertretbar

Neben solchen großflächigen Schutzgebietstypen, die meist halb- oder ganzjährig ausgewiesen werden, können zur Brechung regionaler und saisonaler Störungsspitzen schon zeitlich kürzer befristete oder auch räumlich begrenzte Ruhezonen ausreichen. So kann man z. B. von einem „Typ Stangensucher“ sprechen, wenn es darum geht, die Wintereinstandsbereiche des Rotwildes vor Stangensuchern zu schützen. Gerade auf dem Höhepunkt der Notzeit haben direkte Störungen im Einstand fatale Folgen, die meist in massiven, lokal konzentrierten Schälschäden bestehen. Hier reicht eine Schutzgebietsausweisung über wenige Wochen. Während dieser Zeit muss natürlich auch vollständiges Jagdverbot herrschen.
In der Nähe großer Städte und Ballungszentren strömen im Spätsommer und Frühherbst regelmäßig ganze Heerscharen von Pilzesammlern in die Wildeinstandsbereiche und lassen dort auf der Suche nach den begehrten Leckerbissen keine Ecke aus. Im Arnsberger Wald in Nordrhein-Westfalen gibt es wohl keinen Quadratmeter Boden, der nicht einmal im Jahr „umgedreht“ wird. Abhilfe schaffen hier ebenfalls saisonale Schutzgebiete, die gewissermaßen also einen Schutztyp „Pilzesammler“ bilden. Die Einzeljagd muss hier nicht wesentlich eingeschränkt werden, alle übrigen Kriterien für die Jagd in Schutzgebieten sind allerdings zu beachten. Eine großräumige Sperrung solcher Gebiete scheitert meist an den mangelnden Kontrollmöglichkeiten. Effektiver ist es dann, „Schlüsselflächen“ in Zugangsbereichen unter Schutz zu stellen. Einer wirkungsvollen Beruhigung von Wildlebensräumen muss stets die Betrachtung des Wildes und seines Umfeldes vorausgehen. Gelingen kann sie letztlich nicht gegen, sondern nur im Einvernehmen mit anderen Nutzungsinteressierten.
Grundsätzlich können Ruhezonen bereits auf Revierebene ausgewiesen werden. Ihre volle Wirkung lässt sich jedoch nur erreichen, wenn auch hier revierübergreifend zusammengearbeitet wird. Positive Erfahrungen mit entsprechenden großräumigen Konzeptionen wurden im deutsch-belgischen Wintersportgebiet Monschau-Elsenborn bereits in den 1980er-Jahren gesammelt. Der nutzbare Lebensraum für das Rotwild konnte in wenigen Jahren mehr als verzehnfacht werden (vgl. S. 194). Der Abschuss wird dort bis zum Jahresende erfüllt, sodass die Jagd im Januar – in Belgien ohnehin unzulässig – überflüssig ist. Vergleichbare Erfahrungen liegen aus vielen anderen Gebieten vor.

ABSTIMMUNG DER WINTERFÜTTERUNG

Zu den zentralen Aufgaben einer funktionierenden Hegegemeinschaft gehört ein gemeinsames Winterfütterungskonzept. Eine solche Zusammenarbeit empfiehlt sich grundsätzlich schon zwischen benachbarten Revieren. Die Winterfütterung spielt vor allem für das Rotwild eine große Rolle. Nach der völligen Zerschneidung seiner Lebensräume und dem

NIERENFETTINDEX
Der Nierenfettindex ist ein wichtiger Weiser für die Balance zwischen Wild und Lebensraum. Er erlaubt ab September die Beurteilung der Energiereserven bzw. der Kondition des erlegten Wildes und ist zur Konditionsbeurteilung zuverlässiger als die Körpermasse allein: Im Unterschied zum Gewicht ist er unabhängig von der Größe des Tieres. Beim Nierenfettindex werden 5 Stufen unterschieden:
0: kein Nierenfeist, Bauchfell glasig-durchsichtig, die Nieren sind „nackt"
1: wenig Feist, Feist fleckenartig auf den Nieren verteilt
2: Nieren im Feist eingebettet aber noch gut sichtbar
3: Nieren sind weitgehend vom Feist bedeckt, aber noch erkennbar, einzelne Stellen des dunklen Nierengewebes zwischen der Feistumhüllung sichtbar
4: Nieren völlig im Feist verschwunden
Zu Beginn des Winters sollte kein Stück weniger als die Feiststufe 2 aufweisen, die Mehrzahl der Individuen sollte Werte zwischen 3 und 4 erreichen. Ist dies nicht der Fall, konnte das Wild entweder wegen massiver Störungen, zum Beispiel durch den Jagdbetrieb oder den Tourismus, nicht ausreichend Feist bilden, oder aber die Höhe des Wildbestandes übersteigt die Kapazität des Lebensraumes. Über die KOSMOS-PLUS-App können sie sich einen Film zur Freilegung des Nierenbereichs beim Aufbrechen und zur Bestimmung des Nierenfettindexes herunterladen.

215 Bestimmung des Nierenfettindexes

weitgehenden Verlust ursprünglicher Wintereinstandsgebiete wird der Sinn einer durchdachten Winterfütterung für diese Art auch von niemandem ernsthaft in Frage gestellt. Das zweckmäßige Vorgehen bei der übergreifenden Abstimmung der Winterfütterung soll daher am Beispiel des Rotwildes ganz praktisch beschrieben werden. Je nach Revier müssen natürlich andere oder weitere Wildarten berücksichtigt werden.

GEMEINSAM PLANEN

So selbstverständlich es klingen mag: Zunächst sind alle sinnvollerweise beteiligten Revierinhaber an einen Tisch zu bringen. Dies ist leichter gesagt als getan. Lässt sich doch kaum ein Revierinhaber beim Thema Fütterung gern „in die Karten schauen". Vor allem dann nicht, wenn es um den „König des Waldes" geht.

Die erste Besprechung dient zunächst dem Informationsaustausch über die Fütterungspraxis in den einzelnen Revieren, also über bestehende Fütterungseinrichtungen, Futtermittel und -mengen, räumliche und zeitliche Fütterungsschwerpunkte etc. Diese Arbeit wird durch eine große Übersichtskarte mit eingezeichneten Reviergrenzen erleichtert. Im Verlaufe der Besprechung werden dort alle Fütterungsstandorte eingetragen. Gleiches gilt für wichtige Einstandsbereiche und Störfaktoren, wie etwa Langlaufloipen, Wanderwege oder Mountainbike-Strecken.

Anschließend werden je Revier die vorhandenen Fütterungen zusammengestellt und ihre Merkmale erfasst („Service" S. 211). Die Angaben zu Futtermengen und -art stellt man sinnvollerweise noch einmal im Überblick zusammen und prüft sie auf Glaubwürdigkeit (siehe S. 200).

Je nach den regionalen klimatischen Bedingungen kann man von einem bestimmten notwendigen Fütterungzeitraum und Futtermittelbedarf ausgehen. (So müssen z. B. im nordrheinwestfälischen Hochsauerland über 120 Tage etwa fünf Kilogramm Saftfutter je Stück Rotwild und Tag verfüttert werden.)

Der Vergleich der eingesetzten Futtermengen mit dem angegebenen Rotwildbestand erlaubt eine einfache Plausibilitätsprüfung. Passen die Daten nicht zusammen, ist nach der Ursache zu forschen. Einmal wird möglicherweise der gefütterte Rotwildbestand von manchen Revierinhabern falsch eingeschätzt. Dann sollte dies noch einmal, gegebenenfalls durch Beobachtungen vor Ort, geprüft und korrigiert werden. Zum anderen ist die Diskrepanz vielleicht ein Hinweis darauf, dass das betrachtete Gebiet zu klein gewählt ist und einer starken Zu- und Abwanderung von Rotwild unterliegt. In diesem Fall muss eine erweiterte Neuabgrenzung erfolgen. Erfahrungsgemäß passen die Daten oft auch deshalb nicht zusammen, weil einige der Anwesenden bei ihren Fütterungsangaben Jägersprache mit Jägerlatein verwechseln… Alle Revierinhaber müssen natürlich von der Notwendigkeit eines gemeinsamen Fütterungskonzeptes überzeugt sein und ohne gegenseitiges Misstrauen wahrheitsgemäße Informationen geben. Auch das ist in der Praxis nicht immer ganz so selbstverständlich, wie es klingt.

Im „Sommer-Schutztyp Rotwild" ist Störungsminimierung zur Setzzeit oberstes Ziel.

FÜTTERUNGSPLANUNG

Die großräumige Planung und Abstimmung artgerechter Rotwildfütterungen muss folgende Kriterien berücksichtigen:

1. Anzahl der Fütterungen nach Wildarten

2. Fütterungsstandorte

- Relief und Fütterungsumgebung dem Sicherheitsbedürfnis des Rotwildes entsprechend (leichte Anhöhen in übersehbarem Altholz, keine Kuppen oder Rücken)
- keine schälgefährdete Bestände im Fütterungsbereich
- keine verbissgefährdete Kulturen und Verjüngungsflächen im Fütterungsbereich
- geeignete Bestandesstruktur in der Fütterungsumgebung (Deckung langfristig gesichert, Wahrscheinlichkeit forstlicher Maßnahmen gering)
- ausreichende Entfernung zu empfindlichen Lebensraumbereichen (geschützte Biotope)
- geringe Störungsgefahr
- Zugangswege für das Wild (Gefahrenpunkte, Straßen etc.)
- Einstandsnähe (auch in den Nachbarrevieren)
- Verfügbarkeit von Wasser
- Erreichbarkeit und Aufwand für die Beschickung (Wegefrage)
- Fütterungsstandorte im Nachbarrevier

3. Phänologischer Fütterungszeitraum

- von Winter bis in den Erstfrühling
- Abstimmung mit den Nachbarrevieren

4. Futtermittel

- Raufutter
- Saftfutter nach Sorten
- Futtermittelbeschaffung (möglichst gemeinsam und in Abstimmung mit weiteren Nachbarn)

ROTWILD-FÜTTERUNGSKONZEPT
FÜR DEN RAUM XY

Zur Sicherung einer artgerechten und abgestimmten Winterfütterung des Rotwildvorkommens im Raum xy wurde im Rahmen der Besprechungen/Revierbegehungen am... und... ein Fütterungskonzept erarbeitet, das in den Revieren der Unterzeichner zur Anwendung kommt. Maßgebliche Zielvorgaben der nachstehenden Vereinbarung sind eine größtmögliche Entlastung des Rotwildlebensraumes, die Verhütung von Wildschäden und die Gewährleistung der Lebensraumansprüche des Rotwildes durch eine artgerechte Winterfütterung unter Berücksichtigung der besonderen Wintersportsituation in dem Vereinbarungsgebiet.
Wesentliche Grundlage dieser Vereinbarung ist die Analyse der bestehenden Fütterungssituation im Winter 20../.. auf Basis der von den Revierinhabern gelieferten Informationen. Da die Angaben zu Futtermengen und gefüttertem Wild im Rahmen der Fehlergenauigkeit plausibel sind, kann eine insgesamt zutreffende Einschätzung des Rotwildbestandes unterstellt werden.
Die folgenden Merkmale des zukünftigen Winterfütterungskonzeptes wurden einvernehmlich festgelegt:

1. FÜTTERUNGSZAHL UND -STANDORT

— Revier A: 3 Fütterungen in den Abteilungen ... auf bestehenden Standorten. Die übrigen Fütterungen werden aufgegeben.
— Revier B: 2 Fütterungen in Abteilung ... auf bestehendem Standort (dort mittelfristig fütterungsnahe Einstandsmöglichkeiten durch heranwachsende Dickungen gewährleistet) und in Abteilung ... mit Standortverlegung wie vereinbart.
— Revier C: 3 Hauptfütterungen in den Abteilungen ... und 1 Nebenfütterung in Abteilung ... auf bestehenden Standorten. (Die Nebenfütterung ist bei Schneelage wegen starken Wintersportbetriebs für das Rotwild nicht erreichbar). Der fünfte Fütterungsstandort wird aufgegeben.
— Revier D: Mittelfristig 4 Rotwildfütterungen in den Abteilungen ... auf bestehenden Standorten; in zwei Jahren Abbau der Fütterung in Abteilung ... und Verlegung der Fütterung von Abteilung ... nach ... auf vereinbarten Standort.
— Revier E: 1 Fütterung in Abteilung ... auf bestehendem Standort
— Revier F: 1 neue Fütterung in Abteilung ...

Allgemeine Anmerkung:
Der nutzbare Rotwildlebensraum ist im Winter durch Langlaufloipen stark zerschnitten und wegen entsprechender Beunruhigung erheblich eingeschränkt. Dies rechtfertigt die überdurchschnittliche Anzahl von langfristig 13 Hauptfütterungen auf 3 600 Hektar Einzugsgebiet.

2. FÜTTERUNGSZEITRAUM

Die Fütterungen werden vom Beginn des Winters bis zur Mitte des Erstfrühlings (Buschwindröschenblüte) betrieben. Unter den Gegebenheiten des Vereinbarungsgebietes (im Mittel 650 m ü. NN) entspricht dies der Zeit von Dezember bis Ende April und der tatsächlichen Notzeit. Das Ende der Fütterungszeit wird durch das einsetzende Frühjahr (Vegetation) bestimmt. Zur Vermeidung von Schälschäden in der Übergangszeit vom Winterausgang bis in den Erstfrühling hinein wird das genaue Ende der jeweiligen Fütterungsperiode zwischen den beteiligten Revieren telefonisch abgestimmt.
Der gemeinsame Beginn der Fütterung ist Voraussetzung für eine sachgerechte Bejagung. Heu und Grummet wird in allen Revieren ab Dezember gegeben, Saftfutter (Grassilage) ab Januar.

Sofern aus Witterungsgründen ein Saftfutterangebot früher als im Januar notwendig erscheint, wird der Zeitpunkt der Saftfuttergabe zwischen den Revieren kurzfristig abgestimmt und vereinbart.

3. FÜTTERUNGSVERFAHREN

3.1 Futtermittel

Die vereinbarte Kompensationsfütterung zur Vermeidung von Nahrungsengpässen erfolgt mit artgerechten Futtermitteln, die keinen Lockmittelcharakter haben und nicht zu Konzentrationen des Rotwildes führen dürfen. Den physiologischen Anforderungen des Rotwildes entsprechend werden Rau- und Saftfuttermittel angeboten:

Raufutter wird in Form von kräuterreichem Heu, vorzugsweise Grummet, an allen Fütterungen während der ganzen Fütterungsperiode zur Verfügung gestellt, Saftfutter als Grassilage gereicht.

Saft- und Raufutter werden zur Verhinderung von Schälschäden am selben Ort nebeneinander und in vergleichbarer Qualität angeboten. Kraftfutterbeigaben sind in Übereinstimmung mit den gesetzlichen Vorgaben ausdrücklich ausgeschlossen!

Bei Bedarf beraten sich die Reviere wechselseitig in Bezug auf die Futtermittel.

Revier A bestellt zentral die Futtermittel für alle Reviere, sodass an allen Fütterungen der Hegegemeinschaft eine vergleichbare Qualität gewährleistet ist.

3.2 Beschickung

Frische Futtermittel müssen jederzeit vorrätig sein. Die Beschickung der Fütterungen erfolgt regelmäßig und möglichst täglich, idealerweise um die gleiche Tageszeit. In Ausnahmefällen sind Abstände von maximal 2–3 Tagen unter der Voraussetzung zulässig, dass jeweils eine zur Überbrückung des Zeitraumes ausreichende Futtermenge ausgebracht wird: Zur Vermeidung kompensatorischer Schälschäden in angrenzenden Beständen darf die Fütterung nie leer sein.

3.3 Qualität der Futtermittel

Eine einwandfreie Futtermittelqualität wird sichergestellt. Reste und angefaulte Futtermittel sind zu beseitigen. Heu ist wirksam vor Vernässung zu schützen. Heureste werden am Ende der Fütterungsperiode entfernt.

Silage (Rundballen) ist bei Vorlage in größeren Mengen regelmäßig auf den Zustand zu prüfen. Unverbrauchte und fäulnisgefährdete Reste werden entfernt und durch frische Silage ersetzt.

Verbiss- und Schälschäden im Einstandsbereich durch abgeschlagene Stücke müssen verhindert werden. Die Fütterungen werden deshalb grundsätzlich so konzipiert, dass möglichst alle anwechselnden Stücke gleichzeitig Futter aufnehmen können. Hierzu muss je nach Örtlichkeit ein Futtertrog bzw. -tisch für maximal 2 bis 3 Stück Wild zur Verfügung stehen. Der Abstand der Futtervorlagen zueinander soll etwa 5 bis 6 m betragen.

Die Unterzeichner erklären ihre Bereitschaft, dieses Fütterungskonzept im Untersuchungsgebiet partnerschaftlich umzusetzen. Jeweils im März werden alle Fütterungsstandorte von den Unterzeichnern gemeinsam in Augenschein genommen. Die Beteiligten erklären sich damit einverstanden, dass darüber hinaus Herr/Frau ... im Sinne einer Kontrolle und Beratung die Fütterungen auch ohne Voranmeldung aufsucht.

__________, den___________20___

Der Protokollführer __________________

Die Revierinhaber:

1. ______________ 3. ______________

2. ______________ 4. ______________

(...)

☞ ANLAGE ZUR FÜTTERUNGSVEREINBARUNG IM RAUM (BEISPIEL)

FÜTTERUNGSANZAHL UND -VERFAHREN NACH REVIEREN – IST-ZUSTAND

REVIER	A	B	C	D	E	F
GRÖSSE HA	320	380	1000	850	650	400
ANZAHL DER FÜTTERUNGEN	5	2	4 (+1)	4	1	—
FÜTTERUNGS-ZEIT	Dez. – März	Nov. – Apr.	Nov./Dez. – März/Apr.	Dez. – Apr.	Dez. – Mai	—
RAUFUTTER	fehlt	Heu, nicht angenommen	Grummet, 5 Ballen (rd. 1,6 Ztr.)	600 Ballen (200 Ztr.)	Raufutter, nicht angenommen	—
SAFTFUTTER	25 000 kg Gehaltsrüben	2 500 kg (4–5 Ballen à 10 Ztr.) Grassilage	20 000 kg Rüben	30 000 kg Zuckerrüben	3 000 kg Zuckerrüben	
KRAFTFUTTER				7 500 kg Hafer	1 000 kg Hafer	
GESCHÄTZTER FÜTTERUNGS-BESTAND (NUR ROTWILD) IN STÜCK	20–25	15–20	25	40	5–10	10–16
BESONDER-HEITEN				Tageweise Beschickung		
ÄSUNGS-FLÄCHEN	3 ha	6 ha (Wildacker/ Wildwiese)	2,5 ha (6 Einzelflächen)	6 ha (davon 3,25 ha Wildacker)	3,5 ha (davon 2 ha Wildacker mit Hafer, Rüben u. Raps, 1,5 ha Wildwiese	10–15 ha Dauergrünäsung

Plausibilitätskontrolle:
Saftfuttermenge. 80 500 kg – Bestand (nur Rotwild): 130 St. – Fütterungszeit: 120 Tage – Durchschn. Saftfutterbedarf: 5 kg / St. / Tag.
Durchschn. Saftfutterverbrauch: 80 500 kg / 130 x 120 = 5,2 kg / St. / Tag. Die Angaben sind grundsätzlich stimmig.

REVIERBEGEHUNG

Zweckmäßigerweise folgt nun ein gemeinsamer Reviergang durch alle betroffenen Reviere, um sämtliche Fütterungen zu besuchen und das Für und Wider der einzelnen Standorte zu diskutieren. Dies ist auch als vertrauensbildende Maßnahme zu verstehen. Für die einvernehmlich verabschiedete spätere Fütterungsplanung kommen nämlich sinnvollerweise nur solche Standorte in Frage, die auch von allen Beteiligten in Augenschein genommen wurden. Nur in sehr großen Gebieten kann es praktikabler sein, dass eine gemeinsam ausgewählte kleine Gruppe die Fütterungen nach den einvernehmlich festgelegten Kriterien bewertet und hierzu jeweils die Inhaber der betroffenen und unmittelbar angrenzenden Reviere hinzugezogen werden.
Meist fördern die gemeinsamen Ortsbegehungen auch den Erfahrungsaustausch und liefern Anregungen. So hat vielleicht der eine Revierinhaber Probleme bei der Verfütterung von Rüben durch einen unvermutet hohen Schwarzwildfraß. Beim Gang im Nachbarrevier stellt er dann fest, dass sich dieses Problem über die Einzäunung der Fütterung auf 25 m x 25 m mit einem meterhohen Knotengitterzaun verhältnismäßig einfach ausschalten lässt.
Nach der Inventur vor Ort muss die zukünftige gemeinsame Fütterungsstrategie einvernehmlich und verbindlich festgelegt und die Anzahl bestehender Fütterungen dem tatsächlichen Bedarf angepasst werden. Fütterungsstandorte, die den Eignungskriterien nicht standhalten, werden aufgegeben und im Bedarfsfall neue Fütterungen in geeigneter Lage beschlossen.
Diese Aufgabe ist heikel und verlangt noch einmal viel Überzeugungsarbeit. Wer seine Fütterung stilllegen soll, während der Nachbar weiter füttern oder gar eine zusätzliche Fütterung an der Reviergrenze errichten „darf", will hierfür gute Gründe hören!
Vertrauen ist gut, Kontrolle aber auch nicht schlecht: Ist über die zukünftigen Fütterungsstandorte Einigung erzielt und das Konzept umgesetzt worden, kann erfahrungsgemäß auf eine gelegentliche Überprüfung seiner Einhaltung während und vor allem am Ende der Fütterungsperiode nicht völlig verzichtet werden.
Vernünftigerweise wird dabei die stichprobenhafte Kontrolle der Fütterungen einem Jäger übertragen, der nicht dem Kreis der Jagdausübenden des betreffenden Raumes angehört. Stellt der kontrollierende Jäger Missstände fest, kann er sie unverzüglich und – im Gespräch unter vier Augen – unauffällig abstellen. Außerdem wird dadurch etwaigen Befürchtungen, Einzelne könnten sich nicht an die getroffenen Vereinbarungen halten, wirkungsvoll begegnet.

ERGEBNISSE FESTHALTEN – EIN PRAXISBEISPIEL

Die Ergebnisse der Besprechungen und Reviergänge fließen in ein Abschlussprotokoll, in dem alle maßgeblichen Vereinbarungen schriftlich fixiert und von den Revierinhabern unterzeichnet werden. Dieser Schritt ist dringend zu empfehlen, wenn man den nachträglichen Interpretationsspielraum der Absprachen gering halten will.
Aufbau und sinnvolle Bestandteile eines solchen Protokolls sind auf den Seiten 198–200 beispielhaft verdeutlicht.
Die tabellarische Zusammenstellung der wichtigsten Daten am Ende des Fallbeispiels hat sich zur Dokumentation der bestehenden Fütterungssituation bewährt.
Für den Erfolg eines gemeinsamen Fütterungskonzeptes ist es meist ausschlaggebend, dass Situationsanalyse und auch Planung von einem besonders sachkundigen Jäger federführend übernommen werden. Unterschiedliche Fütterungsgepflogenheiten in einzelnen Revieren führen häufig zu ausgeprägten Wanderbewegungen beim Wild, sodass nur mit ausreichender Erfahrung anhand der Gesamtschau die Fütterungssituation treffend beurteilt werden kann.

AUSBLICK UND DANK

Der Mensch hat eine Schlüsselrolle für die Erhaltung und Gestaltung der Lebensräume und damit der Lebensbedingungen der Wildtiere. Er übt diese Rolle ständig aus, ob durch aktives Tun oder durch absichtsloses Unterlassen. Die Ökologie als Haushaltslehre der Natur bietet die Grundlage, diese sinnvoll und verantwortungsbewusst auszufüllen.
Dieses Buch will Jägerinnen und Jäger zu einer intensiven Beschäftigung mit dem eigenen Revier als Wildlebensraum anregen und ihnen für die Praxis im Revier das Denken in Zusammenhängen nahebringen.
Lebensräume und natürliche Lebensgemeinschaften ändern sich im Jahresverlauf, aber auch von Jahr zu Jahr. Hinzu kommt der zunächst oft unbemerkte, weil schleichende Verlust von Lebensräumen und Arten. Deren Wert wird uns meist erst dann richtig deutlich, wenn wir im Begriff sind, sie zu verlieren – wie es bei vielen Dingen ist, die uns anvertraut sind. Wir dürfen aber nicht erst handeln, wenn schon alles zu spät ist.
§ 1 des Bundesnaturschutzgesetzes definiert die Ziele des Naturschutzes und der Landschaftspflege: Die Leistungsfähigkeit des Naturhaushalts, die Nutzungsfähigkeit der Naturgüter, die Pflanzen- und Tierwelt sowie die Vielfalt, Eigenart und Schönheit von Natur und Landschaft als Lebensgrundlagen des Menschen und als Voraussetzung für seine Erholung in Natur und Landschaft müssen nachhaltig gesichert werden. Diese Ziele stimmen ideell mit denen der Hegepflicht nach § 1 des Bundesjagdgesetzes überein: der Erhaltung eines den landschaftlichen und landeskulturellen Verhältnissen angepassten artenreichen und gesunden Wildbestandes sowie der Pflege und Sicherung seiner Lebensgrundlagen.
Diese gesetzlich festgeschriebenen Gemeinsamkeiten bieten Chancen, die aktiv genutzt werden müssen. Jäger können für die Ausübung ihrer Tätigkeit in unserer Gesellschaft nur dann Verständnis wecken, wenn es gelingt, der Mehrheit den Zweck und Sinn ihres Handelns nahezubringen. Der Umgang mit Wildtieren und Lebensräumen wird draußen rasch zum Prüfstein, an dem sich der verantwortungsvolle Naturbezug der Jagd erweist. Fachkundige Reviergestaltung und handwerklich saubere, wildbiologisch sinnvolle Jagdausübung sind die beste Werbung für die Jagd – und angesichts der vielfältigen Einflüsse des Menschen auf die Kulturlandschaft dringend erforderlich.
Voraussetzung dazu ist das Erkennen von Zusammenhängen und ein daran ausgerichtetes Handeln. Ebenso wichtig ist jedoch eine nachvollziehbare Dokumentation des eigenen Tuns. Sie ist nicht nur für den Jäger selbst nützlich, sondern bietet auch Transparenz nach außen. Zudem erleichtert sie die dringend notwendige revierübergreifende Abstimmung unterschiedlicher oder auch gemeinsamer Interessen. Und schließlich ist sie wertvolle Grundlage für die Zusammenarbeit mit dem Naturschutz und anderen Nutzern im Revier wie Landwirten, Forstleuten und Erholungsuchenden.
Verstehen bedeutet Einsicht. Der einfache Reviergang bietet hierzu den Einstieg und steht am Anfang aller Planungen und Maßnahmen. Derjenige, der ihn nicht als „Einzelgänger“ unternimmt, sondern Nichtjäger oder andere Jäger einbezieht, an seinen Überlegun-

Der Umgang mit Wildtieren und ihren Lebensräumen ist der Prüfstein, an dem sich die Jagd und ihr verantwortungsvoller Naturbezug messen lassen müssen.

gen teilhaben lässt und von seinem eigenen Engagement für Wild und Natur überzeugt, hat bereits wirksame Öffentlichkeitsarbeit geleistet oder sogar die ersten Schritte zu einer erfolgreichen Hege über die Grenzen seines Revieres hinaus getan.

Danken möchte ich allen, die mir in ihren Revieren Gelegenheit zu Untersuchungen boten und sie begleiteten – den Grundeigentümern, Jagdrevierinhabern und Revierbetreuern ebenso wie den Forstleuten, Berufsjägern und Hegegemeinschaften.
Mein Dank gilt außerdem allen Kolleginnen und Kollegen, mit denen ich im Rahmen unterschiedlichster Projekte Grundlagen zu Wild, Lebensraum und Lebensraumgestaltung erarbeiten durfte. Genannt seien hier stellvertretend der „Arbeitskreis Wildbiologie“ an der Justus-Liebig-Universität Gießen e. V. und die Forschungsstelle für Jagdkunde und Wildschadensverhütung des Landesamtes für Natur, Umwelt und Verbraucherschutz Nordrhein-Westfalen.
Dorothea Wenzel und Konny Borutta haben zahlreiche Dokumente für die verschiedenen Projekte gestaltet. Besonderer Dank gilt Frau Beate Börding für die Anfertigung des gesamten Manuskriptes einschließlich der verschiedenen Formblätter. Für die ansprechende Gestaltung und sorgfältige Herausgabe des Buches danke ich dem KOSMOS Verlag, für die zuverlässige Betreuung auch der zweiten Auflage insbesondere Herrn Assessor des Forstdienstes Ekkehard Ophoven.
Wahrlich nicht zuletzt bin ich meiner Frau, Diplom-Biologin Petra Alexandra Sehrt-Petrak, und der ganzen Familie für die Duldung der mit der Vorbereitung dieses Buches verbundenen zeitlichen Engpässe und die Begleitung in die verschiedenen Untersuchungsgebiete zu tiefem Dank verpflichtet.

SERVICE

SAATMENGEN UND PFLEGE DES MEHRTEILIGEN WILDACKERS FÜR NIEDERWILD

(MODELL LEHRREVIER KRANICHSTEIN, LJV HESSEN)

TEIL I – DAUERGRÜNLANDÄSUNGSFLÄCHE (MEHRJÄHRIG)

SAATMENGE UND -VERFAHREN	Rotschwingel	3 kg/ha	Wilde Petersilie	0,50 kg/ha
	Wiesenrispe	3 kg/ha	Schafgarbe	0,25 kg/ha
	Lieschgras	4 kg/ha	Löwenzahn	0,25 kg/ha
	Weißklee	3 kg/ha	Wilde Möhre	0,25 kg/ha
	Hornklee	3 kg/ha		
	Hahnenfuß, Vogelmiere, Ackerhohlzahn, Wegerich, Gänsefuß und Knöterich werden neben anderen Pflanzen als Wildkrautsamen aus der Getreidereinigung eingebracht. Das Saatgut wird breitwürfig ausgesät und mit einer leichten Saategge eingearbeitet.			
PFLEGE	Mitte Juli wird die Fläche gemäht und das anfallende Heu als Viehfutter gewonnen.			
DÜNGUNG	Alljährlich im Frühjahr eine leichte Düngung mit 4 dt/ha Volldünger (Blaukorn). (Anm. des Autors: Nach Untersuchungsergebnissen der Wildforschungsstelle NRW empfiehlt es sich, den Volldünger durch Thomaskali und Kalk zu ersetzen).			

TEIL II – ROTKLEE (ZWEIJÄHRIG) MIT BUCHWEIZEN (EINJÄHRIG) ALS DECKFRUCHT

SAATMENGE UND -VERFAHREN	Buchweizen	20 kg/ha	Rotklee	15 kg/ha
	Das Saatgut wird im April/Mai breitwürfig ausgebracht und mit einer leichten Saategge eingearbeitet.			
PFLEGE	Mitte Juli wird die Fläche gemäht und das anfallende Heu als Viehfutter gewonnen.			
DÜNGUNG	Alljährlich im Frühjahr wird die Fläche mit 4 dt/ha Thomaskali abgedüngt.			

TEIL III – WESTFÄLISCHER FURCHENKOHL (ZWEIJÄHRIG)

SAATMENGE UND -VERFAHREN	bei Breitsaat	3–4 kg/ha	bei Reihen-pflanzung	1 kg/ha
	Der Kohl wird entweder im April breitwürfig ausgesät und leicht eingeeggt oder im Saatbeet herangezogen und im Juni gepflanzt.			
PFLEGE	Bei Pflanzung wird die Fläche einmal gehackt. Im 2. Jahr werden gegen Ende der Blütezeit die Blütenstände mit einer Sichel abgeschlagen.			
DÜNGUNG	Alljährlich im Frühjahr wird die Fläche reichlich mit 8 dt/ha Volldünger (Blaukorn) abgedüngt.			

☞ SAATMENGEN UND PFLEGE DES MEHRTEILIGEN WILDACKERS FÜR NIEDERWILD (FORTSETZUNG)

(MODELL KRANICHSTEIN, LJV HESSEN)

TEIL IV – HIRSE (EINJÄHRIG)

SAATMENGE UND -VERFAHREN	„Sioux"-Körnerhirse 12 kg/ha Geeignet ist auch die Rispenhirse „Gießener Goldrispe". Die Samen werden im April/Mai breitwürfig ausgesät und leicht eingeeggt oder untergeharkt. Eine Anbauwiederholung im zweiten Jahr bringt keine Nachteile.
PFLEGE	Im Herbst bzw. im Frühwinter vor der Erstbestellung empfiehlt sich das Tiefpflügen der gesamten Wildackerfläche, damit sich eine entsprechende Bodengare bildet. Weitere Pflegearbeiten sind nicht nötig: Eventuell aufwachsende Wildkräuter sind für Hasen, Fasanen und Rebhühner von Vorteil.
DÜNGUNG	Der Kalkgehalt ist durch eine Bodenuntersuchung zu ermitteln. Die fast immer fehlende Kalkmenge muss im Winter, spätestens jedoch vor der Bestellung im Frühjahr durch eine Kompensations-Kalkung mit Kohlensaurem Kalk ersetzt werden.

☞ ZWISCHENFRÜCHTE FÜR „WANDERNDE DECKUNGSFLÄCHEN"

	SAATMENGE (KG/HA)	SAATZEIT	SAATREIHEN-ABSTAND (CM)	WUCHSHÖHE	SORTENZAHL	SAATGUTPREIS (€/HA)	DECKUNGSEIGNUNG FÜR NIEDERWILD
ÖLRETTICH	18–24	Juni–Sept.	18–20	mittel	7	70 bis 90	gut
ACKERSENF	15–22	Juli–Ende Sept.	15–20	mittel bis hoch	7	45 bis 60	sehr gut
LUPINE	160–180	Juni–Anfang Aug.	15–20	hoch bis sehr hoch	8	250 bis 280	sehr gut

☞ FELDGEHÖLZARTEN NACH STANDORTEN

(NACH GRAULICH 1980)
K = KERNZONE, M = MANTELZONE, S = SAUMZONE

Ufer und Auen
an großen Flüssen, Altarmen und nassen Flusstalsenken:
K Silberweide *(Salix alba)*
K Fahlweide *(Salix x rubens)*
M Blendweide *(Salix rubra)*
M Fuchsschwanz-Weide *(Salix x alopecuroides)*
M Korbweide *(Salix viminalis)*
M Mandelweide *(Salix triandra)*
M Buschweide *(Salix x hippophaeifolia)*
M Purpurweide *(Salix purpurea)*

Flachmoor-Böden
in Fluss- und Bachtälern; sehr nasse Standorte:
K Schwarzerle *(Alnus glutinosa)*
K Rote Johannisbeere *(Ribes rubrum var., sylvestre)*
K Schwarze Johannisbeere *(Ribes nigrum)*
M Grauweide *(Salix cinerea)*
M Ohrweide *(Salix aurita)*
M Faulbaum *(Frangula alnus)*

Nasse, anmoorige Böden
in Fluss- und Bachtälern, auch in Mittelgebirgslagen; z. T. sehr nährstoffreiche Standorte:
K Schwarzerle *(Alnus glutinosa)*
K Esche *(Fraxinus excelsior)*
K Traubenkirsche *(Prunus padus)*
K Flatterulme *(Ulmus laevis)*
K Feldulme *(Ulmus minor, in niederen Lagen)*
K + M Pfaffenhütchen *(Euonymus europaeus)*
M (+ K) Wildrosen lokaler Herkunft von ähnlichen Standorten *(Rosa spec.)*
M + K Weißdorn-Arten lokaler Herkunft *(Crataegus spec.)*
M Roter Hartriegel (Cornus sanguinea)
M Grauweide *(Salix cinerea)*
M Ohrweide *(Salix aurita)*
M Gemeiner Schneeball *(Viburnum opulus)*

Tiefgründige, gute Ackerböden
in intensiv landwirtschaftlich genutzten Gebieten (auch mit Mutterboden abgedeckte ehemalige Mülldeponien in Tallagen):
K Hainbuche *(Carpinus betulus)*
K Bergahorn *(Acer pseudoplatanus)*
K Feldahorn *(Acer campestre)*
K Esche *(Fraxinus excelsior)*
K Vogelkirsche *(Prunus avium)*
K Traubeneiche *(Quercus petraea)*
K Stieleiche *(Quercus robur)*
M + K Weißdorn-Arten lokaler Herkunft *(Crataegus spec.)*
M + K Pfaffenhütchen *(Euonymus europaeus)*
M + K Heckenkirsche *(Lonicera xylosteum)*
M Haselnuss *(Corylus avellana)*
M Liguster *(Ligustrum vulgare)*
M Schlehe *(Prunus spinosa)*
M Roter Hartriegel *(Cornus sanguinea)*
M Wildbirne *(Pyrus pyraster)*
M Wildrosen lokaler Herkunft *(Rosa spec.)*
S Brombeeren lokaler Herkunft *(Rubus spec.)*

Flachgründigere Ackerböden
hauptsächlich in Hanglagen der unteren Mittelgebirge (ca. 200–450 m):
a) Wärmere Standorte:
K Hainbuche *(Carpinus betulus)*
K Feldahorn *(Acer campestre)*
K Traubeneiche *(Quercus petraea)*
K Mehlbeere *(Sorbus aria)*
K Elsbeere *(Sorbus torminalis)*
K Vogelkirsche *(Prunus avium)*
M + K Weißdorn-Arten lokaler Herkunft *(Crataegus spec.)*
M + K Pfaffenhütchen *(Euonymus europaeus)*
M Roter Hartriegel *(Cornus sanguinea)*
M Schlehe *(Prunus spinosa)*
M Wildbirne *(Pyrus pyraster)*

M Kreuzdorn *(Rhamnus catharticus)*
M Weinrose *(Rosa rubiginosa)*
M Wildrosenarten lokaler Herkunft *(Rosa spec.)*
S Berberitze *(Berberis vulgaris)*
S Brombeerarten lokaler Herkunft *(Rubus spec.)*

b) Kühlere Standorte:
K Hainbuche *(Carpinus betulus)*
K Bergahorn *(Acer pseudoplatanus)*
K Esche *(Fraxinus excelsior)*
K Stieleiche *(Quercus robur)*
M + K Weißdorn-Arten lokaler Herkunft *(Crataegus spec.)*
M + K Pfaffenhütchen *(Euonymus europaeus)*
M + K Heckenkirsche *(Lonicera xylosteum)*
M Haselnuss *(Corylus avellana)*
M Salweide *(Salix caprea)*
M Faulbaum *(Frangula alnus)*
M Schlehe *(Prunus spinosa)*
M Wildrosenarten lokaler Herkunft *(Rosa spec.)*
S Brombeerarten lokaler Herkunft *(Rubus spec.)*

c) Zusätzliche Arten für kalkreiche Böden:
M Wolliger Schneeball *(Viburnum lantana)*
M Feldrose *(Rosa agrestis)*
M Keilblättrige Rose *(Rosa elliptica)*
S Graue Brombeere *(Rubus canescens)*
S Bergbrombeere *(Rubus montanus)*

Standorte auf Verebnungsflächen in höheren Mittelgebirgslagen (über 450 m); gute bis mittlere Nährstoffversorgung:
K Vogelbeere *(Sorbus aucuparia)*
K Bergahorn *(Acer platanoides)*
K Bergulme *(Ulmus glabra)*
K Esche *(Fraxinus excelsior)*
M Haselnuss *(Corylus avellana)*
M Großfrüchtiger Weißdorn *(Crataegus x macrocapra)*
M Hirschholunder *(Sambucus racemosa)*
M Bergrose *(Rosa subcollina)*
M Vogesenrose *(Rosa vosagiaca)*
M Salweide *(Salix caprea)*
M Zitterpappel *(Populus tremula)*
S Brombeerarten lokaler Herkunft, z.B. Bellards Brombeere *(Rubus bellardii)*

Feuchte bis nasse, arme Sandböden v.a. in höheren Buntsandstein-Mittelgebirgslagen:
K Hängebirke *(Betula pendula)*
K Moorbirke *(Betula pubescens)*
K Stieleiche *(Quercus robur)*
M + K Vogelbeere *(Sorbus aucuparia)*
M Faulbaum *(Frangula alnus)*
M Ohrweide *(Salix aurita)*
S Brombeer-Arten lokaler Herkunft, z.B. Gefalteter Brombeerstrauch *(Rubus plicatus)*

Trockene bis feuchte, ziemlich nährstoffarme, anlehmig-sandige, z. T. kies- und steinhaltige Böden:
K Hängebirke *(Betula pendula)*
K Stieleiche *(Quercus robur)*
K Traubeneiche *(Quercus petraea)*
M + K Zitterpappel *(Populus tremula)*
M + K Vogelbeere *(Sorbus aucuparia)*
M + K Salweide *(Salix caprea)*
M Faulbaum *(Frangula alnus)*
S Brombeerarten lokaler Herkunft *(Rubus spec.)*

Trockene bis feuchte, wenig nährstoffhaltige, sandig-lehmige Böden,
z. T. grus- oder steinhaltige Böden aus nährstoffarmen Gesteinen (Buntsandstein, Tonschiefer, Grauwacke usw.) in mittleren Gebirgslagen:
K Hängebirke *(Betula pendula)*
K Hainbuche *(Carpinus betulus)*
K Stieleiche *(Quercus robur)*
K Traubeneiche *(Quercus petraea)*
K Geißblatt *(Lonicera periclymenum)*
M + K Zitterpappel *(Populus tremula)*
M + K Salweide *(Salix caprea)*
M Haselnuss *(Corylus avellana)*
M Weißdorn-Arten lokaler Herkunft *(Crataegus spec.)*
M Schlehe *(Prunus spinosa)*
S Besenginster *(Sarothamnus scoparius)*
S Brombeeren lokaler Herkunft *(Rubus spec.)*

SORTENEIGNUNG FÜR DEN STREUOBSTBAU

	SOMMERREIF	FRÜHHERBSTREIF	SPÄTHERBSTREIF
APFEL	Weißer Klarapfel, James Grieve	Gravensteiner, Graue Herbstrenette, Prinzenapfel, Mautapfel, Freiherr von Berlepsch, Gelber Edelapfel, Coulons Renette, Schafsnase, Prinz Albrecht	Rote Sternrenette, Schöner Boskoop, Graue Französische Renette, Kaiser Wilhelm, Danziger Kantapfel, Roter Eiserapfel, Bonapfel, Winterstettiner, Winterrambur, Landsberger Renette, Luxemburger Renette, Blenheimer Goldrenette
BIRNE	Petersbirne, Clapps Liebling	Philippsbirne, Neue Poiteau, Prinzessin Marianne, Gute Graue, Gellerts Butterbirne, Westfälische Glockenbirne, Boschs Flaschenbirne, Köstliche aus Charneu	Blumbachs Butterbirne, Vereinsdechantbirne, Großer Katzenkopf
PFLAUME		Wangenheims Frühzwetschge, Mürobalanen, Hauszwetschge	
SÜSSKIRSCHE		Bodeborner Schwarze Knorpelkirsche, Scheiders Späte Knorpelkirsche, Große Schwarze Knorpelkirsche, Hedelfinger Riesenkirsche, Teickners Schwarze Herzkirsche	

WINTERFÜTTERUNG

(bei Bedarf bitte vergrößern)

Jagdbezirk: ______________________ **Datum:** ______________________

FÜTTERUNGSSTANDORT (LFD. NR.)

Wildarten	
Standort (umgebender Bestand, Exposition, Geländeform)	
Verbissgefährdete Kulturen in der Fütterungsumgebung (ja/nein)	
Schälgefährdete Bestände in der Fütterungsumgebung (ja/nein)	
Einstandsentfernung (auch in Nachbarrevieren) (m)	
Störungsdisposition (hoch/mittel/gering)	
Deckungsstrukturen vorhanden (ja/nein)	
Erreichbarkeit für Wild (Gefahrenpunkte) (gut/mittel/schlecht)	
Verfügbarkeit von Wasser in Fütterungsnähe (m)	
Entfernung nächster Fahrweg für Beschickung (m)	
Fütterungszeitraum Winter bis Erstfrühling (von … bis…)	
Entfernung zur nächsten Fütterung (auch in Nachbarrevieren) (m)	
Abstimmung mit Nachbarn (ja/nein)	
Futtermittel Raufutter (Menge)	
Saftfutter (Art und Menge)	
Kraftfutter (Menge)	

☞ MONATSREVIERKALENDER NACH PHÄNOLOGISCHEN JAHRESZEITEN

	JANUAR: VORFRÜHLING	FEBRUAR: VORFRÜHLING/ ERSTFRÜHLING	MÄRZ: VORFRÜHLING/ ERSTFRÜHLING
VORAUSSICHTLICHE PFLANZENENTWICKLUNG:	*Blühbeginn* (b): Schneeglöckchen, Haselnuss, Schwarzerle, Huflattich, Narzisse	*Blühbeginn* (b): Schneeglöckchen, Haselnuss, Schwarzerle, Huflattich, Salweide, Buschwindröschen	*Blühbeginn* (b): Schwarz-Erle, Huflattich, Salweide, Forsythie, Schlehe, Buschwindröschen, Löwenzahn *Blattoberflächen voll entfaltet* (BO): Rosskastanie, Weißbirke, Lärche, Rotbuche, Stieleiche
CHARAKTERISTISCHE KENNZEICHEN UND MASSNAHMEN			
LEBENSRAUM WALD	— Reisig aus Starklaubholzeinschlag als Verbisshölzer verfügbar	— Abschluss Starkbucheneinschlag	— Beginn der Pflanzzeit
LEBENSRAUM FELD	— Ruhephase in der Landwirtschaft	— Bestellung der Hafer- und Maisfelder (im Erstfrühling) — Beginn des Weidenaustriebs	— Beginn der Feldarbeiten — Höhepunkt der Äsungs- und Deckungsarmut
WILD	— Stark verringerte Aktivität zur Senkung des Energieverbrauchs — Ende der Vortragszeit beim Rehwild — Gehörnabwurf abgeschlossen — Fuchsranz — Ausklingen der Rauschzeit	— Höhepunkt Wintermortalität — Zunehmende Rammelaktivität des Feldhasen, z.T. bereits erste Junghasen — Reihzeit der Stockente — Beginn Geweihabwurf des Rothirsches	— Nestbau der Stockente — Aufzucht Jungdachse — Satz der Märzhasen — Paarbildung beim Rebhuhn
REVIERARBEITEN, WILDHEGE	— Maßnahmen zur Einstandsberuhigung (Wintersport) — Winterfütterung Schalenwild — Rebhuhn-/Fasanenschüttungen laufend beschicken — Bei Bedarf schneefreie Zonen für Schalenwild, Rebhuhn und Fasan schaffen (Schneepflugeinsatz) — Ausbringung der Entenbruthilfen — Kontrolle Rebhuhn-/ Fasanbesatz an Schüttungen — Jagdruhe, Jagdzeit nur im Notfall ausschöpfen	— Einstandsberuhigung im Rotwildrevier (Stangensucher) — Stecklingspflanzung — ausreichende Saftfuttergabe — Fallwildkontrolle (bei Schneeschmelze) — Fährtenbildkontrolle: Raumnutzung des Wildes und bevorzugte Revierbereiche ermitteln — Schonzeit	— Winterfütterung — Äsungs- und Deckungsdefizite festhalten — Hochsitzkontrolle und -ausbesserung — Salzlecken erneuern — Wildwiesen: Eggen, Kalkung, Düngung, Neueinsaat von Fehlstellen — Wildackervorbereitung — Baum- und Strauchpflanzung — Stecklingspflanzung — Schonzeit

☞ MONATSREVIERKALENDER NACH PHÄNOLOGISCHEN JAHRESZEITEN

	APRIL: VORFRÜHLING/ ERSTFRÜHLING/ VOLLFRÜHLING	MAI: VOLLFRÜHLING/ FRÜHSOMMER	JUNI: FRÜHSOMMER
VORAUSSICHTLICHE PFLANZENENTWICKLUNG:	*Blühbeginn* (b): Rosskastanie, Esche, Apfel, Flieder, Besenginster, Margerite *Blattoberflächen voll entfaltet* (BO): Rosskastanie, Weißbirke, Schwarzerle, Rotbuche, Stieleiche	*Blühbeginn* (b): Esche, Rosskastanie, Rotbuche, Eberesche, Weißdorn, Winterlinde, Fichte, Heidelbeere, Himbeere *Blattoberflächen voll entfaltet* (BO): Esche *Vollblüte, 50 % der Pflanzen blühen (ab):* Wiesenfuchsschwanz, Knaulgras	*Blühbeginn* (b): Heckenrose, Schneebeere, Sommerlinde Johannistriebbildung an der Stieleiche *Erste Früchte reif* (f): Erdbeere, Frühkirsche
CHARAKTERISTISCHE KENNZEICHEN UND MASSNAHMEN			
LEBENSRAUM WALD	— Hochphase der Kulturbegründung	— Borkenkäferkontrolle (Stehendbefall)	— Kontrolle Fruchtbehang der Rotbuche
LEBENSRAUM FELD	— Hochphase der Felderbestellung — 1. Heu-/Silageschnitt	— Wiesenmahd	— Beurteilung pachtwürdiger Flächen — Wildschadenskontrolle und -verhütung in Gemüseanbaugebieten, auf Rüben- und Kohlfeldern
WILD	— Intensive Annahme der ersten Grünäsung — Fuchswelpenaufzucht durch Fähe und Rüde — Brutzeit Stockente — Höhepunkt Fasanenbalz — Rebhühner fest verpaart	— Eiablage und Brutbeginn des Rebhuhns — Jährlinge verfegen — Setzen der Rehkitze — 2. Satz Junghasen	— Setzen der letzten Rehkitze
REVIERARBEITEN, WILDHEGE	— Wildzählungen auf Äsungsflächen (bei Niederwild Scheinwerferzählungen) — Junghasensuche vor Wiesenmahd — Einsaat Sommergetreide — Kontrolle und Reparatur von Wildschutzzäunen im Feld — Kontrolle und Reparatur jagdlicher Einrichtungen, Säuberung Pirschpfade — Einsaat Hafer im Wald — Auswertung Fütterungsdaten — Schonzeit	— Jungwildrettung (Kitze, Junghasen, Rebhuhngelege) — ggf. Jungwildmarkierung — Aufklärungsarbeit — Spürbahnen harken — Jagdzeitbeginn auf den Rehbock sofort intensiv nutzen	— abschnittsweise Öffnung der Wildäcker — 1. Schnitt der Wildwiesen — Salzlecken erneuern — Kitzrettung — Laubheugewinnung von Obstbäumen, Eberesche, Hasel, Rotbuche, Birke, Weiden, Linde, Ahorn, Ulme, Kastanie, Eiche und Holunder (Bündel aus 6–8 kleinen Zweigen trocknen).

☞ MONATSREVIERKALENDER NACH PHÄNOLOGISCHEN JAHRESZEITEN

	JULI: HOCHSOMMER	AUGUST: SPÄTSOMMER/ FRÜHHERBST	SEPTEMBER: VOLLHERBST
VORAUSSICHTLICHE PFLANZENENTWICKLUNG:	*Blühbeginn* (b): Heidekraut, Holunder, Kornblume *Fruchtreife* (f): Rotbuche, Eberesche, Spätkirsche, Heidelbeere, Stachelbeere	*Blühbeginn* (b): Heidekraut, Herbstzeitlose *Fruchtreife* (f): Eberesche, Holunder, Heckenrose, Rotbuche, Stielleiche, Rosskastanie, Heidelbeere, Stachelbeere, Frühpflaume, Frühapfel, Schneebeere, Herbstapfel, Liguster	*Fruchtreife* (f): Rotbuche, Stieleiche, Winterlinde, Winterapfel *Laubverfärbung und beginnender Blattfall* (LV): Weißbirke, Rosskastanie, Rotbuche, Stieleiche, Winterlinde, Winterapfel
CHARAKTERISTISCHE KENNZEICHEN UND MASSNAHMEN			
LEBENSRAUM WALD	— Kontrolle Wildschutzzäune	— Spätsommerpflanzung der Fichte	— Abschluss der Spätsommerpflanzung — Räumliche Abstimmung der Jungbestandspflege — Abstimmung des winterlichen Holzeinschlags mit winterlicher Notzeit und Jagdbetrieb
LEBENSRAUM FELD	— erste Erntearbeiten in größerem Umfang (Wintergerste im Hochsommer)	— Gravierende Veränderung des Lebensraumes durch Getreideernte: Winterroggen, Winterweizen, Mais (Silage), Hafer, 2. Heu- bzw. Silageschnitt — Planung Zwischenfruchtanbau	— letzte Deckungsflächen durch Mais, Rüben und Kartoffeln — geerntete Felder vor Umpflügen — Zwischenfruchtanbau planen — Ernte des Körnermais — Beginn der Weinlese
WILD	— Blattzeitbeginn — Ranz des Dachses	— Höhepunkt und Ausklingen der Blattzeit	— Beginn der Rotwildbrunft
REVIERARBEITEN, WILDHEGE	— Freischneiden der Jagdeinrichtungen (auf Sichtschutz achten) — Wasserangebot für Wild — Blattzeit zur Rehwildzählung und Zuwachsermittlung nutzen — Erholungslenkung und Lebensraumberuhigung in der Urlaubszeit	— Kontrolle Schwarzwildschäden in Hackfrüchten — Kontrolle Rebhuhnketten und Fasanengesperre — Kontrolle Hasenbesatz — Nistkastenkontrolle im Wald — Nistkastenreinigung im Wald — Jagdzeitbeginn auf weibliches Rehwild sofort intensiv nutzen	— Futtermittelbeschaffung — Nistkastenreinigung — Schützenstände für die Bewegungsjagden planen und einrichten — Rebhühner verhören — Zwischenfruchtanbau mit Lupine

☞ MONATSREVIERKALENDER NACH PHÄNOLOGISCHEN JAHRESZEITEN

	OKTOBER: SPÄTHERBST	NOVEMBER: WINTER	DEZEMBER: WINTER
VORAUSSICHTLICHE PFLANZENENTWICKLUNG:	*Blattfall* (BF): Weißbirke, Rosskastanie, Rotbuche, Stieleiche	*Blattfall* (BF): Weißbirke, Rosskastanie, Rotbuche, Stieleiche	*Blühbeginn* (b): Christrose
CHARAKTERISTISCHE KENNZEICHEN UND MASSNAHMEN			
LEBENSRAUM WALD	— Vorbereitung des Laubholzeinschlages (Abstimmung)	— Beginn des Laubholzeinschlages	— Zaunkontrolle und -reparatur — Bereitstellung von Reisig aus Laubholzeinschlag als Notäsung — Freilegen schneebedeckter Heide- und Waldbeerflächen (Schneepflug)
LEBENSRAUM FELD	— Rübenernte — Stoppelbrachen, Feldfrüchte (Rüben, Kolbenmais) stehen lassen (ggf. Kauf oder Ausgleichszahlung)	— Ernteabschluss und Winterbestellung	— Reisigäsung ausbringen
WILD	— Höhepunkt und Abschluss der Rotwildbrunft — Beginn der Damwildbrunft	— Ausklang Damwildbrunft — Regional Beginn der Rauschzeit	— Höhepunkt der Rauschzeit
REVIERARBEITEN, WILDHEGE	— Anlage Rübenvorrat — Beschickung Fasanen- und Rebhuhnschütten — Letzte Detailplanung der Winterfütterung — Vorbereitung Bewegungsjagden — bei nasser Witterung frühe Hasenjagd	— Vorbereitung und bei Bedarf Beginn der Winterfütterung (Hochgebirge) — Regelmäßige und reichliche Beschickung der Fasanenschütten — Verbissschutz ausbringen — Belüftung der Rübenmieten	— Rückschnitt Weich- und Prosshölzer (Reisig belassen) — tägliche Fallenkontrolle — Bewegungsjagden — Abschluss der Abschusserfüllung und Jagdzeitende

FÜR BIOTOPSCHUTZPROGRAMME ZUSTÄNDIGE LANDESMINISTERIEN

BADEN-WÜRTTEMBERG
Ministerium für Ländlichen Raum und Verbraucherschutz Baden-Württemberg
Kernerplatz 10
70182 Stuttgart
Internet: http://www.mlr.baden-wuerttemberg.de

BAYERN
Bayerisches Staatsministerium für Ernährung, Landwirtschaft und Forsten
Ludwigstraße 2
80539 München
Internet: http://www.stmelf.bayern.de/index.php

BERLIN
Senatsverwaltung für Umwelt, Verkehr und Klimaschutz
Am Köllnischen Park 3
10179 Berlin
Internet: https://www.berlin.de/sen/uvk/

BREMEN
Der Senator für Umwelt, Bau und Verkehr
Contrescarpe 72
28195 Bremen
Internet: https://www.bauumwelt.bremen.de/

BRANDENBURG
Ministerium für Ländliche Entwicklung, Umwelt und Landwirtschaft des Landes Brandenburg
Henning-von-Tresckow-Str. 2-13
Haus S
14467 Potsdam
Postanschrift: Postfach 60 11 50, 14411 Potsdam
Internet: http://www.mlul.brandenburg.de/

HAMBURG
Behörde für Umwelt und Energie Hamburg
Neuenfelder Straße 19
21109 Hamburg
Internet: https://www.hamburg.de/bue/

HESSEN
Hessisches Ministerium für Umwelt, Klimaschutz, Landwirtschaft und Verbraucherschutz
Mainzer Straße 80
65189 Wiesbaden
Internet: https://umwelt.hessen.de/

MECKLENBURG-VORPOMMERN
Ministerium für Landwirtschaft und Umwelt Mecklenburg-Vorpommern
Paulshöher Weg 1
19061 Schwerin
Internet: https://www.regierung-mv.de/Landesregierung/lm/Ministerium/Aufgaben/

NIEDERSACHSEN
Niedersächsisches Ministerium für Ernährung, Landwirtschaft und Verbraucherschutz
Calenberger Str. 2
30169 Hannover
Internet: http://www.ml.niedersachsen.de/startseite/

NORDRHEIN-WESTFALEN
Ministerium für Umwelt, Landwirtschaft, Natur- und Verbraucherschutz des Landes Nordrhein-Westfalen
Schwannstraße 3
40476 Düsseldorf
Internet: https://www.umwelt.nrw.de/

RHEINLAND-PFALZ
Ministerium für Umwelt, Energie, Ernährung und Forsten Rheinland-Pfalz
Kaiser-Friedrich-Straße 1
55116 Mainz
Internet: https://mueef.rlp.de/de/startseite/

SAARLAND
Ministerium für Umwelt und Verbraucherschutz Saarland
Keplerstraße 18
66117 Saarbrücken
Internet: https://www.saarland.de/index.htm

SACHSEN
Sächsisches Staatsministerium für Umwelt und Landwirtschaft
Wilhelm-Buck-Straße 2
01097 Dresden
Postfach 10 05 10
01076 Dresden
Internet: https://www.smul.sachsen.de/index.html

SACHSEN-ANHALT
Ministerium für Umwelt, Landwirtschaft und Energie
Leipziger Straße 58
39112 Magdeburg
Internet: https://mule.sachsen-anhalt.de/nc/startseite-mule/

SCHLESWIG-HOLSTEIN
Ministerium für Energiewende, Landwirtschaft, Umwelt, Natur und Digitalisierung
Mercatorstraße 3
24106 Kiel
Internet: https://www.schleswig-holstein.de/DE/Landesregierung/V/Ministerium/OrganisationAnsprechpartner/OrganisationAnsprechpartner_node.html

THÜRINGEN
Thüringer Ministerium für Umwelt, Energie und Naturschutz
Beethovenstraße 3
99096 Erfurt
Internet: https://www.thueringen.de/th8/tmuen/index.aspx

JAGDBEZIRK

Revierinhaber

Messtischblatt

1. ALLGEMEINE REVIERMERKMALE

1.1 Reviergröße **ha**

hiervon:

1.1.1 Angliederungen ha

1.1.2 Anpachtungen ha

1.1.3 Besondere Einrichtungen ha

(Gehege, ...) ha

ha

1.2 Revierart

1.2.1 Hochwildrevier ☐

1.2.2 Niederwildrevier ☐

1.3 Besitzverhältnisse

1.3.1 Eigenjagdbezirk ha

1.3.2 Staatlicher Jagdbezirk ha

1.3.3 Gemeinschaftsjagdbezirk ha

2. STANDORTBESCHREIBUNG

2.1 Geografische Verhältnisse

(Lage des Reviers; Landschaftsbezeichnung; Bundesland-Regierungsbezirk-Lkr-Gemeinde; Bahn-, Schiffs- und Straßenverkehrsanschlüsse; allgemeine Geländemorphologie: eben, hügelig, Mittelgebirge, Hochgebirge, Flussebene, Becken; Gewässertypen; Wuchsgebiet-Wuchsbezirk)

____

____

____

____

____

____

2.2 Bodenverhältnisse

(Grundgestein, Bodentypen mit Wasser- und Nährstoffhaushalt, Bodenarten)

____

____

____

2.3 Klimaverhältnisse

2.3.1 Höhenlage ______________ bis ______________ ü. NN

2.3.2 Mittlere Jahrestemperatur ______________ °C

2.3.3 Mittlere Temperatur in der Vegetationszeit ______________ °C

2.3.4 Jahresniederschlag ______________ mm

2.3.5 Niederschlag in der Vegetationszeit ______________ mm

2.3.6 durchschnittliche Anzahl Sonnentage im Jahr ______________

2.3.7 durchschnittliche Anzahl Regentage im Jahr ______________

2.3.8 durchschnittliche Anzahl Frosttage im Jahr ______________

2.3.9 durchschnittliche Anzahl der Tage mit geschlossener Schneedecke ______________

3. VEGETATION UND BODENNUTZUNG

3.1 Heutige natürliche potenzielle Vegetation

___

___

3.2 Historische Landnutzung

(Mittelwald, Niederwald, Sonderkulturen, Steuobstbau etc.)

___

___

3.3 Aktuelle Reviereinteilung

3.3.1 Feldanteil ___ ha

3.3.2 Waldanteil ___ ha

3.3.3 Latschenanteil ___ ha

3.3.4 Spezielle Wildäsungsflächen

3.3.4.1 Wildäcker ___ ha

3.3.4.2 Wildwiesen ___ ha

3.3.4.3 sonstige Kulturen ___ ha

3.3.5 Felsanteil ___ ha

3.3.6 Gewässer ___ ha

3.3.7 befriedete Flächen ___ ha

3.3.8 BAB und Hauptverkehrsstraßen, Eisenbahnkörper ___ ha

3.3.9 wilddicht abgezäunte Flächen (Kulturzäune, Pflanzgärten, etc.) ___ ha

3.3.10 sonstige Flächen, die weder der Äsung noch dem Einstand dienen ___ ha

3.4 Kultureinteilung Wald

3.4.1 Nadelwald ______ ha

davon

3.4.1.1 Althölzer ______ ha

3.4.1.2 Stangenhölzer ______ ha

3.4.1.3 Dickungen ______ ha

3.4.1.4 Jungwuchs- und Schlagflächen ______ ha

3.4.2 Laubwald ______ ha

3.4.2.1 Althölzer ______ ha

3.4.2.2 Stangenhölzer ______ ha

3.4.2.3 Dickungen ______ ha

3.4.2.4 Jungwuchs- und Schlagflächen ______ ha

3.4.3 Plenterwald ______ ha

3.4.4 Auwald ______ ha

3.4.5 ______ ha

3.4.6 ______ ha

3.4.7 ______ ha

3.5 Kultureinteilung Landwirtschaft

3.5.1 Grünland ______ ha

3.5.2 Getreide ______ ha

3.5.3 Hackfrucht ______ ha

3.5.4 Sonderkulturen ______ ha

3.5.5 ______ ha

3.5.6 ______ ha

3.5.7 ______ ha

3.6 Gewässereinteilung

3.6.1 stehende offene Gewässer (z. B. Seen) ______ ha

3.6.2 fließende offene Gewässer
(z. B. Flüsse, Bäche) ______ ha

3.6.3 geschlossene Gewässer
(z. B. Teichwirtschaften, Fischzuchtbetriebe) ______ ha

4. ANGABEN ÜBER WILDBESTAND, ABSCHUSSPLANUNG UND WILDSTRECKEN IM JAGDJAHR ____________ / ____________ (bei Bedarf bitte vergrößern)

WILDART	WILDBESTAND ZUR ABSCHUSSBEMESSUNG			ABSCHUSS/FALLWILD		
	STÜCK	PRO 100 HA	GV	PLANUNG	IST	IN %
ROTWILD						
Hirsche						
Alttiere						
Schmaltiere						
Kälber						
Sa. Rotwild						
DAMWILD						
Hirsche						
Alttiere						
Schmaltiere						
Kälber						
Sa. Damwild						
REHWILD						
Böcke						
Geißen						
Schmalrehe						
Kitze						
Sa. Rehwild						
SCHWARZWILD						
Keiler						
Bachen						
Überläufer						
Frischlinge						
Sa. Schwarzwild						
________ WILD						

WILDART	VORKOMMEN (BESTANDSSCHÄTZUNG)	ABSCHUSS/FALLWILD
Feldhasen		
Wildkaninchen		
Fasanen		
Rebhuhn		
Enten		
Gänse		
Fuchs		
Steinmarder		
Baummarder		
Dachs		
Iltis		

SONSTIGE WILDTIERE:
(z. B. Steinwild, Schneehasen, Murmeltier, Wildkatze, Luchs, Hermelin, Mauswiesel, Fischotter, Wachtel, Auerwild, Birkwild, Rackelwild, Haselwild, Alpenschneehuhn, Wildtauben, Höckerschwan, Wildgänse, Wildenten, Säger, Waldschnepfe, Blässhuhn, Möwen, Haubentaucher, Graureiher, Greife, Falken, Kolkrabe, ggf. auch Eichelhäher, Elster, Rabenkrähe)

LANDWIRTSCHAFTLICHE BODENNUTZUNG UND FELDERGRÖSSE

(bei Bedarf bitte vergrößern)

Jagdbezirk: ______________________ **Datum:** ______________________

BEZUGSFLÄCHE:

Flächennutzung	Anzahl Felder Striche	n
1 Wintergerste		
2 Winterweizen		
3 Winterroggen		
4		
5 Sommergerste		
6 Sommerweizen		
7 Sommerroggen		
8 Hafer		
9		
10 Mais		
11 Raps		
12		
13		
14 Kartoffeln		
15 Rüben		
16		
Sonderkulturen		
17		
18		
19		
20 Wildäcker		
21 Rekult. Flächen		
22 Ackerbrache		
23 Klee		
24 Luzerne		
25 Feldgras		
26 Mähwiese		
27 Weide		
Zwischensumme Felderanzahl		

FLÄCHENGRÖßE: HA

Flächennutzung	Anzahl Felder Striche	n
28 Grünlandbrache		
29 Streuobst		
30 Streuwiesen		
31 Heide		
langfristig od. dauernd ungenutzte Flächen, trockene Standorte		
32 Sträucher überwiegen		
33 Bäume überwiegen		
34 Kräuter, Gräser überw.		
Gewässerbegleitvegetation		
35 Hochstaudenfluren, Schilf, Ried		
36 Erlen-, Faulbaumgebüsch		
37 Feuchtflächen		
Sonstige Flächen		
38		
39		
40		
41		
Befriedete Flächen		
42		
43		
44		
Summe Felderanzahl		
Durchschnittliche Feldergröße (Bezugsfläche/Anzahl der Felder)		**ha**

LINEARE UND PUNKTUELLE STRUKTUREN

(bei Bedarf bitte vergrößern)

Jagdbezirk: ______________________ **Datum:** ______________________

BEZUGSFLÄCHE:		FLÄCHENGRÖẞE:	HA
LINIEN-STRUKTURMERKMALE		**LÄNGE GES. (KM)**	**KM/100 HA**
L. 1a	Wälle, Dämme mit Bewuchs		
L. 1b	Wälle, Dämme ohne Bewuchs		
L. 2a	Wallhecke mit Baumbestand		
L. 2b	Wallhecke ohne Baumbestand		
L. 3a	Hecke mit Baumbestand		
L. 3b	Hecke ohne Baumbestand		
L. 4	Baumreihen		
L. 5	Ent-/Bewässerungsgräben		
L. 6	Bachläufe		
L. 7	Röhrichte, Hochstaudenfluren		
L. 8	Feldraine, sonstige Streifen mit Gras-/Kräuterbewuchs (nicht an Wegen, Straßen)		
L. 9	wie L. 8, jedoch an Wegen, Straßen (breiter als 2 m)		
L. 10	Autobahn, Schnellstraßen		
L. 11	Straßen mit ständigem Verkehr		
L. 12	Nebenstraßen, tagsüber minutenlange Verkehrspausen		
L. 13	Feldwege ohne Bewuchs		
L. 14	Feldwege mit Bewuchs		
L. 15	Bahnlinien		

PUNKTUELLE STRUKTURMERKMALE [1]		ANZAHL	ANZAHL/100 HA
P. 1	Einzelbäume, Baumgruppe [2]		
P. 2	Strauch, Strauchgruppe [2]		
P. 3	Permanente Wasserstelle, natürlich		
P. 4	Permanente Wasserstelle, künstlich		
P. 5	Quelle ohne Wasserablauf		
P. 6	Ruderalstellen		
P. 7	Masten		
P. 8	Gebäude (-reste)		
P. 9	Hochsitze, Kanzeln		
P. 10			
P. 11			

[1] Punktuelle Strukturen haben eine geringe Flächenausdehnung (kleiner 10 x 10 m). Als Trittsteinbiotope können sie aber trotzdem von Bedeutung sein (z.B. als Brut- oder Schlafbaum, Ansitzwarte, Wasserstelle usw.). Sie werden in Stückzahl pro 100 ha erfaßt.

[2] Gezählt werden Standorte, nicht einzelne Bäume oder Sträucher

ERHEBUNGSBOGEN PHÄNOLOGISCHE JAHRESZEITEN

(bei Bedarf bitte vergrößern)

Jagdbezirk: ______________________ **Aufnahmejahr: 20** ________

	PFLANZE	b	BO	ab	f	BEMERKUNGEN
VORFRÜHLING	Hasel					
	Schneeglöckchen					
	Huflattich					
	Salweide					
	Narzisse					
ERSTFRÜHLING	Buschwindröschen					
	Stieleiche					
	Schlehdorn					
	Rotbuche					
	Löwenzahn					
VOLLFRÜHLING	Apfel					
	Besenginster					
	Margerite					
	Heidelbeere					
	Himbeere					
FRÜHSOMMER	Schneebeere					
	Robinie					
	Erdbeere					
	Frühkirsche					
	Wiesenfuchsschwanz					
HOCHSOMMER	Kornblume					
	Spätkirsche					
	Heidelbeere					
	Stachelbeere					
SPÄTSOMMER	Heidekraut					
	Eberesche					
	Schneebeere					
	Frühpflaume					
	Frühapfel					
	PFLANZE	**b**	**f**	**LV**	**BF**	**BEMERKUNGEN**
FRÜHHERBST	Herbstzeitlose					
	Rosskastanie					
	Herbstbirne					
	Herbstapfel					
	Liguster					
VOLLHERBST	Laubbäume					
	Rotbuche					
	Stieleiche					
	Winterlinde					
	Winterapfel					
SPÄTHERBST	Laubbäume					
WINTER	Christrose					

Legende:
b=Beginn der Blüte: erste Blüten vollständig geöffnet, Staubgefäße geben Pollen ab
BO = erste Blattoberflächen ganz entfaltet
ab = Vollblüte: die erste Hälfte der Pflanzen blüht
f = Fruchtreife: ein erstes Durchpflücken lohnt
LV = Laubverfärbung: mehr als 50% aller Blätter (inklusive bereits gefallener) sind herbstlich verfärbt
BF = Blattfall: erster Tag mit auffälligem Blattfall

MASSNAHMEPROTOKOLL ÄSUNGSFLÄCHE ______________________

(bei Bedarf bitte vergrößern)

Jagdbezirk: ______________________

LAGE
DISTRIKT: **ABT.:**

JAHR DER ANLAGE

WILDART(EN)

WASSERVERSORGUNG

GEOLOGIE/BODEN

Datum	Bearbeitete Fläche (ha)	Dünger Name/ Menge (kg)	Saatgut [1] Art/ Menge (kg)	Bodenbearbeitung [2]			Mahd [3]
				Pflug	Grubber	Fräse	

[1] genauer Name (lateinisch) und ggf. Beizmittel
[2] nicht aufgeführte Geräte namentlich eintragen
[3] Arbeitsverfahren angeben (Sichel / Kreiselmäher / Mähbalken)
[4] zur Schadensbeseitigung verwendete Geräte, sonstige Arbeiten (z.B. Abtransport Mähgut)

EXPOSITION

ANGRENZENDE BESTÄNDE

Beseitigung Schwarzwildschäden, sonstige Arbeiten [4]	Zeitbedarf (h)	€/MAS	Besonderheiten[6]

[5] Kosten je Maschinenarbeitsstunde der verwendeten Geräte

[6] besondere Ereignisse mit Auswirkung auf die Flächennutzung durch das Wild (Mastjahre, häufige Störungen etc.)

WEITERFÜHRENDE LITERATUR UND QUELLENVERZEICHNIS

Arbeitskreis forstliche Landespflege in der AG Forsteinrichtung, 1984: **Biotop-Pflege im Wald. Ein Leitfaden für die forstliche Praxis**. Greven, Kilda.

Auswertungs- und Informationsdienst für Ernährung, Landwirtschaft und Forsten (AID) e.V. (Hrsg.), 1996: **Biotope und Habitate im Wald. Teil 1: Lebensräume.** Bonn, aid 3350/1996.

— 1996: **Kleingewässer schützen und schaffen.** Bonn, aid 1141/1996.

— 1996: **Standortansprüche der wichtigsten Waldbaumarten.** Bonn, aid 1095/1996.

— 1997: **Wildschäden am Wald.** 5. Aufl., Bonn, aid 1134/1997.

— 2017: **Waldpflege.** Bonn, aid 1286/2017.

Barth, W.-E., 1995: **Naturschutz. Das Machbare; praktischer Umwelt- und Naturschutz für alle; ein Ratgeber.** Hamburg, Parey.

Behnke, H., 1970: **Bilderfibel der Hege.** München, F. C. Meyer.

– 1983: **Jagdbetriebslehre.** 4. Aufl., Hamburg und Berlin, Parey.

– 1994: **Hege und Jagd im Jahreslauf.** 7. Aufl., München, BLV.

Berner, Th., 2016: **Bauanleitungen Niederwild.** Landesjagdverband Nordrhein-Westfalen.

Bergstedt, J., 1990: **Werkbuch Biotopschutz. Das Handbuch für alle Praktiker; mit Anleitungen für Erhalt, Pflege und Neugewinnung von Lebensräumen.** Hrsg. Gunter Steinbach. Stuttgart, Kosmos.

Berlich, H., Petrak, M., 1986: **Gutachten zum Vorkommen des Haselhuhnes.** Maschr. Ms., AKWJ an der JLU Gießen.

Braun-Blanquet, J., 1964: **Pflanzensoziologie. Grundzüge der Vegetationskunde.** 3. Aufl., Wien, New York, Springer.

Brüll, H., 1965: **Grundsätzliches zur Niederwildhege.** Wild und Hund 68, 14: 305–309; 15: 329–333, 357–359; 16: 385–387.

Bruinderink, G., Hazebroek, E., Petrak, M., 1994: **Die tragbare Wilddichte des deutsch-niederländischen Naturparks Maas-Schwalm-Nette für Wildschweine.** Institut voor Bos- en Natuuronderzoe (IBN-DLO), Wageningen.

Bünger, L., 1996: **Erhaltung und Wiederbegründung von Streuobstbeständen in Nordrhein-Westfalen.** LÖBF-Schriftenreihe 9, Münster, Landwirtschaftsverlag GmbH.

Claussen, G., 1998: **Feldreviere gestalten. Praxisbuch für Jäger und Naturschützer.** Hannover, Landbuch.

Dengler, A., 1980: Waldbau. Bd. I: **Der Wald als Vegetationstyp und seine Bedeutung für den Menschen.** 5. Aufl., Hamburg und Berlin, Parey.

Döring, V., Helferich, R., 1986: **Zur Ökologie einer Rebhuhnpopulation (Perdix perdix, Linne, 1758) im Unteren Naheland (Rheinland-Pfalz, Bundesrepublik Deutschland).** Schrift. AKWJ 15. Stuttgart, Enke.

DWS – Deutsche Wildtier Stiftung, 2005: **Stoppt den Mähtod.** Praxisratgeber 1–10.

Flindt, R., 1989: Ökologie im Jahreslauf. Biologische Arbeitsbücher 2, 4. Aufl., Heidelberg und Wiesbaden, Quelle & Meyer.

Gauer, J., Aldinger, E., 2005: Waldökologische Naturräume Deutschlands – Forstliche Wuchsgebiete und Wuchsbezirke mit Karte 1:1.000.000. Mitteilungen des Vereins für Forstliche Standortskunde und Forstpflanzenzüchtung, ISSN 0506-7049. info@vfs-freiburg.de, www.vfs-freiburg.de

Gehle, T., 2015: Ackern fürs Wild, Habitate schaffen. Wild und Hund Exklusiv 45: 56–61.

Gottschalk, E., Beeke, W., 2014: Wie ist der drastische Rückgang des Rebhuhns (Perdix perdix) aufzuhalten? Erfahrungen aus zehn Jahren mit dem Rebhuhnschutzprojekt im Landkreis Göttingen. Berichte zum Vogelschutz 51: 95–116.

Graulich, R., 1980: Feldholzinseln. Stätten des Lebens. Bad Nauheim, Landesjagdverband Hessen e.V.

Groot Bruinderink, G. W. R. A., Kurstjens, G., Petrak, M., Reyrink, L., 2008: Rothirsch, Chancen von Reichswald bis Meinweg. Deutsch-Niederländischer Naturpark Maas-Schwalm-Nette, Roermond.

Grub, H., Petrak, M., 2011: Wildschäden im Wald. 8. veränd. Neuaufl., Redaktion Schretzmann, R., aid 1134/2011.

Günther, G., 1986: Biotophege-Berater. Praktische Hinweise zur Reviergestaltung. Nabburg, Leingärtner.

Hänel, G., 1982: Die Hecke. Die kleine Schwester des Waldes. Mit Anhang: Ortsnamenverzeichnis. Mellrichstadt, R. Mack kg.

Hasselbach, F., Schmidt, K., 1959: Ödlandnutzung für Aufforstung und Wildhege. Ein Leitfaden für Bauern und Jäger, dargestellt am „Braunschweiger Beispiel". Hamburg und Berlin, Parey.

Hegegemeinschaft der Rotwildjäger im Riedforst, 2015: Lebensraumgutachten Riedforst. Erarbeitung von 2012 bis 2015. Autoren: Braun, L. G., Dobslaw, H., Feuring, R., Foet, C.-P., Goetjes, U., Goldmann, J., Lippke, U., Wolfram, V., Schmoll, G. (Fotos und Karten). Wissenschaftliche Begleitung: Petrak., M.

Heinrich, D., Hergt, M., 1991: dtv-Atlas zur Ökologie: Tafeln und Texte. München, Deutscher Taschenbuch Verlag GmbH & Co. kg.

Heintges, W., Eggeling, F. K. von, Schmidt, K., 1998: Land- und Waldbau, Wildhege. Marktredwitz, Heintges Lehr- und Lernsystem GmbH.

Heintges, W., Jüngling, M., Kradel, N., Kuhn, W., Schmidt, K., Schwarz, S., Sutor, A., Westerkamp, A., 2016: Handbuch für die Niederwildhege. Von der Hege bis zur Ernte.

Hespeler, B., 1996: Handbuch Reviergestaltung. Lebensräume schaffen und erhalten. 2. Aufl., München, Wien, Zürich, BLV.

Hofmann, G., Pommer, U., Jenssen, M., unter Mitarbeit von Ahrens, M., Dobias, K., 2008: Wildökologische Lebensraumbewertung für die Bewirtschaftung des wiederkäuenden Schalenwildes im nordostdeutschen Tiefland. Eberswalder Forstliche Schriftenreihe Band XXXIX. LFE@lfe.brandenburg.de

Hofmann, R. R., 1995: Zur Evolution der großen Pflanzenfresser und ihre nahrungsökologische Einnischung in der heutigen Kulturlandschaft. Eine neue Chance für europäische Großsäuger nach 5000 Jahren. S. ber.Ges. Naturfr. 34: 167–190.

Hofmeister, H., 1997: **Lebensraum Wald.** Pflanzengesellschaften und ihre Ökologie. 4. Aufl., Berlin, Wien, Blackwell.

Jahn-Desbach, W., 1966: **Bewirtschaftung von Wildäsungsflächen.** AFZ 21, 8: 140–141.

– 1966: **Geeignete Pflanzen arten für die Wildäsung.** ADZ 21, 9: 168–171.

Knapp, R., 1971: **Einführung in die Pflanzensoziologie. Pflanzengesellschaften, Vegetationskunde, Vegetationskartierung und deren Anwendung in Land- und Forstwirtschaft, Landschaftspflege, Natur- und Umweltschutz, Unterricht und anderen Gebieten.**3. Aufl., Stuttgart, Ulmer.

Krause, A., Schröder, L., 1979: **Vegetationskarte der Bundesrepublik Deutschland 1:200.000, potenzielle natürliche Vegetation, Blatt CC 3118 Hamburg West.** Mit Beitr. von Meisel, K., Schriftr. Vegetationskunde 14. Bonn-Bad Godesberg, Bundesforschungsanstalt für Naturschutz und Landschaftsökologie.

Landesanstalt für Ökologie, Landschaftsentwicklung und Forstplanung NW und Landesamt für Wasser und Abfall NW, 1985: **Bewertung des ökologischen Zustandes von Fließgewässern.** Recklinghausen, LÖBF, Düsseldorf, LWA.

Landesbund für Vogelschutz in Bayern e.V.: Mkbl. 14: **Nisthilfen.** Tipps und Anregungen.

Landesjagdverband NRW e.V. (Hrsg.), 1988: **Biotop-hege ist Naturschutz.** Vorschläge zur Schaffung neuer Lebensräume. Köln, LJV.

– (Hrsg.), 1999: **Wildschutz ist Naturschutz.** Die mehrjährige Einsaatmischung für alle Wildarten WSM 1. Köln, LJV.

Landesjagdverband NRW, Landwirtschaftskammer NRW: **Wildtiere schonen – von innen nach außen mähen!** Internet: http://www.ljv-nrw.de/media/1432110175_flyer_wildtiere_schonen.pdf

Landwirtschaftliche Zeitschrift Rheinland – LZ Rheinland, 2018: **Ratgeber Förderung,** LZ 11.

Landwirtschaftskammer Nordrhein-Westfalen, 2018: **Sichtbare Zeichen setzen!** – Biodiversitätsstreifen und Bejagungsschneisen anlegen.

LANUV – Landesamt für Natur, Umwelt und Verbraucherschutz NRW, 2017: **Hilfe für das Rebhuhn – Tipps für Jäger und Landwirte.** LANUV-Info 35.

– 2017: **Blühende Vielfalt am Wegesrand.** Praxis-Leitfaden für artenreiche Weg- und Feldraine. LANUV-Info 39.

– 2018: **Anwenderhandbuch Vertragsnaturschutz: Erläuterungen und Empfehlungen zur Handhabung der Bewirtschaftungspakete der Rahmenrichtlinien Vertragsnaturschutz.** LANUV-Arbeitsblatt 35.

Lutz, W., 1986: **Wasserflächen und Wasserflugwild.** Anleitung zur Biotopgestaltung und Hege. Schrft. FJW NW 9, Hamburg und Berlin, Parey.

Ministerium für Umwelt, Raumordnung und Wirtschaft des Landes Nordrhein-Westfalen, 1999: **Richtlinie für naturnahe Unterhaltung und naturnahen Ausbau der Fließgewässer in Nordrhein-Westfalen.** Rd.Erl. des MURL vom 6.4.1999, Mbl. NRW 52: 716–799.

– 1999: RdErl. zur **Berücksichtigung der Lebensraumansprüche des Wildes bei der Bewirtschaftung des Waldes.** Mbl. NRW 52: 1265–1266.

Missbach, K., 1993: **Ernährung und Fütterung des jagdbaren Wildarten.** Berlin, Deutscher Landwirtschaftsverlag.

Naturlandstiftung Hessen e.V. (Hrsg.), 1990: **Biotopverbundplanung für die Stadt Hattersheim am Main.** Bad Nauheim, Naturlandstiftung.

Niedersächsische Landesforstverwaltung, 1982: Mkbl. 10: **Naturnahe Bachgestaltung**; Mkbl. 11: **Stillgewässer im Wald**; Mkbl. 12: **Pflanzen an Gewässern.** Wolfenbüttel, Niedersächsisches Forstplanungsamt.

Pegel, M., 1986: **Der Feldhase** (Lepus europaeus Pallas) im Beziehungsgefüge seiner Um- und Mitweltfaktoren. Schrft. AKWJ-JLU 16, Stuttgart, Enke.

– 1987: **Das Rebhuhn** (Perdix perdix L.) im Beziehungsgefüge seiner Um- und Mitweltfaktoren. Schrft. AKWJ-JLU 18, Stuttgart, Enke.

Petrak, M., 1982: **Etho-ökologische Untersuchungen an einer Rothirschpopulation (Cervus elaphus L., 1758) der Eifel unter besonderer Berücksichtigung des stoffwechselbedingten Verhaltens.** Schrft. AKWJ JLU 10, Gießen, Stuttgart, Enke.

– 1984: **Strategien einer Rothirschpopulation (Cervus elaphus L., 1758) in der Eifel zur Realisierung ihrer Lebensansprüche.** Schrft. AJWJ JLU Gießen 13, Stuttgart, Enke.

– 1987: **Zur Ökologie einer Damhirschpopulation (Cervus dama L., 1758) in der nordwestdeutschen Altmoränenlandschaft des Niedersächsischen Tieflandes.** Schrft. AKWJ JLU Gießen 17, Stuttgart, Enke.

– 1988: **Berücksichtigung wildtierbiologischer Aspekte bei der Erstellung ökologischer Gutachten im Rahmen der Entwicklungsplanung.** Hinweise und Empfehlungen zur Datenaufnahme. Natur und Landschaft 63, 1: 8–10.

– 1988: **Skilanglauf und Rothirsch (Cervus elaphaus L., 1758) in der Eifel. Bilanz des Konzeptes zur Lebensraumberuhigung im Wintersportgebiet Monschau.** Z. Jagdwiss. 34: 105–114.

– 1989: **Auerwild (Tetra urogallus major C.L. Brehm) und Umwelt.** Eine Studie zum Auerwildbestand und zur Habitatentwicklung im Einzugsbereich der Auerwildschongebiete im Hessischen Forstamt Jossgrund. Vogel und Umwelt 5: 277–289.

– 1990: Habitat use as assessed by vegetation survey in Bruinderink, G. G., van Wieren, S. E., 1990: **Methods for the study of large mammals in forest ecosystems.** Part one: Vegetation-based techniques: 10–21.

– 1991: **Ökologische Grundlagen des Jagdwesens, Naturschutzstrategien, Artenschutz, Biotopschutz, Biotopvernetzung.** In Deutscher Jagdschutz-Verband e.V. und Verband Deutscher Naturlandstiftungen Bonn, Suhl, Lich. Tagungsbericht zum Fachkongress am 3. und 4. Mai 1991 in Suhl/Thüringen: 35–50, 87.

– 1992: **Integrierte Konzepte zur Schalenwildbewirtschaftung in Nordrhein-Westfalen.** Pilotprojekte und flankierende Maßnahmen der Lebensraumberuhigung. Allgemeine Forst Zeitschrift 47, 6: 285–287.

– 1992: **Rotwild** (Cervus elaphus L., 1758) als Pflegefaktor für bärwurzreiche Magertriften (Arnicetum montanae Schw., 1944 = Meo-Festucetum) in der Nordwesteifel. Z. Jagdwiss. 38, 4: 221–234.

– 1992: **Vegetationsanalyse und historischer Rückblick zur Entwicklung von**

Schutzzielen im Naturschutzgebiet Perlenbach-Fuhrtsbachtal. Decheniana (Bonn), 145: 1–30.

– 1992: **Zum Auerhahn** (Tetrao urogallus major, C.L. Brehm) in Hessen. Fliegende Blätter – Ornithologische Mitteilungen und Naturschutz-Informationen aus dem Werra-Meißner-Kreis 6, 6: 4–14.

– 1995: **Ausgleich von Erholung, Waldbau und Rotwild am Beispiel des Wintersportzentrums Winterberg.** Ein erfolgreicher Kompromiss wird vorgestellt. In LÖBF 1995, LÖBF-Jahresbericht 1994: 80–82.

– 1995: **Wildschäden verhüten.** In Deutsche Jagdzeitung, Sonderheft II: Mehr Durchblick beim Schwarzwild: 40–49.

– 1996: **Erfassung von Schalenwildarten und deren Bewertung für die Landschaftsplanung.** In Schriftenreihe für Landschaftspflege und Naturschutz, Heft 46, BfN, Bonn-Bad Godesberg: 69–75.

– 1996: **Wildschäden verhindern – nicht vergüten.** Wild und Hund 99, 7: 22–25.

– 1996: **Kein Wild richtet vorsätzlich Schaden an.** Wild und Hund 99, 7: 26–29.

– 1996: **The Size of the Ecological Niches and the Overlapping of Niches in Respect to the Selection of Plant Associations** by Roe Deer (Capreolus capreolus L., 1758) and Red Deer (Cervus elaphus L., 1758) and Roe Deer and Fallow Deer (Cervus dama L., 1758). In Botev, N.: Proceedings of the International Union of Game Biologists XII. Congress „The Game and the Man“, Sofia, Bulgaria, Sept. 4–8, 1995. Sofia, Moskau, St. Petersburg, Pensoft Publishers: 193–196.

– 1998: **Bestandsstruktur und Ausbreitungsdynamik an Beispielen aus Nordrhein-Westfalen.** In Commichau, C., Sprankel, H. (Hrsg.): Symposium zur Ökologie des Schwarzwildes, Mainz, 15. und 16. April 1996. Schrft. AKW-JLU 23, Remshalden, Hennecke: 37–43.

– 1998: **Integration of the Demands of Red Deer (Cervus elaphus) and Man in Relation to Forestry,** Hunting and Tourism. Gibier Faune Sauvage, Game Wildl. Vol. 15 (Hors série Tome 3): 921–926.

– 1998: **Rotwild** (Cervus elaphus L. 1758) als Pflegefaktor für bärwurzreiche Magertrifen (Arnicetum montanae Schw. 1944 = Meo Festucetum) in der Eifel. Teil 1: Zur Pflegeleistung des Rotwildes. Teil 2: Zur Beeinflussung von Störungen auf die Pflegeleistung des Rotwildes. In Cornelius, R. und Hofmann, R. R. (Hrsg.): Extensive Haltung robuster Haustierrassen, Wildtiermanagement, Multi-Spezies-Projekt – Neue Wege in Naturschutz und Landschaftspflege? Berlin, IZW: 74–78 u. 79–81.

– 1999: **Großräumige Abstimmung der Hege und Bejagung des Rotwildes im deutsch-belgischen Grenzgebiet der Nordeifel.** Beiträge zur Jagd- und Wildforschung, Bd. 24: 61–68.

– 1999: **Integration des Schalenwildes in den Nationalparken.** In: Mitteilungen aus der Biologischen Bundesanstalt für Land- und Forstwirtschaft Berlin-Dahlem 362: Forstschutzprobleme in Nationalparken und Naturschutzgebieten. Symposium am 12. und 13. Mai 1998. Berlin, Parey Buchverlag: 13–30.

– 2009: **Lehren von „Wiebke“. Empfehlungen zum Ausgleich von Wald und Wild nach Kyrill.** AFZ 23, Wald und Wild nach „Kyrill“, Waldbau, Forstschutz und Artenschutz: 1236–1239.

– 2009: **Walddynamik nach Kyrill – ethoökologische Grundlagen zur Berücksichti-**

gung der Lebensansprüche des Wildes in Forstwirtschaft und Tourismus, Naturschutz und Jagd nach dem Sturm. Artenschutzreport 24: 35–41.

– 2010: Nutzung der Schluchtwälder durch Rotwild im Nationalpark Eifel. Zur Balance zwischen Naturschutz und Tourismus. Natur in NRW 35, 4: 34–39.

– 2011: Beobachtungen im Revier. Hinweise und Empfehlungen für die Praxis. Ausgabe 9, Umdruck der Forschungsstelle für Jagdkunde und Wildschadenverhütung Bonn, Landesbetrieb Wald und Holz Nordrhein-Westfalen.

– 2015: Wildtiergerechte Bejagung des Rotwildes dient auch dem Lebensraum: wildbiologische Grundlagen und Empfehlungen. In Bundesanstalt für Immobilienaufgaben/Zentrale – Sparte Bundesforst (Hrsg.), Tagungsband Rotwildsymposium Grafenwöhr „Wild auf Verjüngung": 45–56.

– 2015: Gemeinsame Aufgaben für Jagd und Naturschutz. Der Berufsjäger - Mitteilungsblatt des Landesverbandes Deutscher Berufsjäger e.V. 30: 80–82.

– 2015: Die Forschungsstelle für Jagdkunde und Wildschadenverhütung. Der Berufsjäger - Mitteilungsblatt des Landesverbandes Deutscher Berufsjäger e.V. 30: 82–83.

– 2015: Messung von Verhalten in der wildbiologischen Praxis: Etho-ökologische Methoden für die Wildforschung in Nationalparken. Beiträge zur Jagd- und Wildforschung 40: 129–143.

– 2016: Windräder im Wald – Windenergie, Wild, Naturschutz und Jagdwert. Rheinisch-Westfälischer Jäger 70, 1: 6–7.

– 2016: Lebensraumgutachten – Schlüssel zur nachhaltigen Jagd. AFZ 71, 5: 18–20.

– 2016: Wildtiere als Pflegefaktor in der Landwirtschaft. Tagung der Biologischen Station Krickenbecker Seen der NUA und des LANUV 41, 1: 14–18.

– 2016: Damwild als Pflegefaktor im Naturschutz als Beispiel des Naturschutzgebietes Brachter Wald. Follow deer as a cultivation factor in nature conversation in the nature reserve „Brachter Wald". In VWJD, Wildbiologische Forschungsberichte 2, Remagen: 295–305.

– 2016: Windenergie – Rotwild – Naturschutz: Ergebnisse, Empfehlungen und Erfahrungen aus der Eifel. Säugetierkundliche Informationen, Jena 51, 10: 179–188.

– 2017: Hegegemeinschaften. Aufgaben und Perspektiven. 3. Ausgabe, Umdruck der Forschungsstelle für Jagdkunde und Wildschadenverhütung Bonn, Landesamt für Natur, Umwelt und Verbraucherschutz.

Petrak, M., Pape, J., Schröder, K.-H., Vollmer, M., Dejoze, Ch., Bosch, F., 2006: Lebensraumnutzung des Rotwildes auf dem Truppenübungsplatz Vogelsang: Schlussfolgerungen für die Besucherlenkung im Nationalpark Eifel. Decheniana 159: 123–131.

Petrak, M., Pape, J., Vollmer, M., Dejoze, C., Bosch, F., Stommel, C., 2008: Lebensraumnutzung des Rotwildes auf Vogelsang II: Eine erste Bilanz für einen Lebensraum im Nationalpark Eifel nach Abzug der Belgischen Streitkräfte. Decheniana 161: 51–56.

Plachter, H., 1991: Naturschutz. UTB für Wissenschaft 1563, Stuttgart, Jena, Fischer.

Pöppelmann, B.: Mal- und Zeichenbuch: Tiere im Feld. www.bernd-poeppelmann.com

Prien, S., 1997: Wildschäden im Wald. Ökologische Grundlagen und integrierte Schutzmaßnahmen. Berlin, Parey.

Raesfeld, F. von, 1978: **Die Hege in der freien Wildbahn. Ein Lehr- und Handbuch.** 4. Aufl., Hamburg und Berlin, Parey.

Rausch, G., Petrak, M., 2011: **Lebensraumgutachten Wildschutzgebiet Kranichstein.** Teil 1: Zoologische Untersuchungen eines Waldlebensraumes zwischen 1986 und 2003. Mitteilungen der Hessischen Landesforstverwaltung 44, I: 1–160.

Rieger, S., Michler, F.-U., Gillich, B., Gleich, E., Petrak, M., Zillmann, J., 2015: **Einfluss des Raum-Zeit-Verhaltens von Rotwild (Cervus elaphus) durch großräumige Beweidungsprojekte auf ausgewählten DBU-Naturerbeflächen – eine Projektvorstellung.** In Kinser, A., Münchhausen, H. Freiherr von (Hrsg.), 2015: Gestresst, verwaist und eingesperrt – der ethische Umgang mit unseren großen Wildtieren in Politik und Jagd. Tagungsband zum 7. Rotwildsymposium der Deutschen Wildtierstiftung vom 25. Bis 28.09.2014 in Warnemünde: 170–174.

Roentgen, J., 1989: **Der Struffelt.** In Das Monschauer Land. Jahrbuch 2000 XXVIII: 166–171.

Roese, A., 1992: **Lebensraum Feld – Bedrohte Vielfalt vor unserer Tür.** Staatliches Naturhistorisches Museum Braunschweig, 56 pp.

Scamoni, A., 1963: **Einführung in die praktische Vegetationskunde.** 2. Aufl., Jena, Fischer.

Schmidt, A., Klinger, H., Petrak, M., Thomas, J., Woike, M., Brocksieper, R., 1998: **Naturschutzarbeit in Deutschland, Nordrhein-Westfalen.** Natur und Landschaft 73, 3: 101–103.

Schulte, J., 1999: **Wald- und Landbau für Jäger.** Hannover, Landbuch.

Schulze, W., Uhlig, H., 1982: **Gießener Geografischer Exkursionsführer mittleres Hessen.** Bd. 3: Vogelsberg, Rhön und nördliches Mittelhessen. Gießen, Brühlscher Verlag.

Schumacher, W., 2013: **Biodiversität extensiv genutzter Grasländer und ihre Erhaltung durch Integration in landwirtschaftliche Betriebe – Erfahrungen und Ergebnisse 1985–2012.** Bundesanstalt für Landwirtschaft und Ernährung (Hrsg.): Agrobiodiversität 34, 70–99.

Schwarz, R., 1992: **Bejagungsplan beim Schalenwild.** AFZ 47, 6: 283–284.

Siebert, H., 1979: **Anlage und Pflege von Verbissgehölzen.** Merkblatt Nr. 6 des Forschungsinstitutes für schnell wachsende Baumarten (Pappelwirtschaft).

– 1981: **Eignung von Weiden und Pappeln zum Anbau als Verbissgehölze.** Frankfurt, Sauerländer's Verlag.

Simon, O., 2003: **Rotwild in Salmwald. Lebensraumgutachten Gerolstein: Situationsanalyse und Konzept zur Wildschadensreduzierung und revierübergreifenden Wildbewirtschaftung.** Gerolstein: 8.

Simon, O., Kugelschafter, K., in Verbindung mit Petrak, M., 1998: **Das Rotwild der Montabaurer Höhe. Nutzerkonflikte und Lösungsansätze.** (Wildbiologisches Gutachten für den Rotwildbewirtschaftungsbezirk Montabaurer Höhe). Schrft. AKW-JLU 24, Remshalden, Hennecke.

Simon, O., Petrak, M., 1998: **Zur Methodik der Linientaxation bei der Erhebung von Schälereignissen.** Z. Jagdwiss. 44: 113–122.

Simon, O., Goebel, W., Petrak, M., 2011: **Lebensraumgutachten Wildschutzgebiet Kranichstein.** Teil 2: Wildbiologisch-vegetationskundliche Untersuchungen eines Waldlebensraumes zwischen 1986 und 2003. Mitteilungen der Hessischen Landesforstverwaltung 44, II: 1–220.

Simon, O., Lang, J., Petrak, M., 2008: **Rotwild in der Eifel: Lösungen für die Praxis aus dem Pilotprojekt Monschau-Elsenborn.** Klitten, Lutra.

Spittler, H., 1996: **Der Hase in der Vergangenheit, Gegenwart und Zukunft.** Vettelschoß, Diana.

– 1998: **Niederwildgerechte Flächenstillegung: Und es funktioniert doch!** Nordrhein-Westfälischer Jäger 52, 3: 48–49.

– 1999: **Zur Besatzsituation, Hege und Bejagung des Feldhasen (Lepus europaeus Pallas) in Nordrhein-Westfalen.** LÖBF-Mitteilungen 4: 32–39.

Steubing, J., 1965: **Pflanzenökologisches Praktikum. Methoden und Geräte zur Bestimmung wichtiger Standortfaktoren.** Berlin und Hamburg, Parey.

Steubing, L., 1985: **Inhaltsstoffe und Beäsungsintensität ausgewählter Nahrungspflanzen des Rothirsches (Cervus elaphus L., 1758) in der Eifel.** Z. Jagdwiss. 31: 73–82.

Stommel, C., Becker, N., Muchow, T., Schmelzer, M., 2018: **Maßnahmen und Artensteckbriefe zur Förderung der Vielfalt typischer Arten und Lebensräume der Agrarlandschaft.** Abschlussbericht zum DBU-Projekt 91017/19: 344. DOI: https//doi.org/10.24359/dbu.91017/19

Strasburger, E. (Begr.), 1978: **Lehrbuch der Botanik für Hochschulen.** 34.Aufl., Stuttgart, Jena, Lübeck, Ulm, G. Fischer.

Swartenbroek, J., 1984: **Chasse et Biotopes.** Paris-Gembloux, Duculot.

Ueckermann, E., 1981: **Die Wildschadenverhütung in Wald und Feld.** Eine praktische Anleitung zu technischen Schutzmaßnahmen. 4. Aufl., Schrft. FJW NW 2, Hamburg und Berlin, Parey.

– 1989: **Zahnjährige Versuche zur Verminderung von Wildschäden im Walde im Lande Rheinland-Pfalz von 1979 bis 1988.** Schlußbericht für das Ministerium für Landwirtschaft, Weinbau und Forsten des Landes Rheinland-Pfalz. Bonn, Forschungsstelle Jagdkunde.

Ueckermann, E., Scholz, H., 1988: **Wildäsungsflächen.** Planung, Anlage, Pflege. 3. Aufl., Schrft. FJW NW 6, Hamburg und Berlin, Parey (jetzt Kosmos).

Viehof, W., Dahs, L., Petrak, M., 1995: **Landschaftsökologische Bemerkungen zum Jagdrevier Uthweiler unter besonderer Berücksichtigung der Umweltansprüche von Wildtieren.** Lebensraumgutachten Hegering Siebengebirge c/o Forstamt Eitorf.

Wandel, G., 1996: **Reviereinrichtungen selbst gebaut. 7.** Aufl., München, Wien, Zürich, BLV.

Weis, G. B., 1983: **Futterbau auf Wildäsungsflächen. Bericht an das Bayerische Staatsministerium für Ernährung, Landwirtschaft und Forsten.** München, TU Lehrstuhl für Grünland und Futterbau.

– 1997: **Anlage und Pflege von Wildäsungsflächen.** Suderburg, Nimrod.

Wilmanns, O., 1998: **Ökologische Pflanzensoziologie. Eine Einführung in die Vegetation Mitteleuropas.** 6. Aufl., UTB 269, Heidelberg, Wiesbaden, Quelle & Meyer.

REGISTER

BILDNACHWEIS

Mit 132 Farbfotos von
Verfasser Dr. Michael Petrak (54): S. 5, 10, 18, 21, 23, 26, 30, 32 o., 35 o., 39, 41, 43, 44, 49 u., 52, 59, 60, 62, 65, 66, 67, 69, 71, 72 beide, 81 beide, 84, 85, 88, 97, 103 o., 104, 106, 107, 110, 111, 119, 135, 137, 138, 146, 148, 155, 159, 160 beide, 161, 179, 180/181, 186, 189, 191 u., 203; Dr. Rolf Bräsecke (3): S. 103 u., 127 u., 134; Norbert Happ (2): S. 158 beide; Frank Hecker (9): S. 27, 50, 68, 77, 102, 128, 129, 132/133, 140; Horst Jegen: S.28; Ekkehard Ophoven (26): S. 14, 19, 32 u., 35 u., 38, 49 o., 55, 56, 61, 76, 78, 82, 120, 121, 139, 145, 149, 152 l., 164, 165, 173, 176, 178, 188, 193, 204/205; Burkhard Stöcker: S. 127 M.; Karl-Heinz Volkmar (23): S. 6/7, 16/17, 40, 46/47, 51, 58 beide, 64, 96, 114, 116, 124, 127 o., 150/151, 152 r, 153, 156, 157, 167, 168/169, 170, 172, 197; Burkhard Winsmann-Steins (11): S. 24, 49 M., 73, 74, 90/91, 94 beide, 99, 175, 177, 191 o.; Archiv (2): S. 13, 123

Mit 68 Illustrationen von Wolfgang Lang (64) sowie Forschungsstelle für Jagdkunde und Wildschadenverhütung/LANUV: S. 54, 82; Land NRW: S. 41; LB Wald und Holz (2018)/Land NRW (2017). S. 183
Zeichnungsvorlagen: S. 9 nach LINDNER 1971; S. 12 nach SCHULZE UND UHLIG 1982; S. 15 nach KRAUSE UND SCHRÖDER 1979; S. 3r nach DÖRING UND HELFRICH 1986; S. 45 nach VIEHOF, DAHS UND PETRAK 1995; S. 87 nach NIEDERSÄCHSISCHE LANDESFORSTVERWALTUNG 1982; S. 115 nach FRANZ MÜLLER; S. 117 nach GRAULICH 1980; S. 125 und 126 nach NATURLANDSTIFTUNG HESSEN 1990; S. 146 nach HÖPFLINGER UND SCHLIEFSTEINER 1998; S. 163 nach LANDESBUND FÜR VOGELSCHUTZ IN BAYERN E.V.; S. 166 nach ARBEITSKREIS WILDBIOLOGIE, UNIVERSITÄT GIESSEN; S. 223 und 224 nach PEGEL 1986

IMPRESSUM

Umschlaggestaltung von Büro Jorge Schmidt, München, unter Verwendung einer Zeichnung von Birte Keil, zweier Farbfotos von Karl-Heinz Volkmar (vorn) sowie eines Farbfotos von Frank Hecker (hinten)

Mit 132 Farbfotos, 14 Farbzeichnungen und 54 Schwarzweißzeichnungen

Gedruckt auf chlorfrei gebleichtem Papier

ISBN 978-3-440-16293-4
Redaktion: Ekkehard Ophoven
Gestaltungskonzept: Peter Schmidt Group GmbH, Hamburg
Gestaltung und Satz: DOPPELPUNKT, Stuttgart
Produktion: Angela List
Druck und Bindung: Westermann Druck Zwickau GmbH
Printed in Germany / Imprimé en Allemagne

FSC www.fsc.org MIX Papier aus verantwortungsvollen Quellen FSC® C110508